高等学校教材

有机化学实验

天津大学有机化学教研室
赵温涛　马　宁　王元欣　张文勤　编

高等教育出版社·北京

内容提要

本书是《有机化学》(第五版，天津大学有机化学教研室编）和国家级精品资源共享课“有机化学”的配套实验教材。本书与《有机化学》(第五版)、《简明有机化学教程》配套使用。

本书注重基本原理、反应机理和基本操作相结合，强调实验技能的全面训练。制备实验一般为小量或半微量实验，大部分实验时间较短，强调绿色化学概念，注重设计和研究性实验。

本书可作为高等学校化学、应用化学、材料化学、药学、化学工程与工艺及材料类相关专业的有机化学实验教材，也可作为实验室常用参考书供其他读者参阅。

图书在版编目(CIP)数据

有机化学实验/赵温涛等编. --北京:高等教育出版社,2017.3(2024.5重印)

ISBN 978-7-04-047294-3

Ⅰ.①有… Ⅱ.①赵… Ⅲ.①有机化学-化学实验-高等学校-教材 Ⅳ.①O62-33

中国版本图书馆CIP数据核字(2017)第008538号

Youji Huaxue Shiyan

策划编辑 付春江　责任编辑 曹　瑛　封面设计 杨立新　版式设计 杜微言
插图绘制 杜晓丹　责任校对 窦丽娜　责任印制 刁　毅

出版发行	高等教育出版社	咨询电话	400-810-0598
社　　址	北京市西城区德外大街4号	网　　址	http://www.hep.edu.cn
邮政编码	100120		http://www.hep.com.cn
印　　刷	涿州市京南印刷厂	网上订购	http://www.hepmall.com.cn
			http://www.hepmall.com
			http://www.hepmall.cn
开　　本	787mm×1092mm 1/16		
印　　张	13.5	版　　次	2017年3月第1版
字　　数	330千字	印　　次	2024年5月第5次印刷
购书热线	010-58581118	定　　价	24.30元

物 料 号　47294-00

前　　言

本书是《有机化学》(第五版,天津大学有机化学教研室编)和国家级精品资源共享课“有机化学”的配套实验教材。

第一章至第六章较全面地介绍了有机化学实验的基本知识,包括实验室规则、安全知识、文献资源、有机试剂、玻璃仪器、有机反应基本知识、有机化合物的分离与纯化、产品的表征,以及仪器分析等。第七章包括52个实验,其中46个为制备实验(制备产物大致可分为10类,包括11个设计实验),3个为综合与验证性实验,3个为多步骤合成实验。书后附录包括常用文献检索工具与实验室常用数据等。

本书有如下特点:① 重视基本理论与基本操作,对基本原理和反应机理阐述力求透彻而简洁;② 注重实验技能的训练和提高,实验中包含各项基本实验技能训练;③ 附录中收录实验室常用数据,可供实验过程中参考;④ 仪器分析内容不特定介绍某款仪器,主要讲通用的原理与应用;⑤ 制备实验一般为小量或半微量实验,可节约试剂与实验时间,并降低危险;⑥ 大部分实验的反应时间不超过1 h,便于实验课时的安排;⑦ 多数制备实验内容互相关联,可按要求灵活组成多个多步骤合成实验;⑧ 强调绿色化学的理念;⑨ 设计实验比例较大,占所有实验的20%以上,设计实验只给出原料和产物及基准量,要求自行设计并完成实验;⑩ 增加研究型思考题,使学生加深对实验的认识。

本书第一章、第二章由王元欣编写,第三章至第五章及第八章由赵温涛编写,第六章由赵温涛、马宁编写,第七章由张文勤、马宁编写。全书由赵温涛统稿和定稿。

本书是在天津大学有机化学教研室全体人员的共同努力下完成的;南开大学的王佰全教授审阅了书稿,提出了许多宝贵意见;高等教育出版社的付春江、曹瑛编辑对本书的出版给予了大力支持和帮助。本书编者对所有关心和支持本书出版的老师和同志致以衷心的感谢!

限于编者水平,书中难免有错误、不妥和疏漏之处,敬请广大读者批评指正。

编　者

2016年6月于天津大学北洋园

目　　录

第一章　有机化学实验简介

有机化学是一门以实验为基础的学科,它的理论源于实验,并接受实验的检验,进而得到发展和逐步完善。有机化学实验是有机化学学科体系的重要组成部分,在学习有机化学的同时,必须认真做好有机化学实验。有机化学实验教学的任务是使学生正确地掌握有机化学实验的基本操作技术;初步学会查阅文献的能力;培养学生制备、分离、检验和鉴定有机化合物的能力;培养学生撰写科学规范的实验报告;培养学生实事求是和认真严谨的科学态度及良好的实验习惯。

1.1　有机化学实验室的注意事项

1.1.1　有机化学实验室规则

有机化学实验教学的主要目的是训练学生从事有机化学实验的基本技能,将课堂上所学的理论知识与实际相结合。有时,一次小小的不规范操作,就会使学生与科学的正确结果失之交臂。因此,为保证实验安全、规范、科学地进行,学生从第一次走进有机化学实验室时起,就必须严格遵守有机化学实验室规则。

① 按照规定的时间,到指定的实验室上课,不得无故迟到、早退。

② 进入实验室前,要认真预习,明确实验的目的、原理、方法和步骤。

③ 实验前,要检查所用的仪器设备、药品、器具的名称、规格及状态是否符合实验要求。若有不符,应及时向指导教师报告。实验中,不得使用与本实验无关或其他组的器材。

④ 严格遵守实验室的规章制度,服从指导教师和实验技术人员的指导,保证良好的实验秩序;保持安静、整洁的实验环境;不准串组,不准任意出入实验室;不得将实验物品私自带出实验室;不准喧哗和打闹,严禁吸烟,不随地吐痰和乱抛纸屑等杂物。

⑤ 注意安全,遵守"实验室的安全守则"及有关的操作规程,凡涉及剧毒、易燃、易爆、腐蚀性、放射性、强光源、高压气体等危险物品的实验,必须在教师指导下严格按操作规程进行操作。

⑥ 如发生事故,应保持冷静,迅速采取措施,切断电源,防止事故扩大,并及时向指导教师报告。

⑦ 提倡独立思考、科学操作、细致观察、如实记录,自觉培养严谨求实的科学作风和积极探索、勇于创新的科学品质。

⑧ 爱护仪器设备,节约用水、用电和实验材料。实验结束后,将个人实验台面打扫干净,清洗、整理仪器。学生轮流值日,值日生应负责整理公用仪器、药品和器材,保持实验室卫生,离开实验室前应检查水、电、气是否关闭。

⑨ 实验数据记录必须经指导教师检查、签字,实验结束并完成仪器整理和清洁工作后,经教师检查实验仪器完好、实验数据可靠后,方可离开实验室。

⑩ 认真撰写实验报告,包括实验目的、原理、步骤、现象、原始数据及各种图表处理、实验结

果讨论等。凡不符合要求的实验报告应重新撰写。

⑪ 学生因某项实验不合格需重做者，或未按规定时间做实验而要补做者，必须经指导教师批准后才能重做或补做。

1.1.2 有机化学实验室的安全知识

有机化学实验所用的药品多数是有毒、可燃、有腐蚀性或有爆炸性的，所用的仪器大部分是玻璃制品。在有机化学实验过程中，应严格遵守实验规程，正确操作，否则就容易引发事故，如割伤、烧伤、起火、中毒或爆炸等。

实验室工作者应充分意识到潜在的危险性，主动接受培训，提高警惕；实验时应严格遵守操作规程，加强安全措施，避免可能发生的事故。下面介绍实验室的安全守则和实验室事故的预防和处理。

1. 实验室的安全守则

① 设计合理的实验步骤，尽量选择反应条件温和的合成路线。

② 检查实验仪器完好无损，正确安装实验装置。确认无误后，方可开始实验。

③ 实验过程中，不得离开岗位，仔细观察、记录实验现象，注意防范意外情况。

④ 对所进行实验的危险性要有充分的认识，事先要采取必要的安全防范措施，必须穿戴实验服，必要情况下需佩戴防护镜等防护用具。

⑤ 使用易燃、易爆药品时，应远离火源；实验试剂不得入口；严禁在实验室内吸烟、饮水或进食；实验结束后要仔细洗手。

⑥ 熟悉安全用具，如灭火器、沙箱及急救药箱的放置地点和正确使用方法。安全用具和急救药品通常放置在取用方便的位置，且不得移作他用。

2. 实验室事故的预防

(1) 个人防护

在有机化学实验室中，应加强个人防护。在一般实验操作中，建议穿长袖棉质或棉质/聚酯的实验服。实验服材质不要选用合成纤维织物，许多合成纤维织物的防渗透性较差，液体可完全透过而极少量被吸收或不被吸收，且在火灾中易熔化并烧伤人体。另外，尼龙制品在热或酸环境下还容易被破坏。

实验室中，对眼部的损害主要来自液体的喷溅或刺激。如有此类风险，应佩戴专业眼护具（见图 1-1），如封闭式眼罩或护目镜。同时对脸部皮肤等有损伤风险时，应使用面罩等面部防护装备。

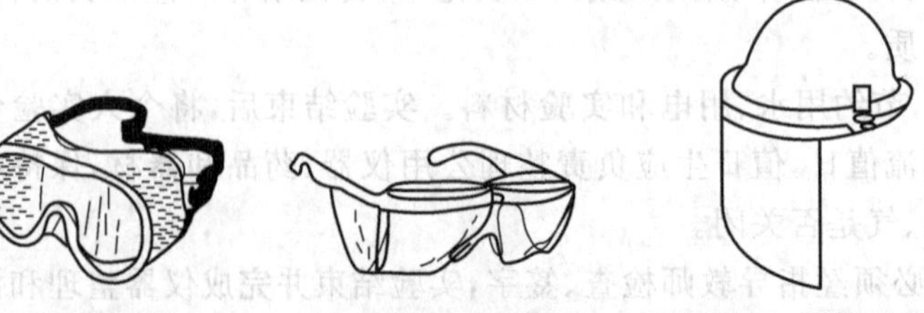

(a) 封闭式眼罩 (b) 带侧光板型眼镜 (c) 安全帽与面罩组合的全面罩

图 1-1 眼护具

注意:在任何情况下,佩戴隐形眼镜或其他的光学眼镜都不能代替眼护具。

在试剂危害性较大的情况下,还应佩戴手套进行防护。手套可以是塑料手套、乳胶手套和橡胶手套等,具体使用类型应与化学品渗透能力和风险种类相关。特定的情况下,可能还需要安全鞋、安全帽等,应根据特定情况的要求确定。

(2) 火灾的预防

实验室中使用的有机溶剂大部分是易燃的,因此,起火是有机化学实验中常见的事故。防火的基本原则如下:

① 在操作易燃的有机溶剂时,实验装置应远离火源;勿将易燃液体化合物放在敞开的容器中加热。实验室常见的易燃溶剂有低沸点的烃、醇、醚、酮及酯类等,特别是乙醚、二硫化碳。

② 实验装置应确保所有接头紧密且无应力,不能泄露;如发现漏气时,应立即停止加热等操作,检查原因。蒸馏装置的尾气出口应远离火源,最好用橡胶管引至通风橱或室外。

③ 进行有压力升高可能的实验时,应使用高压釜或封管等进行实验,不能使用密闭的玻璃实验装置。

④ 回流或蒸馏低沸点易燃液体时应注意:

(a) 放置数粒沸石或素烧瓷片或一端封口的毛细管,以防止暴沸;

(b) 严禁直接明火加热;

(c) 瓶内液体体积不能超过容器容积的2/3或低于容器容积的1/3;

(d) 加热速度要适中,且应避免局部过热。

⑤ 使用油浴时,应防止外部液体的溅入,特别是水或水溶液,以防迸溅及起火。

⑥ 当处理大量的可燃性液体时,应在通风橱中或通风良好处进行,同时远离火源。

⑦ 不得随意丢弃燃烧或者带有火星的火柴梗、纸条等,也不得丢入废液缸中。

(3) 爆炸的预防

在有机化学实验里预防爆炸的一般措施如下:

① 常压蒸馏装置必须正确安装,应使装置与大气相连通,不得造成密闭体系;减压蒸馏时,应选用圆底烧瓶作为反应瓶或接收瓶,不能用平底烧瓶、锥形瓶、薄壁试管等不耐压容器作为反应瓶或接收瓶。蒸馏操作过程中不能将液体蒸干,以免局部过热或过氧化物高度浓缩而引起爆炸。

② 操作易燃易爆气体时应远离火源,多数有机试剂的蒸气与空气相混合时有燃爆风险,应避免明火和电火花。

③ 使用乙醚等醚类时,必须检查是否存在过氧化物。如有过氧化物存在时,可用硫酸亚铁等除去过氧化物后,方能使用。除去乙醚中过氧化物的方法详见附录2。使用乙醚时,应在通风较好处或在通风橱内进行操作。

④ 操作易爆炸的固体时,如重金属乙炔化物、苦味酸金属盐和三硝基甲苯等,应避免重压或撞击,以免引起爆炸;对于这类物质的残渣,在废弃前应进行相应的处理。例如,重金属乙炔化物可用浓盐酸或浓硝酸使它分解,重氮化合物类物质可在大量水中缓慢加热使其分解。

⑤ 使用金属钠时,应避免与卤代烃接触,否则可能因反应剧烈有爆炸风险。因此金属钠不

能用于卤代烃类试剂的干燥处理。剩余的钠屑必须收集并使用乙醇处理。

⑥ 遇到有爆炸危险操作时，应在通风橱内进行，并将通风橱柜门拉下，只留 5～10 cm 空隙；或将钢化玻璃防护罩（见图 1-2）置于装置前进行保护，从侧面进行操作。

图 1-2 钢化玻璃防护罩

（4）中毒的预防

大多数化学药品都具有一定的毒性，试剂的毒害可以通过接触、吸入等形式产生。在实验过程中，应采取相应措施预防中毒：

① 实验前应阅读相关化学品安全技术说明书，了解所用试剂的毒性、性能和防护措施。

② 避免直接接触试剂，应使用相关工具操作。实验后，应及时洗手。

③ 剧毒药品的使用要严格遵从相关法规、规定及操作规范。操作时必须戴橡胶手套，切勿接触皮肤，尤其是伤口。实验后的有毒残余物、废液必须作妥善有效的处理，不准胡乱丢弃。

④ 实验过程中可能生成有毒或腐蚀性气体的实验，应在通风橱内进行，并且在实验装置出口处加装尾气吸收装置。使用后的器皿应及时处置及清洗。使用通风橱时，不要把头部伸入通风橱内。

（5）触电的预防

使用电器时，应防止人体与电器导电部分直接接触；不能用湿手或用手握湿的物体接触电插头；为预防触电，装置和设备的金属外壳等都应连接地线。实验结束后应先关闭仪器，再将连接电源的插头拔下。

3. 事故的处理和急救

（1）火灾的处理

实验室一旦失火，在火势较小时，应立即使用实验室内消防器具灭火；火势较大且可控时，室内全体人员（人员较多时，应该安排大部分人员有序撤出现场）应积极而有秩序地参加灭火，一般采取如下措施：一方面防止火势扩展，立即关闭煤气灯，熄灭其他火源，切断室内总电闸，搬开易燃物质，同时进行灭火；当火势不可控时，室内人员应立即有序撤离并拨打火警报警电话 119。

有机化学实验室灭火，常采用隔绝空气的办法，通常不使用水灭火，否则，可能会引起火势蔓延及更大灾害。在失火初期，可使用灭火器、沙、毛毡等灭火；若火势小，可用数层湿布把着火的仪器包裹起来；如果油类着火，要用沙或灭火器灭火，也可撒上干燥的固体碳酸氢钠粉末；电器着火时，首先应先切断电源，然后再用二氧化碳或四氯化碳灭火器灭火，不能用水和泡沫灭火器扑救电器火灾；如遇衣服着火，切勿慌张、奔跑，而应立即在地上打滚，或用毛毡一类盖在身上，使之隔绝空气而灭火。

总之，当失火时，应根据起火的原因和火场周围的情况，采取不同的灭火方法。无论使用哪一种灭火器材，都应从火的四周开始向中心扑灭。

（2）玻璃割伤

玻璃割伤是常见的事故，被割伤后要仔细观察伤口情况并清洗创面、消毒。若伤势不重，可进行简单的急救处理，如贴创可贴、涂敷云南白药并用医用纱布包扎；若伤势严重、流血不止，可在伤口上部约 10 cm 处用纱布扎紧，压迫止血，并随即到医院就诊。

(3) 药品的灼伤

皮肤接触了腐蚀性物质后可能被灼伤，可佩戴橡胶手套和防护眼镜作预防。一旦发生灼伤，应按下列情况处置。

① 酸灼伤。皮肤上：立即用大量水冲洗，再用 5%碳酸氢钠溶液冲洗。洗净后，涂上油膏并包扎。如酸溅在衣服上，迅速脱掉衣服，冲洗皮肤；并依次用水、稀氨水和水冲洗衣服。

眼睛上：抹去溅在眼睛外面的酸，立即用洗眼器冲洗，同时伴随眨眼，再用稀碳酸氢钠溶液洗涤伤处，最后滴入少许医用香油。

② 碱灼伤。皮肤上：先用水冲洗，然后用饱和硼酸溶液或 1%醋酸溶液洗，再涂上油膏，并包扎好。如碱溅在衣服上，迅速脱掉衣服，用大量水冲洗皮肤；衣服随后也要用大量水冲洗。

眼睛上：抹去溅在眼睛外面的碱液，用水冲洗，再用饱和硼酸溶液淋洗，再滴入医用香油。

③ 溴灼伤。皮肤接触溴时，应立即用水冲洗，涂上甘油，敷上烫伤油膏，并包扎伤处。眼睛受到溴的蒸气刺激时，将盛有酒精的容器去塞，将眼部置于瓶口处并注视片刻。

上述各种急救法，仅为暂时减轻疼痛的措施。若伤势较重，在急救之后，应速送医院诊治。

(4) 烫伤

在有机化学实验中，烫伤时有发生。对轻微的烫伤，通常将烫伤部位在冷水中浸 10～15 min，涂以玉树油或鞣酸油膏；烫伤严重者涂以烫伤油膏后立即送医院诊治。

(5) 中毒

溅入口中而尚未吞咽的有毒物质应立即吐出，并用大量水冲洗口腔；如已吞下，应根据有毒物质的毒性服相应的解毒剂，立即送医院急救。

① 对于强酸性腐蚀性毒物，应饮用大量的水，再服氢氧化铝膏、鸡蛋清；对于强碱性腐蚀性毒物，先饮大量的水，然后服用食醋、酸果汁、鸡蛋清。不论酸或碱中毒都需饮用大量牛奶，不要吃呕吐剂。

② 刺激性及神经性中毒先服用牛奶或鸡蛋清使之缓和，或用手指伸入喉部催吐后，并立即到医院就诊。

③ 气体中毒，将中毒者移至室外或通风良好处，解开衣领及纽扣，呼吸新鲜空气；吸入大量氯气或溴蒸气者，可用碳酸氢钠溶液漱口。

(6) 急救用具

在实验室内应备有消防器材和急救药箱，且应置于明显且易得的位置。学生在进行实验前应熟悉急救用具的存放位置及使用方法。实验室内的消防器材和急救药箱如下：

① 消防器材：泡沫灭火器、干粉灭火器、二氧化碳灭火器[见图1-3(a)]、沙、石棉布和毛毡。

② 喷淋装置一般位于走廊等公共位置；喷淋装置一般配有洗眼器。在配置较好的实验室中，通常配备单独的洗眼器。

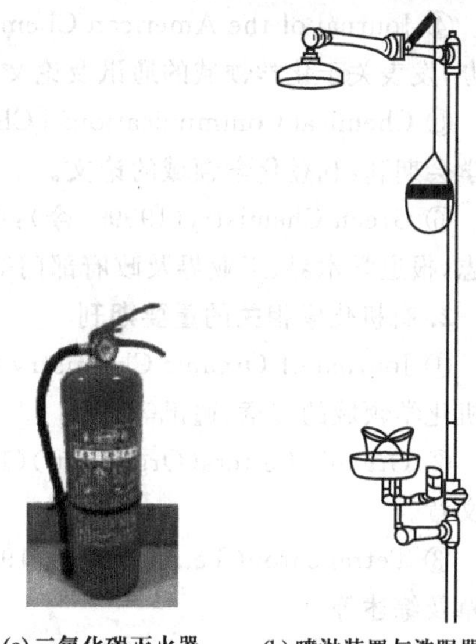

(a) 二氧化碳灭火器　(b) 喷淋装置与洗眼器

图 1-3　消防器材、喷淋装置与洗眼器

③ 急救药箱：碘酒、双氧水、饱和硼酸溶液、1％醋酸溶液、5％碳酸氢钠溶液、70％酒精、玉树油、烫伤油膏、万花油、药用蓖麻油、硼酸膏或凡士林、磺胺药粉、洗眼杯、消毒棉花、纱布、胶布、绷带、剪刀、镊子和橡胶管等。

1.2 有机化学与文献资源

1.2.1 有机化学文献简介

有机化学文献可以分为两大类：一级资源和二级资源。一级资源发表实验室研究的原始成果，如期刊、专利、学位论文和会议文集等；图书、索引及收集整理一级资源的其他出版物，称为二级资源。其中，化学文摘(Chemical Abstracts)和Beilstein手册是有机化学最常用的二级文献资源，检索相对容易。

1.2.2 一级资源

一级资源包括发表原始化学论文的刊物、专利等。

1. 化学类综合性重要期刊

① Science(1883—今)：美国科学进步联合会(AAAS)的官方杂志，涉及科学相关的所有领域，也发表关于化学领域的重要成果。

② Nature(1869—今)：与美国 Science 杂志相似的英国杂志，刊登科学前沿发现，内容涵盖科学各相关领域，其中也包括化学领域。其子期刊 Nature Chemistry 发表化学研究成果。

③ Angewandte Chemie, International Edition in English (Angew. Chem. Int. Ed.)：(1962—今)：由德国化学会主办，发表化学各专业领域研究论文和研究进展。

④ Journal of the American Chemical Society(J. Am. Chem. Soc.)(1879—今)：美国化学会主办，发表关于化学领域的通讯及论文。

⑤ Chemical Communications [Chem. Commun. (Cambridge, UK)](1965—今)：英国皇家化学会期刊，刊登化学领域的论文。

⑥ Green Chemistry(1999—今)：由英国皇家化学会主办，是直接面向绿色化学领域的著名杂志，报道学术界、工业界及政府部门等有关绿色化学研究的最新进展。

2. 有机化学相关的重要期刊

① Journal of Organic Chemistry (J. Org. Chem.)(1936—今)：美国化学会下属期刊，发表有机化学领域的文章、通讯等。

② Organic Letters(Org. Lett.)(1999—今)：美国化学会下属期刊，刊登有机化学领域的通讯文章。

③ Tetrahedron(Tetrahedron)(1957—今)：国际性期刊，发表有机化学及生物化学领域内的文章及综述等。

④ Tetrahedron Letters [Tetrahedron Lett.](1959—今)：国际性期刊，发表有机化学及生物化学领域内的通讯文章。

3. 专利

由于互联网的发展，专利一般可从各专利组织的网站免费下载。

① 中国国家知识产权局，http://www.sipo.gov.cn/，中国专利公布公告网址为 http://epub.sipo.gov.cn/。

② 欧洲专利局(European Patent Office，EPO)，http://www.epo.org/，其专利检索网址为 http://worldwide.espacenet.com/。提供包括欧洲专利、世界专利、各欧盟国家专利及其他地区与组织的专利，如美国、日本和韩国等国专利。

③ 美国专利商标局(United States Patent and Trademark Office)，http://www.uspto.gov/，专利检索界面：http://patft.uspto.gov/。

除专利组织的网站外，谷歌也免费提供美国专利等专利的检索及原文下载服务。Science Citation Index 数据库中的 Dewernt 专利数据库(1973—今)提供有偿服务。

1.2.3 二级资源

期刊文章和专利包含了绝大多数的原始工作，数目巨大，如果没有索引、摘要、综述和其他二级资源，这些文献将无法充分利用，而化学文摘等各种二级资源的出现，使检索变得容易进行。

1. 标题列举

原始论文数目巨大，专题较多，标题列举是简单二级资源。这种二级资源模式目前已经不再使用印刷版形式，大多数刊物都可以在线获得，各杂志社通常提供期刊列表并提供作者、主题、引用等检索方式。许多刊物都以 HTML 和 PDF 形式提供原文和补充材料。文献的 PDF 格式文件可以付费下载。

此外，互联网搜索引擎提供专门的学术搜索功能，特别是谷歌学术(scholar.google.com)的搜索结果准确度较高。

从一定意义上来说，标题列举是有实用价值的。但是除了标题隐含的内容外，并不涉及论文内的具体内容。更加准确的检索需要使用专门的二级文献检索工具。

2. 化学文摘(Chemical Abstracts，CA)

CA 由美国化学会化学文摘社(CAS of ACS，Chemical Abstracts Service of American Chemical Society)编辑出版，创刊于1907年。CA 报道的内容几乎涵盖了化学的所有领域，其中除包括无机化学、有机化学、分析化学、物理化学、高分子化学外，还包括冶金学、地球化学、药物学、毒物学、环境化学、生物学及物理学等诸多学科领域。CA 内容来源于大约 9 500 种学术刊物，包括图书、会议论文、学位论文及化学相关专利。目前文摘分 80 个部分，其中 21～34 部分为有机化学相关部分。其特点是具有世界上最大、最完善的索引，使得 CA 使用便捷，成为化学家不可或缺的首选检索工具。

CA 的刊行有纸质版、光盘版及网络版，目前使用较多的是网络版，SciFinder 是 CA 数据库的客户端程序。SciFinder 提供用户友好的图形界面，提供作者、化学结构、子结构等各种检索方式。检索的结果可进一步优化、分析并显示。同时，SciFinder 提供许多原始文献的数据链接。目前许多学校、学术机构及企业均已购买该服务。关于 CA 检索的更多内容可参见附录 1.1 中的说明。

3. 贝尔斯坦(Beilstein)及盖墨林(Gmelin)

Beilstein是Beilstein's Handbuch der Organischen Chemie的简称。该手册正编及第一、二、三、四补编均用德文编写,收录文献至1959年。第五补编改用英文编写,但只出版了杂环化合物部分,收录文献范围为1960—1979年。此书是有机化合物重要的工具书,共出版566册。在Beilstein手册中,提供了每个化合物所有的命名、分子式、结构式、所有制备方法、物理常数(如熔点、折射率等),还有其他物理性质、化学性质。手册中的数据经过了严格的评估,所有的信息都经过认真研究和记录,剔除重复和错误的结果。

Gmelin是Gmelins Handbuch der Anorganischen Chemie的简称,现在是指第八版。英文书名为Gmelin Handbook of Inorganic Chemistry。由于编写了有机金属化合物专辑,故1990年将书名改为Gmelin Handbook of Inorganic and Organometallic Chemistry。已为铁、锡等21种金属编写了有机金属化合物专辑。

从2010年起,Beilstein和Gmelin的内容可通过Reaxys在线获取,但需要付费使用。国内一般高校与研究机构均有购买,可经http://cn-www.reaxys.com进入检索。对于有机化学工作者,Beilstein数据库是最好的数据库之一。它包含大约940万种确定结构的化合物的信息,以及980万个化学反应。提供化合物结构、制备、分离、纯化、物理常数等相关数据及原始文献。

4. Science Citation Index (SCI)

Science Citation Index是Thomson-Reuters公司的产品,收录每篇科技文章的引用及被引用的情况。SCI数据库是面向主题进行检索方式的一种有力补充。通过SCI,可以进行文献的追踪性检索。例如,通过文献发现反应或方法的一个较新的应用,可以通过SCI检索到后续研究对该文献的引用情况。

除前述内容外,Chemical Reviews [Chem. Rev.(WashingtonDC, U.S.)](1924—今)也发表化学领域内前沿进展的综述性文章,它由美国化学会主办。

5. 常用手册

除了Beilstein和CA外,针对有机化学特定的相关内容,有些图书与手册对数据进行收集整理。这些书非常有用,可节省大量检索时间。

(1) 化合物手册与辞典

① CRC Handbook of Chemistry and Physics:CRC手册(每年一版)是目前已知最好的单卷版手册,它涵盖了物理学及化学各领域的基础数据。对有机化学有用的信息被编列在"Physical Constants of Organic Compounds"栏目下,给出了约11 000种化合物的分子式、结构、相对分子质量、密度、折射率、溶解度、颜色、熔点及沸点的数据。

② Lange's Handbook of Chemistry, 16th ed:与CRC手册涵盖范围及排列相似,它包括了4 300种有机化合物的物理性质。

③ Aldrich Handbook of Fine Chemicals:每年一版,该手册是Aldrich公司的产品目录。它给出了约35 000种试剂的CAS登录号、分子式、分子结构及基础的物理常数等。同时,该手册还提供与Merck Index及Aldrich公司光谱数据的交叉索引。目前,这些数据可通过Sigma-Aldrich公司的网站www.sigmaaldrich.com获得。

④ 溶剂手册第五版,程能林编著:该手册除能提供有机溶剂的物理常数外,还给出了饱和蒸

气压、共沸点等其他相关数据。

(2) 有机反应机理

① Carey F A, Sundberg R J. Advanced Organic Chemistry, Part A: Structure and Mechanisms; Part B: Reactions and Synthesis.5th ed. New York: Springer, 2007。关于有机反应及应用非常优秀的概述。

② Smith M B, March J. March's Advanced Organic Chemistry: Reactions, Mechanism, and Structure.6th ed. New York: Wiley-Interscience, 2007。经典的教材,且包含非常丰富的原始文献。该书现已有中译本。

(3) 实验基本技术与方法

① Vogel A I, Tatchell A R, Furniss B S, et al. Vogel's Textbook of Practical Organic Chemistry. 5th ed. New York: Pearson, 1996。该书对有机化学实验的各种基本操作有详细的说明,是基础的有机化学及实验教程;在实验部分,对每类实验均有多个反应实例,便于使用者比较与体会。该书的影印版于 2004 年分两卷出版,中文名称为《沃氏实用有机化学教程》。

② Armarego W L F. Purification of Laboratory Chemicals. 7th ed. Amsterdam: Butterworth-Heinemann, 2012。内容涉及实验室中试剂及溶剂的纯化过程。该书包括纯化方法、某类化合物的一般纯化方法及重要化合物的具体纯化方法。

1.3 实验预习、记录和实验报告

1.3.1 预习

实验预习是化学实验的重要环节。为了使实验能够达到预期的效果,在实验之前必须做好充分的预习和准备。预习除了反复阅读实验内容,领会实验目的与原理,了解实验步骤和注意事项外,还需在实验记录本上写好预习报告。预习报告包括以下内容:

① 实验目的和要求。

② 主反应和主要副反应的反应式。

③ 原料、产物、副产物和试剂的物理常数(查手册或文献等);原料用量(单位:g,mL,mol)和规格;计算理论产量。

④ 正确而清楚地画出装置图。

⑤ 写出简单实验步骤(不是照抄教材实验内容)

⑥ 列出粗产品纯化过程及原理,明确各步操作的目的和要求。

⑦ 列出实验的关键环节和相应的实验操作注意事项。

1.3.2 实验记录和实验报告

1. 实验记录

实验记录本应使用专用的带页码的装订本。实验中,学生应仔细观察,如实记录原料用量、实验操作步骤、反应体系温度和颜色的变化、物态变化(如结晶和沉淀的产生或消失、气体的产生或吸收)、主产物和副产物的产率、各种测定值的原始数据等。实验结束后,将实验记录本交指导教师签字,可参照 1.3.3 给出的格式进行记录。记录主要和关键的实验操作和实验现象:试剂的规格和用量,仪器的名称和规格,实验日期,实验起止时间,实验现象和数据等。

应如实详尽地记录所观察的现象,不可弄虚作假;记录必须完整、清晰,且应保证自己与他人均能理解,并可按记录重复实验。

2. 实验报告

实验报告是整个实验的一个重要组成部分,是对实验的总结,是分析问题和知识理性化的必要步骤,这有利于培养学生撰写科学论文的能力。这部分工作在课后完成。内容包括:

① 对实验现象逐一做出正确的解释。能用反应式表示的尽量用反应式表示。

② 记录所得产品的外观、物态及质量/体积等信息,计算产率。

有机合成中的理论产量计算:在有机反应中,完全转化所能得到的目标产物的最大量称为理论产量。在计算理论产量时,应注意:有多种原料参加反应时,应以物质的量最小的原料量为基准(不能用催化剂或引发剂的量来计算);有异构体存在时,以异构体理论产量之和进行计算。

有机合成反应极少得到理论产量。可能的原因有多种,如反应不完全,或是副反应的存在降低了产物的产量,或是产物在分离和提纯的过程中存在损耗,等等。

产率计算公式如下:

$$产率=(实际产量/理论产量)\times 100\%$$

③ 填写物理常数的测试结果。分别填上产物的文献值和实测值,并注明测试条件,如温度、压力等。

④ 对实验进行讨论与总结:对实验结果和产品进行分析,完成书后思考题;分析实验中出现的问题和解决的办法,写出做实验的体会;对实验提出建设性的建议。通过讨论总结来提高和巩固实验中所学到的理论知识和实验技术。

⑤ 实验报告要求条理清楚、文字简练、图表清晰、准确。一份完整的实验报告可以充分体现学生对实验理解的深度、综合解决问题的能力及文字表达的能力。

1.3.3 实验报告格式

实验报告的格式如下:

实验名称
姓名　班级　学号
同组者姓名　日期　成绩

一、实验目的
二、实验原理
三、主要试剂及产物的物理常数
试剂:　物理常数:

续表

名称	相对分子质量	沸点/℃ 或 熔点/℃	密度 g·cm^{-3}	投料量 g或mL	投料比	物质的量 mol	理论产量 g或mL

四、仪器装置图

五、实验步骤流程图

六、实验步骤及实验现象

七、结论

产品的物理常数、质量、产率

八、讨论

本次实验合格或失败的原因、对实验的建议

九、思考

第二章　试剂与玻璃仪器

2.1　试剂的种类及储存

2.1.1　试剂的种类

化学试剂按国家标准（GB/T 15346—2012）可分为通用试剂、基准试剂和生物染色剂等三类。其中，通用试剂可分为优级纯、分析纯和化学纯三种级别。不同级别试剂在试剂瓶上以不同颜色标注，见表 2-1。

表 2-1　不同级别试剂试剂瓶标签颜色

序号	级别		标签颜色
1	通用试剂	优级纯（GR）	深绿色
		分析纯（AR）	金光红色
		化学纯（CP）	中蓝色
2	基准试剂		深绿色
3	生化试剂		玫红色

其中，优级纯试剂可用于精密分析及科研工作；分析纯试剂常用于一般的分析及科研工作；而化学纯试剂则应用于厂矿日常控制分析和教学实验等领域。

除上述级别外，还有适合某一方面需要的特殊规格试剂，如生化试剂和高纯试剂等。其中，高纯试剂又可细分为高纯试剂、超纯试剂、色谱纯试剂等，这类试剂统称为专用试剂。

2.1.2　化学品安全技术说明书

化学实验室在运行过程中，涉及电气、机械、辐射、化学和微生物等方面的危险因素。其中，实验室内涉及的众多化学品是主要危险源。化学品的危险主要可分为三类：物理危险、健康危害和环境危害。其中，物理危险以易燃、易爆及腐蚀性为主；健康危害以急性毒性、慢性毒性、致癌性及生殖毒性等为主；环境危害主要是对水生、土壤、大气环境及臭氧层的危害。

化学品供应商应向用户提供化学品的危害及使用注意事项，提供化学品安全技术说明书（safety data sheet for chemical products，即化学品 SDS，或 CSDS），化学品 SDS 在一些国家被称为材料安全技术说明书（material safety data sheet，简称 MSDS）。由于 MSDS 称谓使用较早，目前化学品安全技术说明书主要使用 MSDS 格式。MSDS 的格式与内容以国际标准化组织和中国国家标准化管理委员会分别于 1994 年及 2008 年发布的相关标准为依据。

MSDS 由 16 部分组成，第 2 部分为危害性概述。MSDS 中涉及化学品理化危险信息的内容包括在第 9 部分和第 10 部分。第 9 部分为化学品的理化性质，包括化学品的名称、CA 登录号

(CAS registry number)、相对分子质量、熔点、沸点、闪点、溶解度和密度等基本信息。其中与安全相关的有闪点、爆炸上/下限和燃烧上/下限。

闪点是在指定的条件下,样品被加热到它的蒸气与空气的混合气接触火焰时,能产生闪燃的最低温度。

爆炸上/下限(upper/lower explosive limit)是指气体或粉尘与空气混合,形成爆炸性混合气体中该气体或粉尘的上/下限值,该气体的含量用%(体积分数)表示,粉尘用 mg/m^3 表示。

燃烧上/下限浓度(upper/lower limit of flammability 或 upper/lower flammable limit, UFL/LFL)是指在测试条件下能够使火焰在可燃物和气态氧化剂的均相混合物中传播的最大/最小可燃物浓度。

在使用化学品的过程中,应避免在上述上下限范围之间操作,减少危害发生的可能。

MSDS 中第 11 部分是与健康危害相关的毒理学信息,主要是急性毒性、致癌性及生殖毒性。毒性是指化学品进入人体后,累积达一定的量,能与体液和器官组织发生生物化学作用或生物物理学作用,扰乱或破坏机体的正常生理功能,引起某些器官和系统暂时性或持久性的病理改变,甚至危及生命的作用。急性毒性是指单剂量或在 24 h 内多剂量口服或皮肤接触一种物质,或吸入接触 4 h 之后出现的有害反应。

按化学品进入机体方式,急性毒性可分为口服毒性(acute oral toxicity)、皮肤接触毒性(acute dermal toxicity)及吸入毒性(acute toxicity on inhalation)三种。口服毒性和接触毒性以半数致死量 LD_{50}(median lethal dose)表示,吸入毒性以半数致死浓度 LC_{50}(median lethal concentration)表示。LD_{50}的实验结果以 mg/kg 表示,吸入毒性的表示则根据吸入物质使用不同的单位,对粉尘和烟雾的吸入,实验结果以 mg/L 表示;对蒸气的吸入,实验结果以 mL/m^3 表示。急性毒性是指对实验对象分组并按接触途径施加一定剂量化学品,在 14 天内受试动物死亡一半的剂量。例如,某化学品对大鼠经口 LD_{50} 为 5 900 mg/kg,假如一群大鼠的体重均为 100 g,在每只大鼠一次性给药 590 mg 的情况下,在 14 天内大鼠可能死亡一半。

如化合物的急性毒性数据属于以下情况,固体经口 $LD_{50} \leqslant 500$ mg/kg,液体 $LD_{50} \leqslant 2\,000$ mg/kg,经皮肤接触 $LD_{50} \leqslant 1\,000$ mg/kg;粉尘、烟雾及蒸气吸入 $LC_{50} \leqslant 10$ mg/L,则被称为毒性物质。如果急性毒性满足下列条件之一:大鼠实验,经口 $LD_{50} \leqslant 5$ mg/kg,经皮肤接触 $LD_{50} \leqslant 50$ mg/kg,吸入(4 h)$LC_{50} \leqslant 100$ mL/m^3(气体)或 0.5 mg/L(蒸气)或 0.05 mg/L(尘、雾),则该化学品被称为剧毒化学品。

致癌性(carcinogen)是指诱发癌症或增加癌症发生率的物质或混合物。化学品的致癌性可分为确认人类致癌物、可能人类致癌物或可疑致癌物及确定非致癌物等。

有机化合物具有挥发性,在实验室及工作环境中有一定的浓度,尽管可以通过通风及排风设备降低,但无法绝对消除。为此,国家职业卫生标准(GBZ 2.1—2007),对一些毒性物质接触进行限制,其中重要的概念是接触限制量值。

接触限制量值是以保证劳动者及实验人员在职业活动过程中长期反复接触,对绝大多数接触者的健康不引起有害作用的容许接触水平。化学有害因素的职业接触限值包括时间加权平均容许限值(PC-TWA)、短时间接触容许浓度(PC-STEL)和最高容许浓度(MAC)三类,分别对应长时间接触、短时间接触及瞬时接触化学品的情况。

最高容许浓度是指在工作地点、任何时间有毒化学物质均不应超过的浓度。时间加权平均容许限值是以时间为权数规定的 8 h/工作日、40 h/工作周的平均容许接触浓度。短时间接触容许浓度是指在时间加权平均容许限值前提下容许短时间(15 min)接触浓度。这些限值可以通过加强排风及通风能力达到,保障在实验及生产过程中的工作人员的安全。例如,丙酮的时间加权平均容许限值、短时间接触容许浓度分别为 300 mg/m^3 和 450 mg/m^3,而对其最高容许浓度没有规定。其他化学品及物质的容许浓度,请参见 GBZ 2.1—2007 中表 1 的内容。对没有包括在内的化学品,可参照发达国家的相应标准。

化学品 MSDS 中第 11 部分的毒性数据,决定了第 8 部分接触控制和个体防护的内容。另一方面,也决定了安全技术说明书中第 4 部分急救措施与方法。

MSDS 第 12 部分是关于环境危害的数据,主要是对水生环境及臭氧层的危害。

根据 MSDS 第 9～12 部分的具体内容,可以确定化学品的危险类别及分类,进而确定化学品包装运输(第 14 部分运输信息)、储存(第 7 部分)、操作(第 7 部分)、废弃处置(第 13 部分)及意外情况下泄漏应急处理(第 6 部分)和消防措施(第 5 部分)等内容。而 MSDS 的第 15 部分和第 16 部分是为保持文件完整性而设定的内容。

通过 MSDS 可加强对具体化学品的全面认识,了解该化学品在运输、储存、使用、废弃等各个环节正确操作及防护,以及意外情况下的应急处置。因此,在实验及生产过程中,一旦涉及化学品的使用,应首先阅读该化学品的 MSDS,保证实验及生产的安全。

MSDS 一般由化学品生产厂家提供,也可在互联网上以化学品品名及 MSDS 为关键词进行搜索。

2.1.3 试剂存放的一般原则

固体试剂存放在易取用的广口瓶内,液体试剂则存放在细口试剂瓶中,一些用量小而使用频繁的液体如指示剂、定性分析试剂等可存放于滴瓶内。盛试剂的试剂瓶应贴有标签,并注明试剂的名称、纯度或浓度,配制日期及使用人。标签外面可涂蜡或用透明胶带等保护。

根据试剂的性质不同,需要采用不同的存放方式。

① 在空气中易变质的试剂应隔绝空气密封保存。这类试剂包括易被氧化的试剂,如亚铁盐、活泼金属单质、苯酚和硫代硫酸钠等;易吸收二氧化碳的试剂,如氧化钙、氢氧化钠、氢氧化钙和过氧化钠等;易吸湿或易潮解的试剂,如五氧化磷、无水氯化钙、浓硫酸和无水硫酸铜等;易风化的试剂,如十水碳酸钠等。

② 见光或受热易分解的试剂,应使用棕色瓶盛放且置于阴暗处,如硝酸、硝酸银等。过氧化氢也是见光易分解的物质,但因棕色玻璃中含重金属氧化物成分,可催化过氧化氢分解,通常将过氧化氢存放于不透明的塑料瓶中,置于阴凉处。

③ 易挥发的试剂,如浓氨水、浓盐酸和乙酸乙酯等,要盖紧瓶盖,保存在阴凉通风处,取用后要立即盖紧瓶盖。

④ 易燃易爆、强氧化性试剂一般需要分类单独存放。

⑤ 低沸点的易燃液体要在阴凉通风的地方存放,并与其他可燃物和易产生火花的器物隔离放置,更要远离明火。

⑥ 强碱性试剂,如氢氧化钠、氢氧化钾及硅酸钠等溶液的瓶塞应采用橡胶塞,以免长期放置后在瓶口处发生粘连。

⑦ 易腐蚀玻璃的试剂，如氟化物等，应保存在塑料瓶中。

2.1.4 特殊试剂的存放

① 钠、钾等活泼金属应保存在煤油或液态烷烃中液封以隔绝空气、防止氧化。使用时用镊子取出，用滤纸吸净煤油，在玻璃片上切片，剩余部分随即放入煤油中；滤纸妥善处理后，废弃。

② 白磷应保存在水中，以防止氧化，置于冷暗处。使用时用镊子取出，立即放入水中用长柄小刀切取，再用滤纸吸干水分。

③ 液溴有毒易挥发，应盛于磨口的细口瓶中，并用水封，瓶盖要严密。

④ 碘易升华，且具有强烈刺激性气味，应保存在蜡封的棕色玻璃瓶中，放置于低温处。

2.1.5 试剂的纯化与干燥

在反应过程中，对试剂或溶剂可能需要特殊处理。如使用苯进行 Friedel-Crafts 烷基化反应时，要求原料苯中不能含有水和噻吩。对于溶剂，有时也要求进行无水处理。附录 2 给出了一些常用溶剂及试剂的处理方法，更多详细内容可参阅 Armarego W L F 等人的 Purification of Laboratory Chemicals(7th ed,2012)一书。

对于实验室中溶剂的处理，更多的是进行无水处理。经常使用无水溶剂的实验室，常使用专门的溶剂处理装置，如图 2-1 所示。溶剂处理完成后，新蒸馏的溶剂被冷凝管冷凝后，收集在接收瓶内，可通过三通旋塞放出；剩余不用的溶剂放回至蒸馏瓶中；要求更严格时，可通过顶部的注射器进口用注射器抽取。

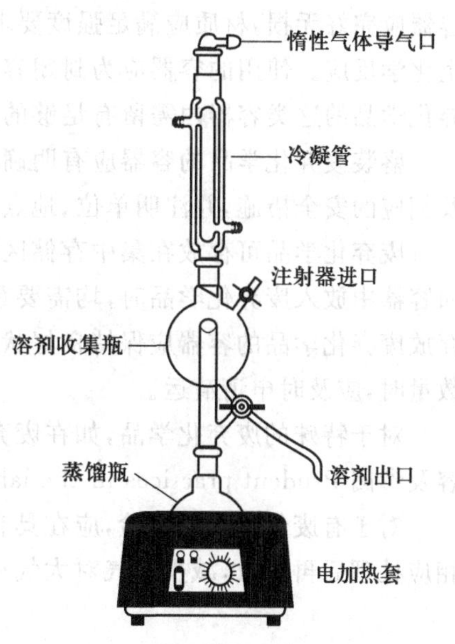

图 2-1 常用的溶剂处理装置

2.1.6 三废的处理

实验室在运行过程中，会产生各种废弃物，需要特别关注废弃化学品。按规定，废弃化学品严禁擅自处理、倾倒至垃圾箱、排放入下水管网或交由没有经营资质的单位处理处置，而应按相关规定，进行分类收集、储存，最后交由特许经营单位处理。实验室内应建立废弃化学品管理制度和程序，进行分类收集、存放和集中处理，确保不扩大污染，避免交叉污染，同时应有专人协调和负责处理废弃化学品。对实验室内的工作人员及学生等，应进行相应的教育及培训，树立环境保护和绿色化学实验观念。

实验室内的废弃化学品主要可分为以下五类。

① 优先控制的实验室废弃化学品，指以下废弃化学品：铅、镉、汞、氰、三氯苯、四氯苯、五氯苯、六氯苯、五氯硝基苯、三氯苯酚、五氯苯酚、六氯丁二烯、六氯环已烷、六氯乙烷、环氧七氯、甲氧氯、多氯联苯、溴苯醚、氧芴、硫丹、二甲戊乐灵、芘、苯并芘、苊、苊烯、蒽、菲、二噁英、氟乐灵和多环芳香类化合物。

② 实验过程中产生的废弃化学品，指在教学、科研、分析检测等实验室活动中产生的废弃化

学品。对这些废弃化学品还应按性质分为具体的小类。

实验室中常用的分类有无机浓酸溶液及其相关化合物，无机浓碱溶液及其相关化合物，有机酸、有机碱、可燃性非卤代有机溶剂及其相关化合物等。其他常用的分类还有卤化物、氧化剂及过氧化物、有毒金属、毒性物质/致癌物质、自燃物、爆炸性物质和不明废弃化学品等。

③ 过期、失效或剩余的实验室废弃化学品，指未经使用的报废试剂等。

④ 盛装过化学品的空容器，指盛装过试剂、药剂的空瓶或其他容器，无明显残留物。

⑤ 沾染化学品的实验耗材等废弃物，指实验过程中被污染的实验耗材等。

对实验室中产生的废弃化学品应按上述的分类方法收集、包装与储存。盛装废弃化学品的容器应完好无损，材质应满足强度要求，同时容器材质、衬里材质不应与所盛装的废弃化学品发生化学反应。使用的容器应为封闭容器，如不锈钢桶、塑料桶及玻璃瓶等。盛装液体、半固体废弃化学品的这类容器内需留有足够的空间，容器顶部与液体表面之间应距离 100 mm 以上。

盛装废弃化学品的容器应有明确的标签，标签应标明成分、化学品名称、危险类别、危险情况及相应的安全措施，并注明单位、地点、联系人、电话及日期等信息。

废弃化学品可存放在集中存储区或卫星存储区。对废弃化学品采用混合储存方式时，每次向容器中放入废弃化学品时，均需要登记化学品的名称、数量及混入时间等。储存过程中，收集存放废弃化学品的容器应保持良好状态，如有严重生锈、损坏或泄漏，应立即更换。储存到一定数量时，应及时申请清运。

对于特殊的废弃化学品，如在废弃前需要进行处理，请详细阅读相应化学品 MSDS 相关内容及参阅 Prudent practices in the laboratory：handling and disposal of chemicals 一书[1]。

对于有废气产生的实验，应在具有良好通风的通风橱内进行；如废气有较多有害成分，应做相应处理后再排放，减少废气对大气环境的污染。

2.2 玻璃仪器

了解有机化学实验中所用仪器的性能、选用适合的仪器并正确地使用，是对每一个实验者最基本的要求。

2.2.1 玻璃与标准磨砂接头

玻璃主要是由二氧化硅与其他化学物质熔融在一起，形成的具有无规则结构的非晶态固体。根据玻璃中主要氧化物种类及含量，可将玻璃分为钠钙玻璃、3.3 硼硅玻璃、4.0 硼硅玻璃、低硼玻璃（7.0 硼硅玻璃）、5.0 中性玻璃。钠钙玻璃（SiO_2含量 70%，B_2O_3含量 0～3.5%）是发现最早、使用量最大的玻璃。钠钙玻璃耐温、耐腐蚀性较差，但价格便宜，主要用于不耐温仪器的制作，如普通漏斗、量筒、抽滤瓶和干燥器等。玻璃中三氧化硼含量的提高，可以提高耐温性和耐腐蚀性，如硼硅玻璃及中性玻璃，所制成的仪器可以在温度变化较大的情况下使用，如烧瓶、烧杯和

[1] National Research Council (U.S.) Committee on Prudent Practices for Handling Storage and Disposal of Chemicals in Laboratories. Prudent practices in the laboratory: handling and disposal of chemicals. Washington D C: National Academy Press, 1995.

冷凝管等。

为方便各类型玻璃器件的密封连接，玻璃仪器可配有标准磨砂接头。磨砂接头可分为锥形磨砂接头和球形磨砂接头，国内较常用的是锥形磨砂接头。锥形磨砂接头也被称为磨口。具有标准磨砂接头的玻璃仪器由于接口尺寸的标准化、系列化，可使各部件能方便快捷地组装成各种成套装置，且特别适用于涉及高真空度和易挥发性液体的实验。

标准磨口接头采用国际通用的 1∶10 锥度，即直径 D 的增量为 1，则磨面轴向长度 H 增量为 10。经标准化，大端直径采用的系列值为 5—7.5—10—12.5—14.5—18.8—21.5—24—29.2—34.5—40—45—50—60—71—85—100 mm；大端直径修正后为 5—7—10—12—14—19—21—24—29—34—40—45—50—60—71—85—100 mm，且对应为标准接头的编号。磨面轴向长度 H 与直径 D（见图 2-2）有如下关系：$H = K\sqrt{D}$。其中，K 为系数，可以有 $K=2$，4，6，8 四个系列。我国及英国等使用 $K=6$ 的系列。在标识磨口接头时，使用 19/26 或 $\frac{19}{26}$ 这样表示，分别代表大端直径及磨面轴向长度的修正数值，其含义为 19# 磨口，直径约为 19 mm（实际值 18.8 mm），长度约为 26 mm。

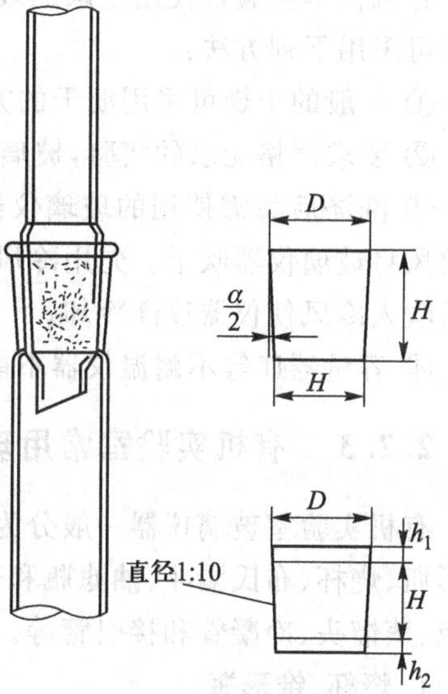

学生实验使用的常量仪器一般是 19# 磨口的磨口仪器，半微量实验多用 14# 磨口的磨口仪器。

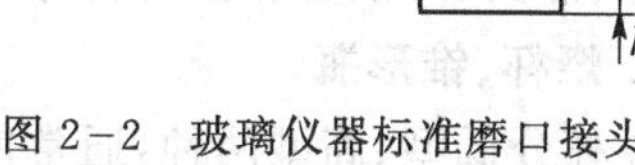

图 2-2　玻璃仪器标准磨口接头

D 为磨口接头大口端直径，H 为磨面轴向长度

使用玻璃仪器时的注意事项：

① 使用前应认真检查玻璃仪器，观察玻璃仪器是否有表面划伤、崩损缺口、擦毛、擦伤或裂纹，有上述缺陷的玻璃仪器应废弃。

② 避免明火直接加热玻璃仪器（试管除外），加热时应垫以石棉网；不能加热抽滤瓶、普通漏斗、量筒等不耐热的玻璃仪器。

③ 玻璃仪器使用后应及时清洗。

④ 标准磨口仪器长时间放置后易黏结，较难拆开；如果发生黏结，加热黏结处使其外口膨胀而脱落，或用木槌轻轻且均匀敲打黏结处。

⑤ 带旋塞或具塞仪器在清洗、沥干后，应在旋塞和磨口的接触处夹放纸片或抹凡士林，以防黏结；具有非标准磨口的玻璃仪器注意保持在洗涤干燥过程中旋塞与磨口的配套。

⑥ 标准磨口仪器磨口处要干净，不得粘有固体物质。清洗时，应避免用去污粉擦洗磨口，防止划伤磨口。

⑦ 安装仪器时，应做到横平竖直，磨口连接处不应受歪斜的应力，以免仪器破裂。

2.2.2　玻璃仪器的洗涤与干燥

1. 玻璃仪器的洗涤

进行化学实验必须使用清洁的玻璃仪器。实验用过的玻璃器皿必须立即洗涤，应该养成良好习惯。由于污垢的性质在当时是清楚的，容易选择适当的办法。洗涤的一般方法是用水、洗衣粉、去污粉刷洗。刷子应适用于玻璃仪器形状，如烧瓶刷、烧杯刷、冷凝管刷等。若刷洗困难，可根据污垢性质选用适当的洗液进行洗涤。如果是酸性(或碱性)的污垢用碱性(或酸性)洗液洗涤；有机污垢用碱液或有机溶剂洗涤。

器皿是否清洁的标志是，加水倒置，水顺着器壁流下，内壁被水均匀润湿，有一层既薄又匀的水膜，不挂水珠。

2. 玻璃仪器的干燥

有机化学实验常使用干燥的玻璃仪器，每次实验后立即把玻璃仪器洗净并干燥。干燥玻璃仪器可采用下列方法：

① 一般的干燥可采用沥干的方法，即将洗净的仪器倒置一段时间，晾干。

② 要求严格无水的实验，玻璃仪器洗净、沥干后，应置于烘箱中烘干。

③ 洗涤后急需使用的玻璃仪器，可加入少量乙醇摇洗并将乙醇回收至专用的回收瓶，再用电吹风将玻璃仪器吹干。先用冷风吹扫 1～2 min，大部分溶剂挥发后，再热风吹扫至干燥完全，最后吹入冷风使仪器逐渐冷却。

④ 容量器皿等不耐温仪器不能在烘箱中烘干。

2.2.3 有机实验室常用玻璃仪器

有机实验室玻璃仪器一般分为普通和标准磨口两种。实验室常用的普通玻璃仪器有非磨口锥形瓶、烧杯、布氏漏斗、抽滤瓶和普通漏斗等。常用标准磨口仪器有磨口锥形瓶、圆底烧瓶、三颈瓶、蒸馏头、冷凝管和接引管等。

1. 烧杯、锥形瓶

烧杯分低型、高型两种，通常使用的是低型烧杯；锥形瓶的全称为细口锥形烧瓶，分磨口和非磨口两种(见图 2-3)。

烧杯规格：以容积(单位：mL)表示，从 5 mL、10 mL 到 3 000 mL，常用的有 100 mL、200 mL、250 mL、400 mL 和 500 mL 几种。

锥形瓶的规格：以容积(单位：mL)表示，从 25 mL、50 mL 到 3 000 mL，常用的有 100 mL、250 mL 和 500 mL 几种。

用途：烧杯多用于混合、称量及转移试剂时使用，而锥形瓶可用做反应器、接收容器或液体干燥等。

注意事项：加热时应使用平板加热，使其受热均匀，且所盛反应液体一般不能超过容积的 2/3。在进行减压蒸馏等减压操作时，因锥形瓶各点受力不均，不能用做接收容器。

2. 量筒、量杯

量筒规格：以容积(单位：mL)表示，从 5 mL、10 mL 到 2 000 mL，常用的有 10 mL、20 mL、50 mL 和 100 mL 几种(见图 2-4)。

用途：用于量取一定体积的液体，量杯因量取精度较差，使用较少。

注意事项：不能用于量取热的液体，不能加热，不可用做反应容器。由于量筒重心较高，易倾倒破碎，使用完毕后应放倒。使用

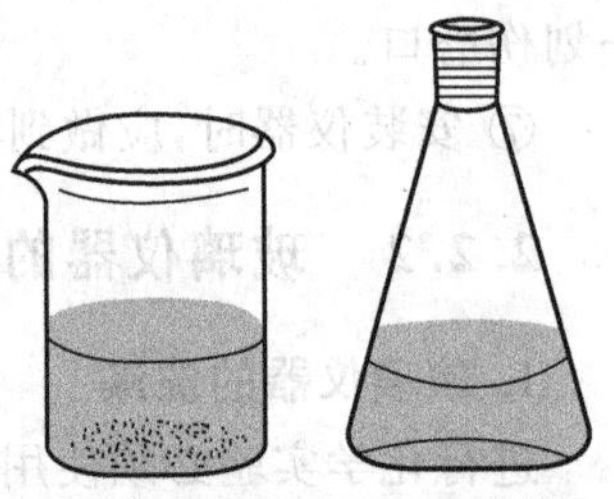

图 2-3 烧杯与锥形瓶

量筒量取的精度通常是容量允差的2倍。

3. 漏斗

漏斗按形状可分为标准短颈三角过滤漏斗、标准长颈三角过滤漏斗和筒形过滤漏斗[分别见图 2-5(a)、(b)、(c)]。

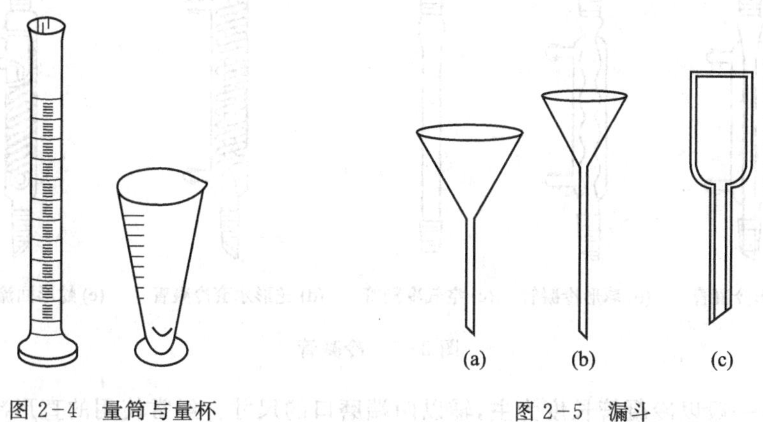

图 2-4 量筒与量杯　　图 2-5 漏斗

仪器规格:以漏斗口径(单位:mm)表示。

用途:标准漏斗用于过滤,而漏斗及长径漏斗也可用于向装置内倾注液体。

注意事项:漏斗一般使用钠钙玻璃制作,不能用火加热。

4. 圆底烧瓶及梨形瓶

圆底烧瓶根据外接磨口的个数,可分单口、二口、三口及四口圆底烧瓶(见图 2-6)。

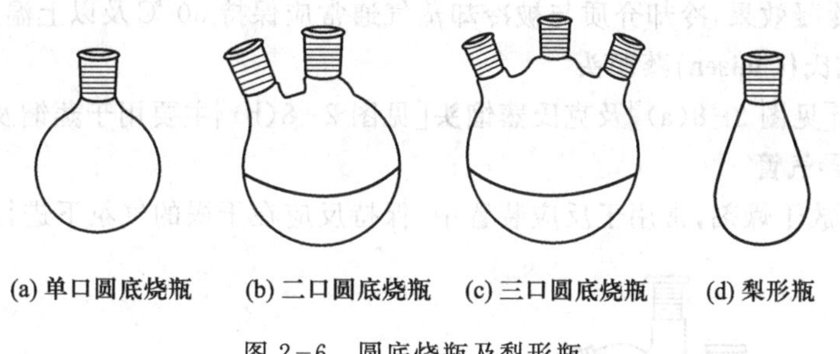

(a) 单口圆底烧瓶　(b) 二口圆底烧瓶　(c) 三口圆底烧瓶　(d) 梨形瓶

图 2-6 圆底烧瓶及梨形瓶

仪器规格:以容积(单位:mL)及标准磨口编号表示。容积一般为 25 mL、50 mL、100 mL、250 mL、500 mL、1 000 mL 和 2 000 mL,磨口一般以 14#～24# 为主。容积较大的烧瓶所用磨口直径也较大。

用途:主要用做反应容器,单口烧瓶也作接收容器使用,而梨形瓶多用于旋转蒸发。

注意事项:作为反应容器时,所盛试剂量一般不超过容积的 2/3。为保持受热均匀,加热时,不宜使用平板型加热器。

5. 冷凝管

冷凝管按形状可分为直形水套冷凝管、球形水套冷凝管、空气冷凝管、蛇形水套冷凝管、蛇形回流冷凝管等[见图 2-7(a)～(e)]。其中,直形水套冷凝管,又称李比希－韦斯特(Libig－West)

冷凝管，也可简称直形冷凝管、直冷；球形水套冷凝管又称阿林（Allihn）冷凝管，也可简称球形冷凝管、球冷。

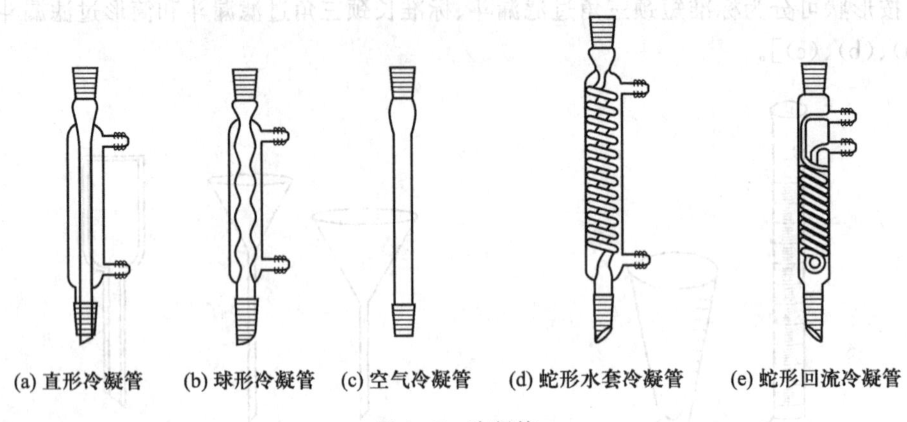

图 2-7 冷凝管

仪器规格：一般以冷凝管长度为主，辅以两端磨口的尺寸。经常使用的直形冷凝管和球形冷凝管长度为 200～400 mm。

用途：用于冷凝蒸气和凝聚液滴。球形冷凝管一般用于回流操作，直形冷凝管则用于蒸馏操作。空气冷凝管主要用于沸点高于 150 ℃的蒸馏实验，此温度下如使用水套冷凝管，玻璃由于内外温差大可能出现破裂。而蛇形冷凝管主要用于蒸气难以冷凝的情况。

注意事项：使用冷凝管通常需要水作冷却介质。为保证水能充满夹层，通水时遵循"低进高出"的原则。使用过程中应保证上、下水管路的通畅，并注意胶管与冷凝管接口处没有裂纹，以避免漏水。为保证冷凝效果，冷却介质与被冷却蒸气通常应保持 30 ℃及以上温差。

6. 蒸馏头、克氏(Claisen)蒸馏头

用途：蒸馏头[见图 2-8(a)]及克氏蒸馏头[见图 2-8(b)]主要用于蒸馏及减压蒸馏装置。

7. 干燥管及导气管

用途：用于盛放干燥剂，常用于反应装置中，保持反应在干燥的气氛下进行(见图 2-9)。

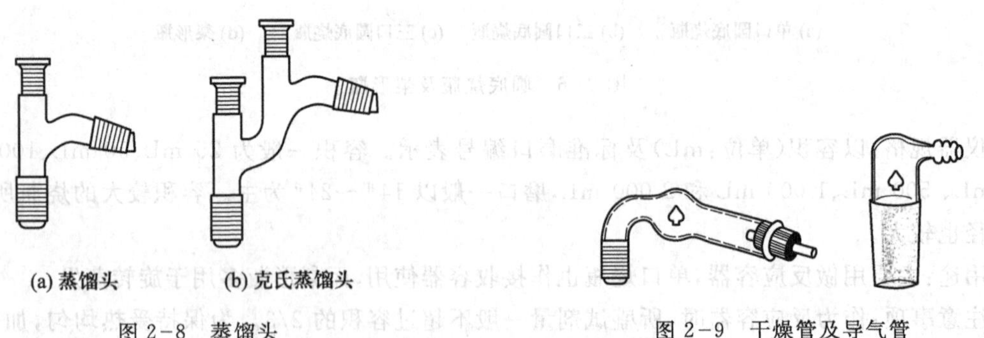

图 2-8 蒸馏头

图 2-9 干燥管及导气管

8. 温度计

温度计主要用于测定加热浴、反应体系及蒸馏时气相的温度。磨口温度计主要用于测定蒸馏头处气相的温度，更多情况下在减压蒸馏时使用。

(1) 温度计接头

温度计接头(见图 2-10)常为 14# 磨口,便于温度计与其他磨口仪器接合,使用时将 O 形胶圈与温度计接合,螺帽与温度计接头上的螺口旋紧,固定温度计及密封。

(2) 玻璃液体温度计和磨口温度计

玻璃液体温度计简称玻璃温度计或温度计。按其内部液体种类,又可分为有机液体、汞基和水银温度计。其中,有机液体和水银温度计较为常用。按外形可分为普通温度计和磨口温度计。(见图 2-11)。液体温度计按用途可分为标准温度计和工作用温度计。标准温度计用于校正工作温度计,也用于精密测温。工作用液体温度计的规格按量程范围、最小分度值和最大允许误差划分,有多种规格,使用时应根据量程、测量精度选用适宜的温度计。

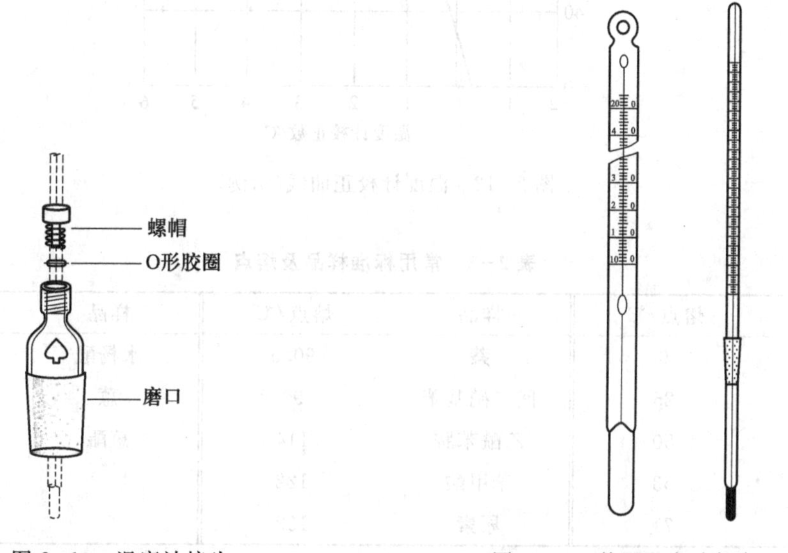

图 2-10 温度计接头　　图 2-11 普通温度计与磨口温度计

(3) 温度计的校正

新购买的温度计及使用一段时间的温度计存在一定误差,需要事先进行校正。校正的方法如下:

① 使用标准温度计进行对照,找出偏差值。

② 用纯物质的熔点作为校正标准。选择数种纯样品,测出它们的熔点。以测出的熔点作为纵坐标,与已知熔点的差数为横坐标,绘出温度计校正曲线(见图 2-12)。使用温度计时即可从曲线上读出温度计的校正读数。一些标准样品及熔点列于表 2-2 中,供校正温度计时使用。

零度的测定用蒸馏水和纯冰水的混合物。方法是将 20 mL 蒸馏水加入试管中,用冰盐浴冷至蒸馏水部分结冰,再搅拌成冰-水混合物。将试管从冰盐浴中取出,用温度计测温,恒定后温度应为 0 ℃。

(4) 水银温度计破碎后的实验室处置方法

① 水银温度计破碎后,立即打开门窗及通风橱通风,收拾玻璃碎片及泄漏的水银。清除水银时,应摘除手上佩戴的珠宝饰物、手表等,防止上述物品与水银结合。

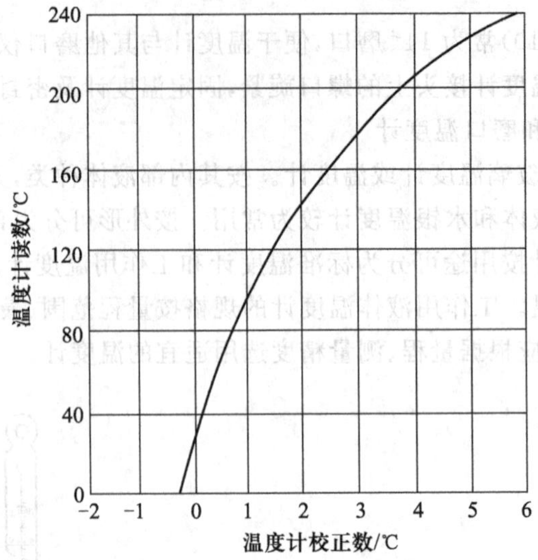

图 2-12 温度计校正曲线(示例)

表 2-2 常用标准样品及熔点

样品	熔点/℃	样品	熔点/℃	样品	熔点/℃
冰	0	萘	90.5	水杨酸	159
环己醇	25	间二硝基苯	90	蒽	216
β-萘胺	50	乙酰苯胺	114	蒽醌	286(升华)
二苯胺	53	苯甲酸	122		
苯甲酸苄酯	71	尿素	132		

② 当水银颗粒较大时,可用卷成筒状纸张,或用滴管、注射器、胶带、湿润棉棒等收集,并将水银转移至大口磨口瓶中,加水液封,并加标签标明废旧水银。

③ 当水银颗粒较小,散布在地面或缝隙中时,可取适量硫黄粉覆盖,或用20%三氯化铁溶液或10%漂白粉溶液喷洒。30 min后,将使用过的清除物品收集到一个塑料袋内,并注明废旧水银。

④ 将上述过程中产生的废弃物按实验室废弃化学品处置。

9. 接引管(单口、二叉及三叉接引管)

用途:用于蒸馏装置中冷凝管与接收瓶的衔接,二叉与三叉接引管在减压蒸馏装置中使用(见图 2-13)。

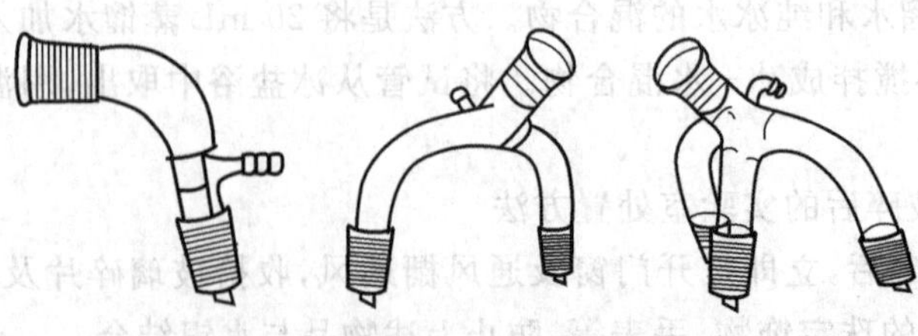

图 2-13 接引管

10. 抽滤瓶与抽滤漏斗

抽滤漏斗主要有布氏(Bucher)漏斗、玻璃砂芯漏斗和赫氏(Hirsch)漏斗(见图 2-14)等。其中,常规实验中多使用布氏漏斗;微量及半微量实验中使用赫氏漏斗;在固液混合物中固体细碎且较难过滤的情况下使用砂芯漏斗。

用途:抽滤瓶主要与抽滤(布氏)漏斗、胶塞等组成抽滤装置;也可用做气路中的缓冲瓶。

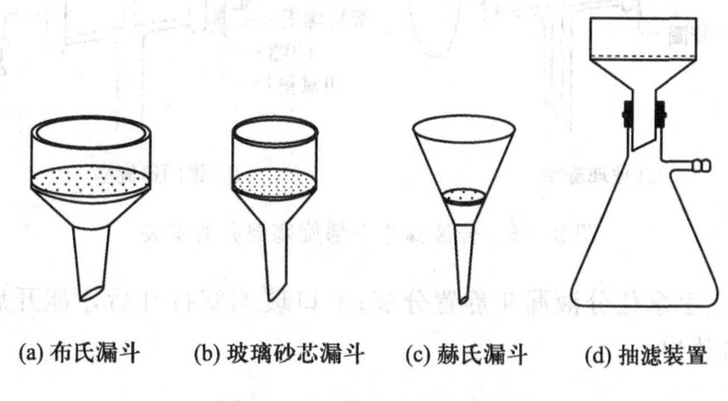

(a) 布氏漏斗 (b) 玻璃砂芯漏斗 (c) 赫氏漏斗 (d) 抽滤装置

图 2-14 漏斗与抽滤装置

11. 分液漏斗

分液漏斗的常用规格为 100 mL 和 250 mL。

分液漏斗按形状可分为球形、锥形和梨形分液漏斗(见图 2-15),其中以锥形分液漏斗较为常用。

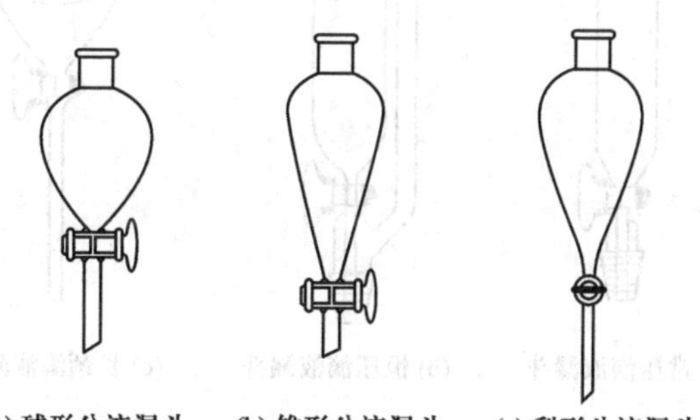

(a) 球形分液漏斗 (b) 锥形分液漏斗 (c) 梨形分液漏斗

图 2 15 分液漏斗

用途:常用于液液分离。

分液漏斗的使用:见 4.2.2 中的简单萃取部分。

使用分液漏斗时应注意:分液漏斗底部的长颈易折断,不要磕碰;使用玻璃旋塞分液漏斗时,其旋塞的磨口是非标准的,不同漏斗的旋塞之间不能互换;当分液漏斗顶部的旋塞上有放气孔时,振荡前,应转动旋塞使放气孔处于关闭状态。分液漏斗下部的旋塞应涂抹凡士林。涂抹时,应在塞子的左右各三分一部分涂抹,而中间的三分之一部分保持清洁(见图 2-16)。这样可防止萃取操作过程中凡士林混入有机相。使用前,应向分液漏斗中加注一些自来水,并置于铁圈上,几分钟后,底部没有漏液的情况下方可使用。同时应保持旋塞转动流畅。

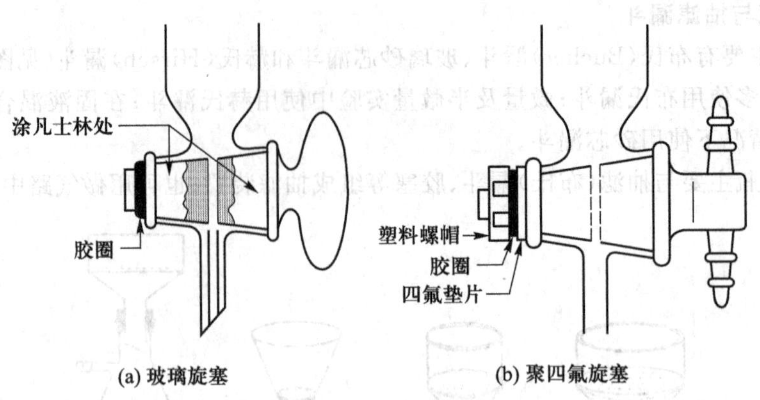

图 2-16 分液漏斗下部旋塞部分的安装

应当注意：不能用手拿住分液漏斗静置分液；上口玻璃塞打开后才能开启旋塞；上层的液体不要由分液漏斗下口放出。

12. 滴液漏斗

规格：以容积（单位：mL）表示，常见的规格有 25 mL、50 mL、100 mL 和 250 mL。主要分为常压滴液漏斗、恒压滴液漏斗和长颈滴液漏斗（见图 2-17）几类。

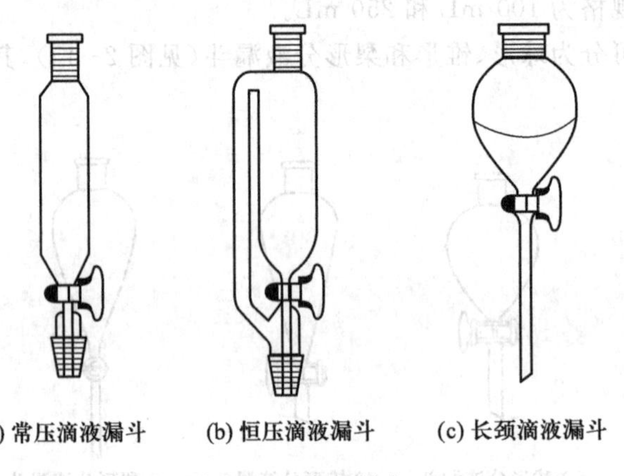

图 2-17 滴液漏斗

用途：用于在反应中向反应瓶中连续而缓慢地加入反应原料。恒压滴液漏斗主要用于易挥发原料的滴加，或反应装置处于或接近于密闭状态的滴加过程。而长颈的滴液漏斗适用于液面下的滴加。

注意：使用滴液漏斗前必须检查玻璃塞和旋塞是否紧密。滴液漏斗底部磨口内的细管受力后易折断，折断后无法观察液滴的滴落速度。

13. 分水器及索氏(Soxhlet)提取器

用途：分水器主要用于在共沸过程中移除混合物中的水分。图 2-18(a)中的分水器用于共沸物中有机相密度比水小的情况，而图 2-18(b)中的分水器适用于共沸物中有机相密度比水大的情况。索氏提取器[见图 2-18(c)]主要用于固体物质的连续提取。

注意事项：分水器及索氏提取器安装在装置中后，应尽量保持处于垂直状态。

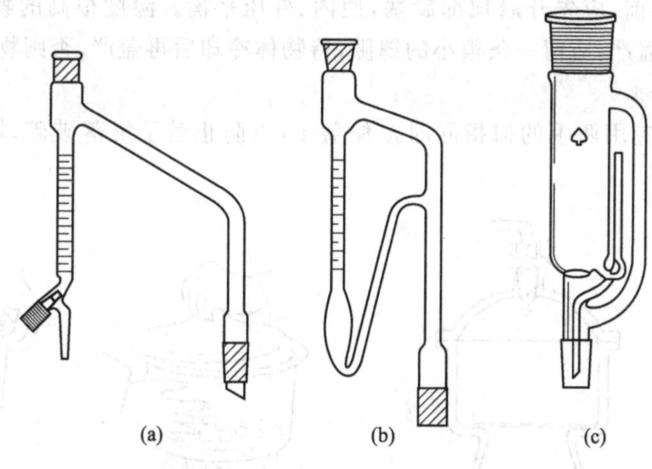

图 2-18 分水器及索氏提取器

14. 滴管

用途:主要用于少量液体的转移。一般有玻璃及塑料两种材质。玻璃滴管需要与胶头(又称滴头或胶帽等)配合使用。滴管最大移液量一般在 1~2 mL。

注意事项:使用塑料滴管时应注意有机溶剂对塑料的侵蚀,可能向反应体系等引入不必要的成分。

15. 转换头、玻璃空心塞、管口夹

转换头又称变口、大小头等[见图 2-19(a),(b)],主要用于磨口尺寸、磨口类型的转变;玻璃空心塞[见图 2-19(c)]主要用于封闭不需要的磨口。而管口夹[见图 2-19(d)]用于紧固内外磨口之间的衔接。

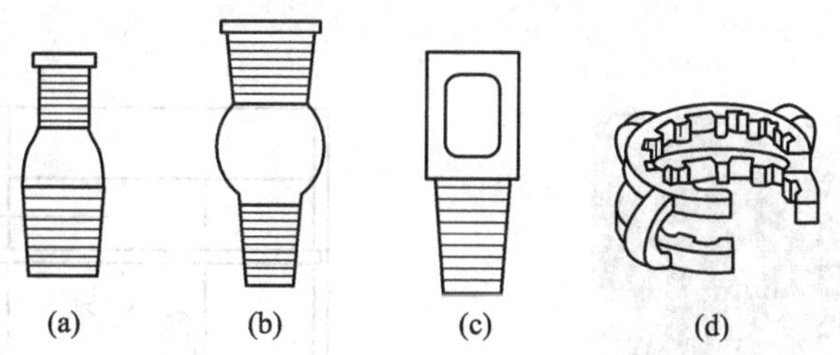

图 2-19 转换头、玻璃空心塞及管口夹

16. 干燥器

有些易吸水潮解的试剂或灼烧后的坩埚等应放在干燥器内,以防吸收空气中的水分。干燥器可分为普通干燥器和真空干燥器两种(见图 2-20)。真空干燥器的形状、用途与普通干燥器类似,但盖顶的圆头处加配控制旋塞及抽气支管。

干燥器是一种有磨口盖子的厚质玻璃器皿,磨口上涂有一层薄薄的凡士林,能很好地密合,以防水汽进入。干燥器底部装有变色硅胶、无水氯化钙等干燥剂,中间放置一块干净的带孔瓷板,用来承放被干燥物。

打开干燥器时，应左手按住干燥器，右手按住盖的圆顶，向左前方推开盖子，如图 2-21(a)所示。打开真空干燥器前，应先开启顶部旋塞，使内、外压平衡。温度很高的物品，在放入干燥器后，不能将盖子完全盖严，应留一条很小的缝隙，待物体冷却后再盖严，否则物品冷却后所形成的负压使盖子难以打开。

搬动干燥器时，应用两手的拇指同时按住盖子，以防止盖子滑落破碎，操作如图 2-21(b)所示。

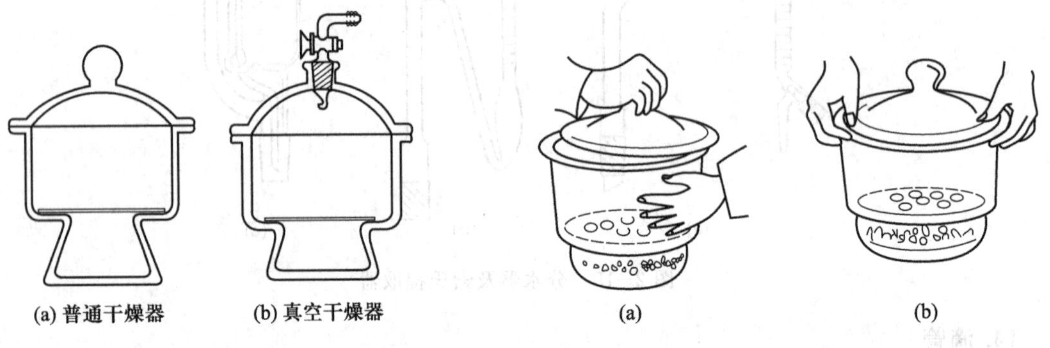
(a) 普通干燥器 (b) 真空干燥器

图 2-20 普通干燥器与真空干燥器

(a) (b)

图 2-21 干燥器的使用

2.3 有机实验室及常用设施

有机实验室内需要实验台开展实验，并在相应的位置引入上、下水和电源。一般实验室如图 2-22(a)所示。有机化学实验常涉及易燃、易爆及挥发性强的试剂，需要良好的通风与防护。因此，一般实验室均设有通风良好的通风橱，如图 2-22(b)所示。通风橱可以保持实验环境具有良好的通风，防止毒害；钢化玻璃制成的柜门拉下后，可以防止通风橱内的反应装置因爆炸引发其他危害。

(a)

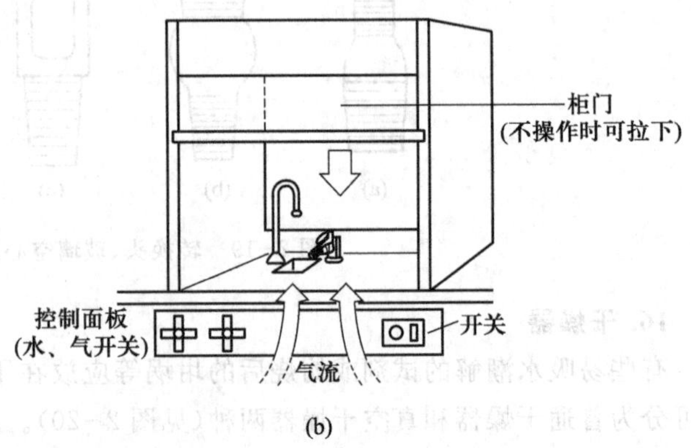

(b)

图 2-22 实验室内景及通风橱

在有机实验室中除必要的实验台与通风橱外，还因实验需要有必要的实验仪器。这些仪器按用途可分为公用设备及个人使用设备两部分。

2.3.1　公用设备

1. 天平

天平用于称量固体或液体的质量。根据工作原理可分为托盘天平[见图 2-23(a)]及电子天平[见图 2-23(b)]等，目前实验室内多用电子天平。实验室中天平的最大称量一般为 200 g，天平一般按最小感量区分。当进行常量及半微量反应时，最小感量 0.01 g 的天平可以满足使用要求；当进行微量反应或称量催化剂时则需要更高精度的天平。

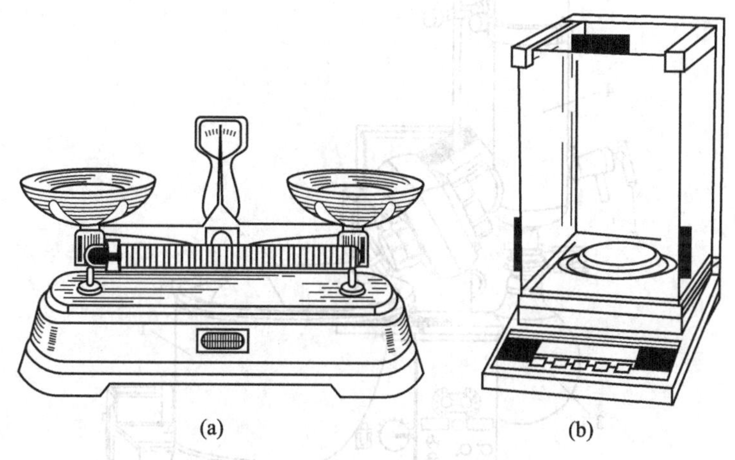

(a)　(b)

图 2-23　托盘天平与电子天平

2. 鼓风干燥箱

鼓风干燥箱常简称为烘箱。一般的烘箱用于干燥玻璃仪器或烘干无腐蚀、加热时不分解的样品。易燃物或刚用酒精、丙酮洗涤过的玻璃仪器切勿放入烘箱内，以免着火或爆炸。若烘干加热时易分解的样品，可使用真空干燥箱。烘箱的温度常设置在 100～120 ℃。

3. 真空泵

在实验室内进行真空操作时，可由真空泵提供真空。实验室内常用的真空泵有循环水真空泵[见图 2-24(a)]及旋片式真空泵[见图 2-24(b)]。循环水真空泵提供低级真空，主要用于旋转蒸发、抽滤等过程。而旋片式真空泵提供高真空，主要用于高沸点物质的减压蒸馏及一些特殊处理过程。

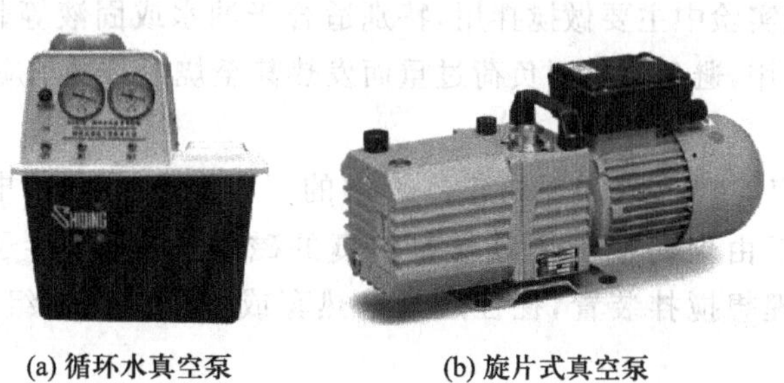

(a) 循环水真空泵　(b) 旋片式真空泵

图 2-24　循环水真空泵及旋片式真空泵

4. 旋转蒸发仪

旋转蒸发仪(见图 2-25)主要用于低沸点有机溶剂的快速除去过程。经常与循环水真空泵及低温循环泵配合使用。循环水真空泵提供真空,而低温循环泵提供低温的冷却介质。

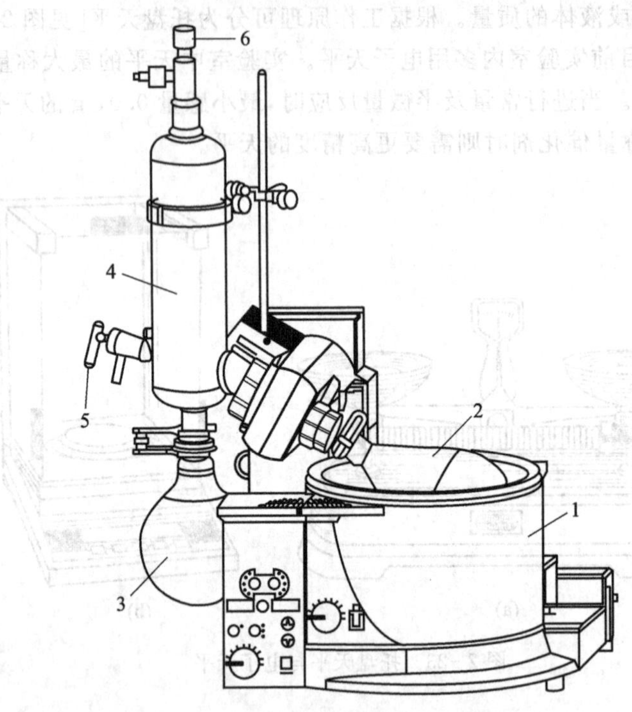

图 2-25　旋转蒸发仪示意图

1—水浴;2—梨形蒸馏瓶;3—接收瓶;4—高效冷凝器;5—放空及补料阀;6—抽气口

2.3.2　个人使用设备

1. 电动搅拌器

电动搅拌器又称机械搅拌器,由固定于铁架台上的电动机及作为控制器使用的继电器组成。电动机为搅拌提供动力,而继电器控制搅拌转速与搅拌时间。

电动搅拌器在合成实验中主要做搅拌用,特别适合于油水或固液等非均相反应体系。不能在过于黏稠的体系中使用,避免电机因负荷过重而发热甚至烧毁。轴承应经常加油保持润滑。

2. 磁力搅拌器

磁力搅拌器是反应搅拌过程需要的仪器。它的工作原理是利用电机带动磁铁转动,再带动反应装置中的一根由聚四氟乙烯等材料包裹的磁棒(又称搅拌子或磁子)。磁力搅拌器是均相反应体系的理想搅拌装置,往往还与电热套或平板加热器组合(见图 2-26),同时具有加热功能。

3. 电加热套和磁力搅拌电热套

电加热套,简称电热套或加热包。它是一种简便、安全、无明火、热效率高的加热装置,通过调节电压控制加热量。实验过程中,特别是在蒸馏的后期,应不断降低支持电加热套升降台的高度。磁力搅拌电热套还具有搅拌功能(见图 2-27)。

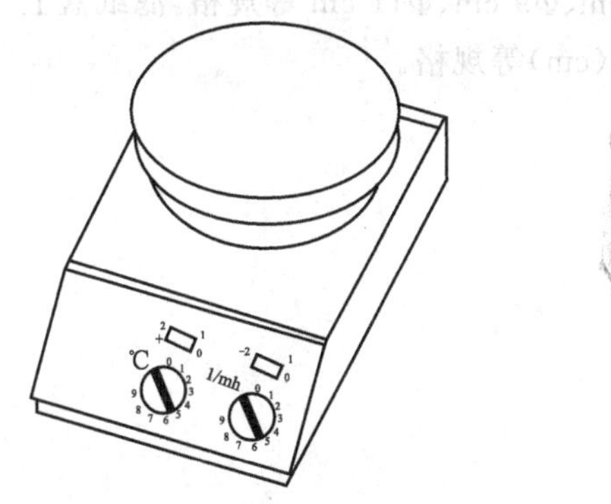

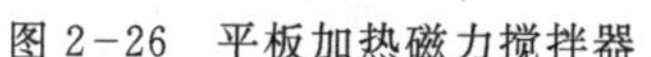

图 2-26 平板加热磁力搅拌器

(a)

(b)

图 2-27 电加热套和磁力搅拌电热套

4. 铁架台、管口夹与 S 夹

铁架台、管口夹及 S 夹(见图 2-28)是用于固定玻璃仪器的组件。

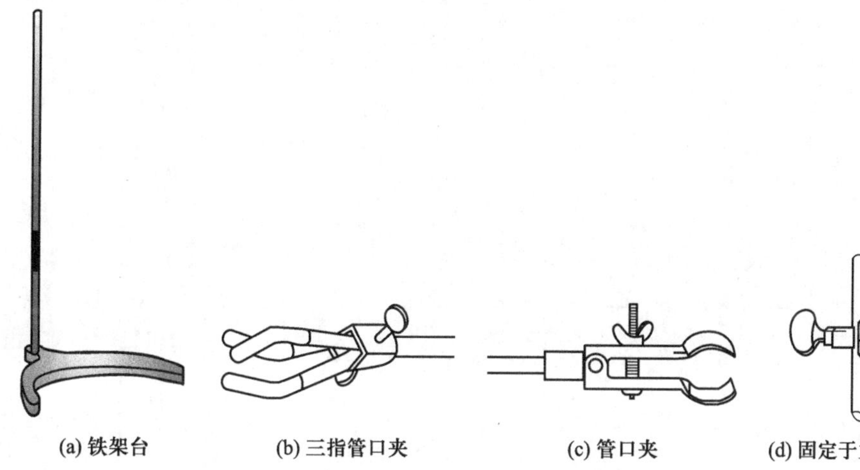

(a) 铁架台 (b) 三指管口夹 (c) 管口夹 (d) 固定于立柱上的S夹

图 2-28 铁架台、管口夹及 S 夹

在使用管口夹时,尽量让旋钮向右或向上,方便旋紧。而使用 S 夹时,与铁架台立柱部分相连的开口朝前,而与管口夹横杆相连的开口朝上,避免当旋钮松开时,横杆脱落。

5. 升降台

升降台(见图 2-29)对实验装置中某些器件提供支撑。

6. 滤纸

化学实验室中常用的有定量分析滤纸和定性分析滤纸两种;按过滤速度和分离性能的不同,又分为快速、中速和慢速滤纸三种。在实验过程中,应当根据沉淀的性质和数量,合理地选用滤纸。

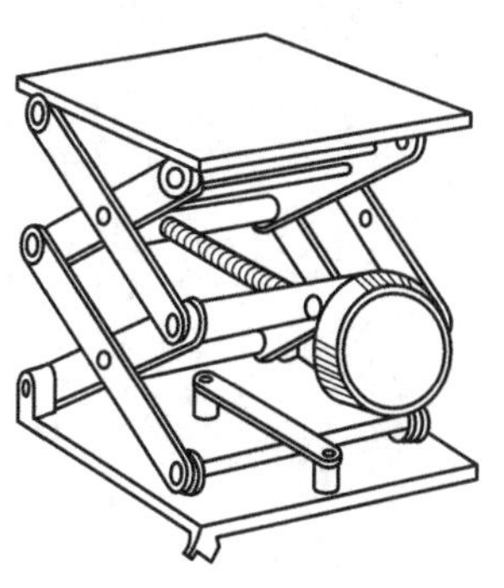

图 2-29 升降台

我国国家标准《化学分析滤纸》(GB/T 1914－2007)对定量滤纸和定性滤纸产品的分类、型号和技术指标及实验方法等都有规定。

滤纸外形有圆形和方形两种。常用的圆形滤纸有 Φ7 cm、Φ9 cm、Φ11 cm 等规格，滤纸盒上贴有滤速标签。方形滤纸都是定性滤纸，有 60×60、30×30(cm)等规格。

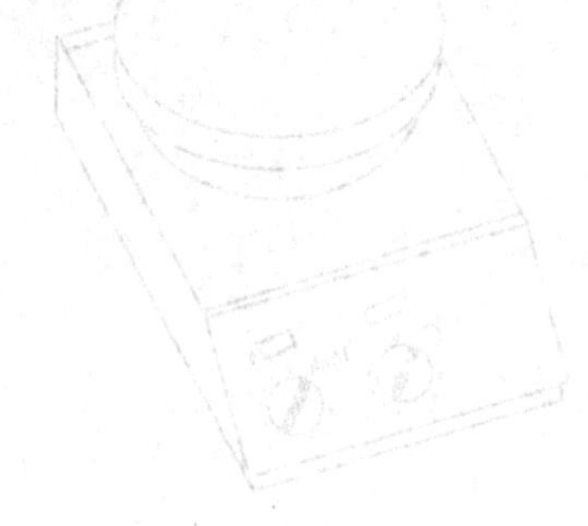

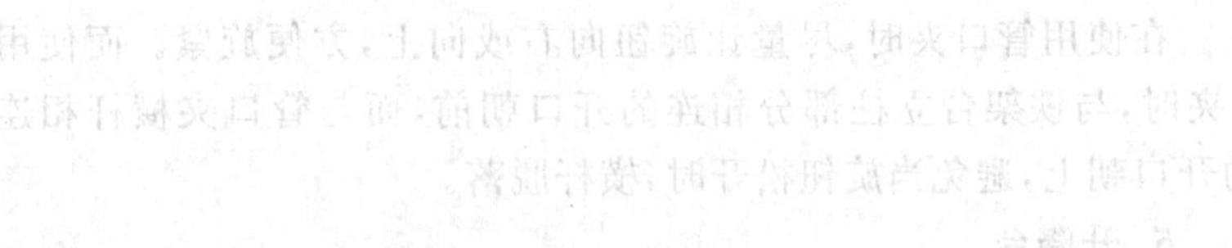

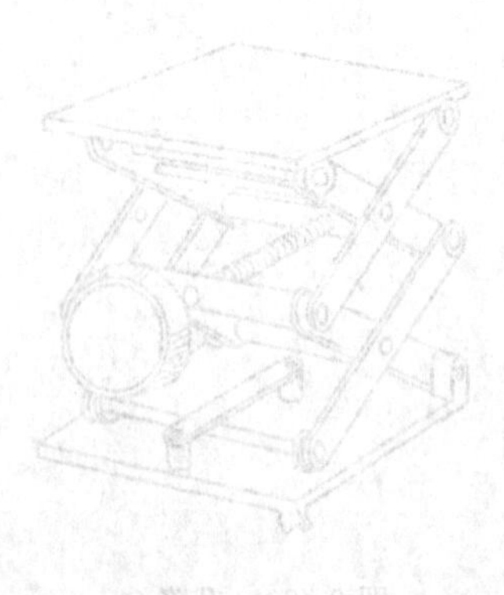

第三章　有机反应的进行

3.1　仪器的选择

有机化学实验的反应装置都是由各种玻璃仪器组装而成的，实验中应根据实验要求选择合适的仪器。一般选择仪器的原则如下：

① 烧瓶：根据液体的体积而定，一般液体的体积应占容器体积的 1/3～2/3。进行水蒸气蒸馏和减压蒸馏时，液体体积不应超过烧瓶容积的 1/2。

② 冷凝管：一般回流操作中使用球形冷凝管，蒸馏操作中采用直形冷凝管，当蒸馏温度超过 150 ℃时应使用空气冷凝管。

③ 温度计：根据所测温度可选用量程和精度适宜的温度计。一般选用的温度计最大量程至少高于被测温度 10～20 ℃。同时，温度计的选择应结合测量精度要求，选择具有合适分度值的温度计。

④ 真空操作：应选用圆底或梨形烧瓶，其他形状的玻璃仪器如锥形瓶因受力不均匀，易发生内爆。如仪器的形状不是圆形时，应使用厚壁玻璃仪器，并用胶布在仪器上做出“井”字格或“米”字格，减少玻璃内爆时的危害。

⑤ 玻璃仪器：在使用前，应检查仪器各处是否有裂纹，防止在使用过程中出现破裂。

3.2　仪器的安装与拆卸

有机化学实验中仪器装配得正确与否，会影响实验结果，甚至会决定实验的成败。首先，所选用的玻璃仪器和配件都要干净，对于无水反应首先做到彻底干燥。其次，选用的仪器大小要恰当，同时，仔细观察仪器是否有裂纹。再次，安装时，仪器装配要求做到严密、正确、整齐和稳妥。在确定主要仪器的位置后，遵循自下而上、由左及右的次序，逐个将各仪器组装并固定。最后，安装后的装置应横平竖直，外形美观。

在仪器安装过程中还应注意，在常压下使用的装置，应与大气相通，保持内、外压平衡；管口夹的双钳内侧贴有胶皮、绒布或缠上石棉绳、布条等，防止损坏玻璃仪器；安装玻璃仪器时，应确保仪器连接得紧密且没有应力；在磨口处涂敷凡士林或真空脂。涂敷时，为避免涂敷物自磨口处挤出并污染样品，应只涂敷磨口的上半部分；涂敷完成后，应将内、外磨口相对转动，保证在磨口处形成连续且透明的薄膜（见图 3-1）。

实验装置拆卸前，应先停止加热，移走加热源，待冷却后，再按照与组装相反的顺序拆卸。

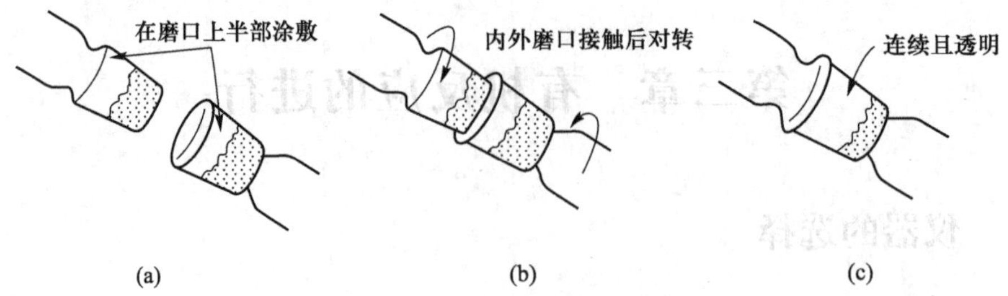

图 3-1　凡士林或真空脂的涂敷方法

3.3　搅拌与振荡

为保证反应组分充分接触，反应体系应加以搅拌或振荡。对于均相体系，搅拌也是必要的，可使加入的物质快速均匀分布，避免局部浓度过高或过热等。

有机反应过程中使用的搅拌方式主要有机械搅拌、磁力搅拌等。反应混合物需要通气或处于沸腾状态时，可不进行搅拌。

3.3.1　磁力搅拌

磁力搅拌由电机带动外部磁铁转动，并带动反应装置中包覆玻璃或聚四氟乙烯的磁子随之一起转动，从而达到搅拌的目的。磁力搅拌适用于密闭体系的搅拌，如高真空下减压蒸馏、催化加氢反应及小型高压釜等装置。对于反应规模较小的反应，磁力搅拌也适用。由于磁力搅拌使用简单快捷，目前是有机实验室使用最多的搅拌方法。

为配合不同形状的反应装置，应选用适当形状的磁子。磁子常见的形状如图 3-2 所示。

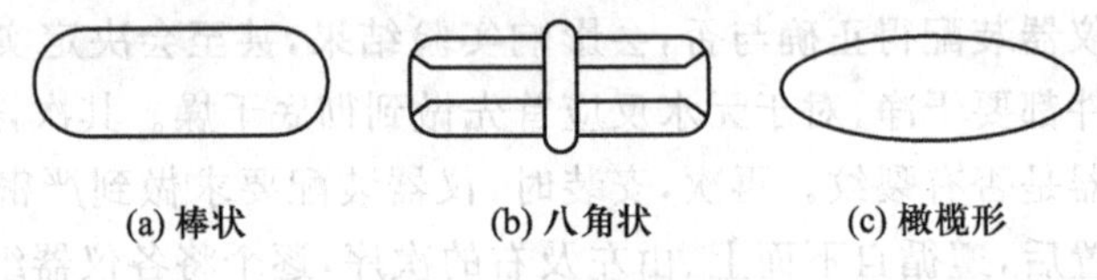

图 3-2　磁子的形状

在使用磁力搅拌过程中，应注意加热温度的影响。过高的温度(如高于 180 ℃)，可以使磁子中的磁铁消磁，会影响搅拌效果。

3.3.2　机械搅拌

机械搅拌又称电动搅拌。机械搅拌由电机通过长杆带动搅拌棒桨叶转动，达到搅拌混合的目的。电动搅拌特别适用于油水等混合物溶液、固液反应体系或反应体系稍黏稠的情况。对于较黏稠的胶状体系，宜选用大功率电机，并在使用时注意观察，避免电机因负荷过重而发热烧毁。轴承应经常加油保持润滑。电机在带动搅拌棒转动时，为避免搅拌棒的摆动，在搅拌棒的中部使用搅拌棒套管进行支撑。常用的搅拌棒套管有聚四氟乙烯材质与玻璃材质，分别见图 3-3(a)、(b)。

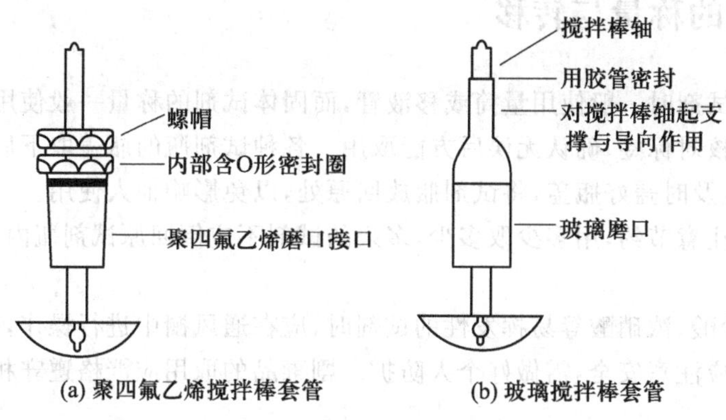

图 3-3　搅拌棒套管

安装机械搅拌时，首先应确定圆底烧瓶的高度并用管口夹固定。将搅拌棒上的桨叶转动至合适位置，使其可以通过玻璃仪器的磨口进入玻璃仪器内部；再借助玻璃仪器的底部，将桨叶完全展开。将搅拌棒穿过搅拌棒套管，并将搅拌棒的末端与电机转轴连接。最简易的方法是使用胶管，连接时应确定搅拌棒的末端完全深入胶管，并固定。调整电机的高度，使搅拌棒的桨叶尽量接近烧瓶底部至 0.2～0.5 cm，避免两者间的摩擦，并使瓶中的物质得到充分搅拌。将搅拌棒套管的磨口与烧瓶上的磨口完全接合，并固定。使用聚四氟乙烯搅拌棒套管时，可旋转螺帽到适当松紧位置：太紧，搅拌棒转动的阻力大且转动困难；太松，接口处可能漏气。调整电机与烧瓶的位置，使搅拌棒处于垂直的状态，用手转动搅拌棒的轴杆时应没有明显阻力。搅拌棒安装完成后仪器的侧视图如图 3-4 所示。

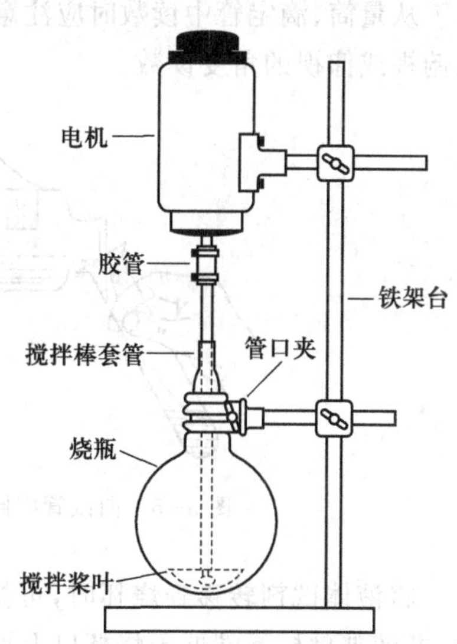

图 3-4　机械搅拌的侧视图

机械搅拌安装后，可继续安装其他仪器。使用夹子固定其他仪器时，因张力的影响，可能会引发装置局部变形或有应力。因此，在投入物料前应进行调整，并进行空转检查。接通电源前，先检查电机控制器，确保转速调节旋钮处于最低的位置。通电后，应逐级调节转速，并确保装置在各级转速下均能平稳运行。机械搅拌运行时，装置不应出现摆动，不会因摩擦出现较大的声响，较高转速下也能平稳运行。

3.3.3　振荡

使用振荡技术进行混匀的操作远不如搅拌操作重要。但如果混合物中含有机械强度小的物质，如树脂球等，长时间搅拌会使其破碎，此时可用振荡的方法。如需要长时间的振荡，可使用机械震荡装置。

3.4 试剂的称量与转移

定量取用液体试剂时一般使用量筒或移液管，而固体试剂的称量一般使用天平。

取用试剂前应核对标签，确认无误后方能取用。各种试剂瓶的瓶盖取下后，一般应倒置于实验台上。取用后，应及时盖好瓶盖，将试剂瓶放回原处，以免影响他人使用。

取用试剂时应注意节约，用多少取多少，多余的试剂不应倒回原试剂瓶内，有回收价值的，可放入回收瓶中。

取用液溴、浓盐酸、浓硝酸等易挥发性的试剂时，应在通风橱中进行操作，防止污染发生。取用强腐蚀性药品时应注意安全，需做好个人防护。剧毒品的取用应严格遵守相应的操作规程。

3.4.1 液体试剂的取用

1. 从细口试剂瓶中向其他容器倾倒试剂

取下试剂瓶的瓶盖，右手掌心与试剂瓶的标签面贴合并握住试剂瓶。左手持量筒或试管，并倾斜一定角度。将右手试剂瓶中的液体缓慢倾倒，见图 3-5。倾倒完成后，应保持试剂瓶口与量筒或试管的管口接触情况下，缓慢将试剂瓶竖直后再移开，避免瓶口处的液体沿试剂瓶外壁流下。使用量筒量取液体试剂时，向量筒内倒入大部分试剂后，最好用滴管补足液体试剂至刻度。

从量筒、滴定管中读数时应注意视线的位置，应与液面的弯月面保持平齐（见图 3-6），不能以俯视或仰视的角度读数。

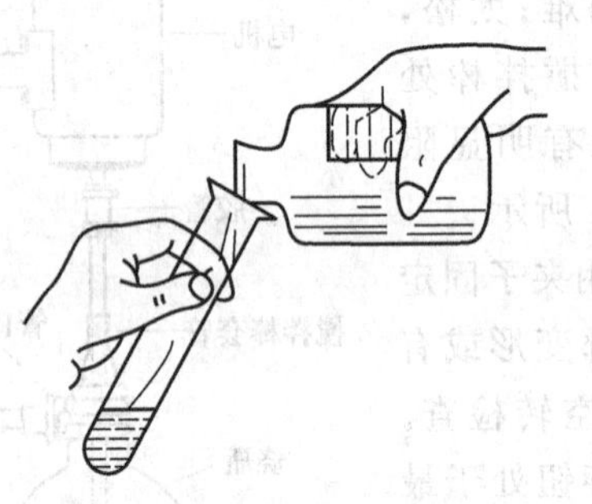

图 3-5 向试管中倾倒试剂

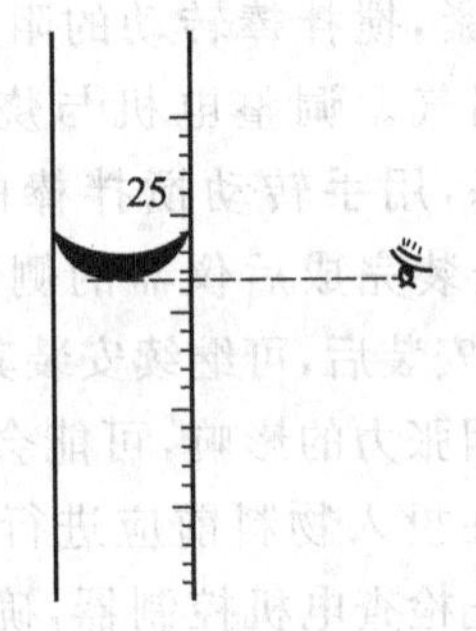

图 3-6 读数时视线位置

将液体试剂转移到烧杯时，可按图 3-7 的方式进行。操作时，右手握试剂瓶，左手持玻璃棒，并使玻璃棒下端低于烧杯口上沿且与烧杯壁接触。倾倒时，试剂瓶口与玻璃棒接触并倾斜一定角度，液体试剂沿玻璃棒流入烧杯中。倾倒完成后，使试剂瓶紧贴玻璃棒并竖直，无液体流出后，再将试剂瓶与玻璃棒分开。

2. 用滴管取少量试剂的方法

先提起滴管，使管口离开液面，用手指捏紧滴管上部的胶头排除空气，再将滴管口伸入试剂瓶液面以下吸取试剂。往试管等容器中滴加试剂时，只能将滴管尖部置于容器管口的上方并滴加，如图 3-8 所示。滴加时，严禁将滴管伸入容器内。一个滴管不能转移多种试剂，避免污染。

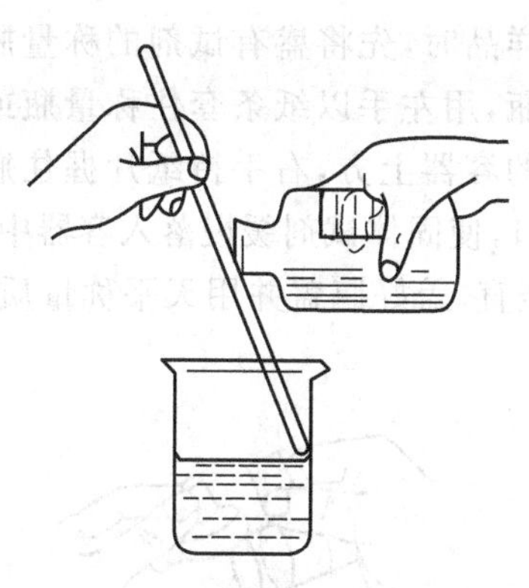
图 3-7 向烧杯中倾倒试剂

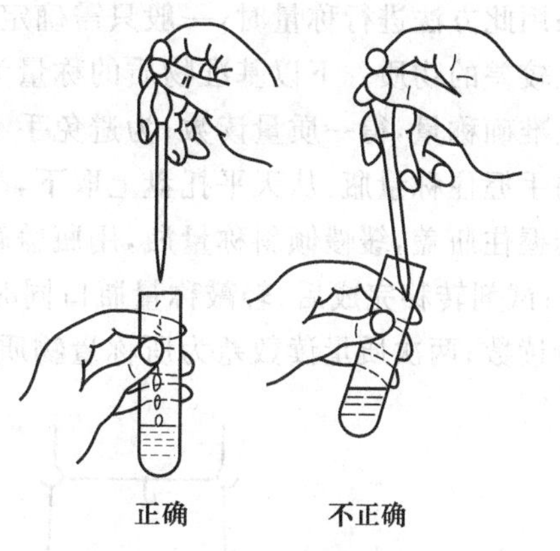

图 3-8 使用滴管滴加试剂

3.4.2 固体试剂的取用

取用固体试剂时一般使用牛角匙、不锈钢匙或塑料匙，药匙使用前必须干燥洁净，使用后及时清洗。

称取一定量固体试剂时，可将试剂放置于称量纸上或表面皿、称量瓶等干燥洁净的玻璃容器内，根据要求在合适的天平上称量。称量具有腐蚀性或易潮解的试剂时，不能放在纸上，应放在表面皿或称量瓶等玻璃容器内。

颗粒较大的固体应在研钵中研碎，研钵中所盛固体量不得超过其容积的1/3。

称量时，应根据待称量的质量与精度，确定适宜的天平。实验室中常用的天平感量从0.0001～0.1 g不等。有机制备实验的称量允许误差在1%左右，如称量大于1 g的样品，使用感量为0.01 g的天平即可$\left(误差为\dfrac{0.01}{1}\ \mathrm{g}\times100\%=1\%\right)$。

称量时，一般使用两次称量法，即两次称量之差可得出样品的质量。两次称量法在称量过程中，每次称量可能都包含相同的天平误差（如零点误差）和砝码误差等，当两次称量值相减时，误差可以大部分抵消，使称量结果更准确可靠。常用的两次称量法有固定质量称量法和差减称量法。

1. 固定质量称量法

此法适用于在空气中不吸潮、不易分解等稳定的样品。

通常的电子天平具有归零功能。称量时可将容器置于天平上，按“归零”键（tare键），天平显示读数为零；用药匙加入固体试剂，待固体试剂量与指定量接近时，用拇指及中指握住匙柄，用掌心抵住药匙柄末端，并将药匙伸向天平中心上方2～3 cm处，用食指轻轻敲击匙柄，使固体试剂慢慢抖入，如图3-9所示，直至所需试剂量为止；此时天平显示的读数即为固体的质量。

如天平不具有归零功能，则操作时，先用天平称量出器皿或硫酸纸的质量；加入固体试剂后，记录读数，两次读数相减，为所称量试剂的质量。

2. 差减称量法

采用此方法进行称量时,一般只需确定待称量物的质量范围,常用于称量易吸潮、易氧化等稳定性较差的物质。下以基准物质的称量为例说明。称取样品时,先将盛有试剂的称量瓶置于天平上准确称量,得一质量读数;为避免手上油污沾污称量瓶,用左手以纸条套住称量瓶或用戴手套的手握住称量瓶,从天平托盘上取下,举至要存放样品的容器上方,右手持纸片握住瓶盖或戴手套握住瓶盖,缓慢倾斜称量瓶,用瓶盖轻轻敲击称量瓶口,使固体试剂缓慢落入容器中(见图3-10);试剂转移完成后,轻敲称量瓶口同时将称量瓶缓慢竖直,盖好瓶盖并用天平称量质量,读取质量读数;两次质量读数差为所称量物质的质量。

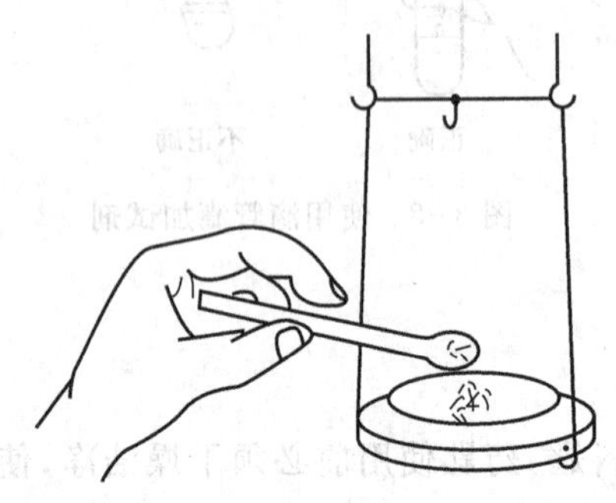

图 3-9　固定质量称量法示意图

图 3-10　样品敲击示意图

3.4.3　气体钢瓶、减压阀及使用

1. 气体钢瓶

气体钢瓶是储存压缩气体或液化气体的高压容器。钢瓶是用无缝合金钢或碳素钢管制成的圆柱形容器,一般最高工作压力为 15 MPa。钢瓶外部装有两个橡胶制的防震圈,钢瓶阀门侧面接头具有左旋或右旋的连接螺纹,可燃性气体为左旋,非可燃性及助燃气体为右旋。气体钢瓶外表涂有特定颜色的底漆,并用特定颜色汉字标明气体种类,常用气体钢瓶颜色见表 3-1。为防止钢瓶倒覆,常用钢瓶架、钢瓶柜固定,或按图 3-11 固定。

表 3-1　常用气体钢瓶颜色

气体名称(及字样)	钢瓶颜色	字样颜色	气体名称(及字样)	钢瓶颜色	字样颜色
氧	天蓝	黑	氯	草绿	白
氢	绿色	红	二氧化碳	黑	黄
氮	黑	黄	纯氩	灰	绿
压缩空气	黑	白	乙炔	白	红
氨	黄	黑	石油气体	灰	红

2. 减压阀

气体钢瓶内气体的压力一般很高,而使用气体的压力往往比较低,为稳定调节气体的放出速度及压力,需装减压阀或减压器后使用(储气压力较低的 CO_2、NH_3 等可例外)。

减压阀一般为弹簧式减压阀，根据手柄转动方向可分为正扣和反扣两种。减压阀外观如图 3-12 所示。转动大的手柄，从钢瓶压力表上可知钢瓶内的压力。而转动针阀时，可控制出气的流量及出口压力。

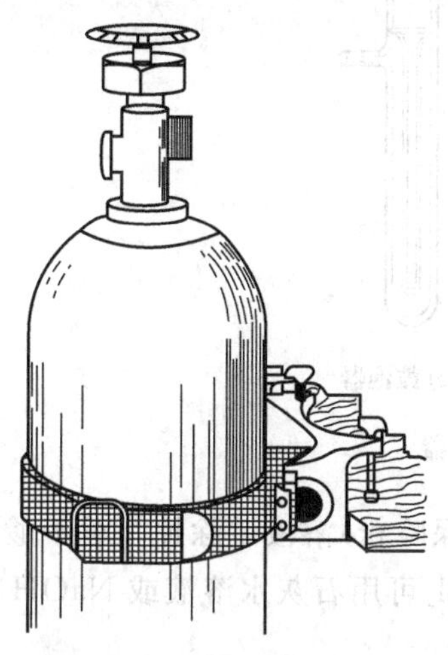
图 3-11 气体钢瓶的固定

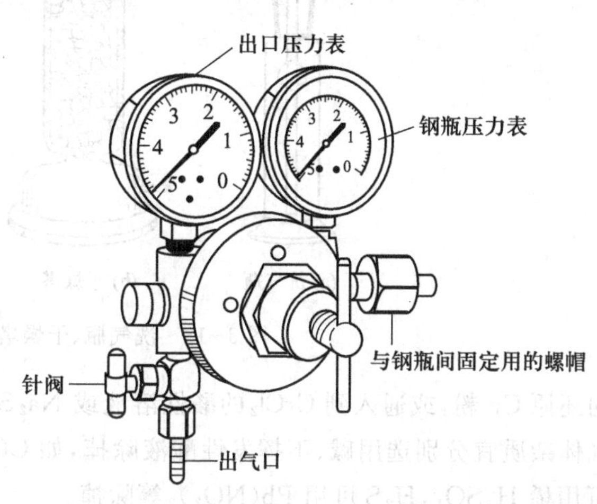

图 3-12 减压阀

3. 气体钢瓶安全使用注意事项

① 气体钢瓶应存放在阴凉、干燥、远离热源的地方。气体钢瓶受热后，瓶内压力增大，易造成漏气甚至爆炸事故。气体钢瓶直立放置时应有固定措施，搬运时要避免撞击及强烈震动。

② 氧气钢瓶要与可燃气体钢瓶分开存放，与明火距离不得小于 10 m。氢气钢瓶最好放置在楼外专用小屋内或防爆气瓶柜内。

③ 氧气钢瓶及其专用工具、减压阀等严禁与油类接触，要使用专门的氧气减压阀。

④ 各种气体钢瓶的减压阀不能混用。安装时应特别注意减压阀与钢瓶螺纹的方向。

⑤ 气体钢瓶上的减压阀安装时应连接紧密。

⑥ 气体钢瓶内的气体绝对不要全部用完。一般应保持 0.05 MPa 以上的残余压力，可燃性气体应保留 0.2～0.3 MPa 残余压力，氢气应保留更高的残余压力。残余压力可防止重新充气或以后使用时发生危险。

4. 气体的净化与干燥

在实验室通过化学反应制备的气体，一般都带有水汽甚至酸雾等杂质，纯度达不到要求，应该进行净化。通常选用某些液体或固体试剂，分别装在洗气瓶[见图 3-13(a)]或吸收干燥塔[见图 3-13(b)]等装置中。通过化学反应或者吸收、吸附等物理、化学过程将杂质除去，达到净化的目的。

净化方法根据制备气体的性质及所含杂质的不同而不同。一般步骤是先除去杂质与酸雾，再将气体干燥。

用水可以除去酸雾；利用化学反应可以除去气体杂质。对于还原性杂质如 SO_2、H_2S、AsH_3 等，选择具有适当氧化性的试剂除去，如经过 $K_2Cr_2O_7$ 与 H_2SO_4 组成的铬酸溶液或 $KMnO_4$ 与 KOH 组成的碱性溶液洗涤；对于氧化性杂质，可选择适当的还原性试剂除去，像 O_2 杂质可通过

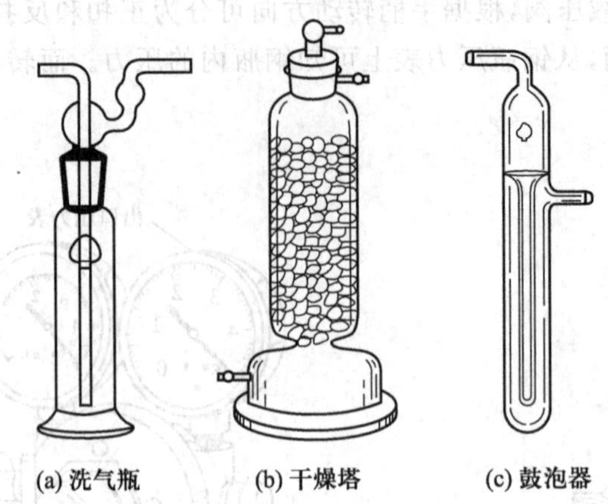

图 3-13 洗气瓶、干燥塔及鼓泡器

灼热的还原 Cu 粉，或通入到 $CrCl_2$ 的酸性溶液或 $Na_2S_2O_4$（保险粉）溶液后除掉。对于酸性、碱性的气体杂质宜分别选用碱、不挥发性酸液除掉，如 CO_2 和 Cl_2 可用石灰水溶液或 NaOH 溶液，NH_3 可用稀 H_2SO_4，H_2S 可用 $Pb(NO_3)_2$ 等除掉。

除掉气体杂质以后，还需要将气体干燥。应根据气体特性选择适宜的干燥剂。常用气体干燥剂见表 3-2。

表 3-2 常用气体干燥剂

干燥剂	适于干燥的气体
CaO、KOH	NH_3、胺类
碱石灰	NH_3、胺类、O_2、N_2（同时可除去气体中的 CO_2 和酸气）
无水 $CaCl_2$	H_2、O_2、N_2、HCl、CO_2、CO、SO_2、烷烃、烯烃、氯代烷、乙醚
$CaBr_2$	HBr
CaI_2	HI
H_2SO_4	O_2、N_2、Cl_2、CO_2、CO、烷烃
P_2O_5	O_2、N_2、H_2、CO、CO_2、SO_2、乙烯、烷烃

5. 气体的导入与吸收

将气体引入至实验装置时，除必要的干燥及纯化设备外，还需在气路中设置安全瓶，防止气路压力不平衡，引发倒吸等情况的发生（见图 3-14）。

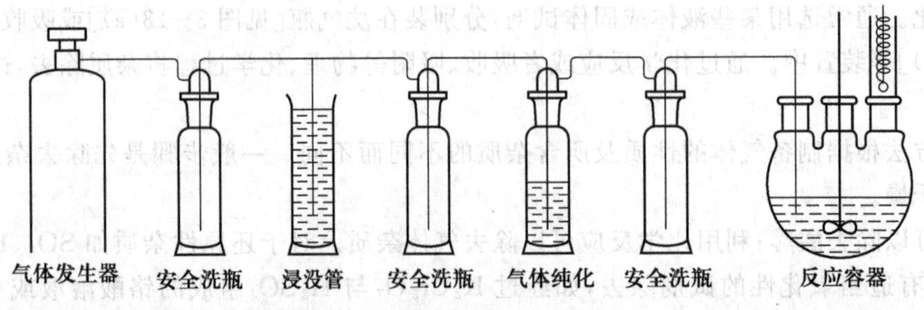

图 3-14 气体的引入装置示意图

除向反应装置引入气体外，在反应过程中还可能产生气体。这些气体如有毒、有害，同样需要进行吸收、处理后再排放。为防止气体吸收后，装置内压力下降而引发倒吸，可采用图 3-15 中的气体吸收装置进行操作。

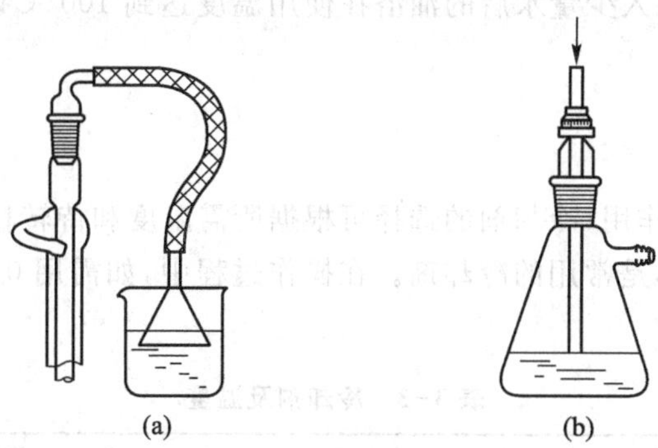

图 3-15 气体吸收装置

3.5 反应温度的控制

3.5.1 加热

加热操作可分为直接加热和间接加热两种。

直接加热是将被加热物直接放在热源中进行，如在煤气灯上、马弗炉内加热或使用电热套直接对玻璃仪器加热，其中电热套是有机实验室中常用的加热设备。直接加热过程极易造成局部过热。

间接加热是选用热源加热某些导热介质，介质再将热量传递给被加热物。间接加热又称为热浴，根据所选导热介质不同，可分为空气浴、水浴、油浴、蒸气浴和沙浴等。最常用的热浴为水浴和油浴。

1. 水浴

适用于 40～100 ℃的反应。在特定的容器内加入水，加入量不要超过容器容积的 2/3。加热可以使用内置的电热圈(见图 3-16)或在底部用电热板进行加热。其特点是加热及导热速度快，控温平稳；缺点是在接近水的沸点下使用时，需要随时补充水浴锅内的水，防止蒸干。

实验室常配有恒温水浴锅，可实现温度的设定及自动控温，但装置的体积略大。

2. 油浴

油浴使用导热油为导热介质，其装置与水浴相似。其使用的温度范围一般在 40～250 ℃。油浴所能达到的最高温度取决于导热油的种类。液体石蜡的最高使用温度可达 200 ℃，在此温度下液体石蜡虽不分解，但有燃烧风险；甘油可加热至 220 ℃，温度再高会明显分解；硅油和真空泵油可加热至 250 ℃仍较稳定；固体石蜡最高使用温度可

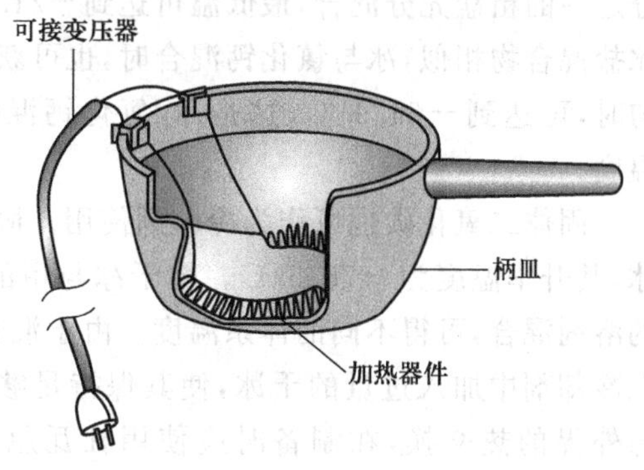

图 3-16 水浴

达 300 ℃,但冷却后变为固态,虽便于储藏,但最低使用温度略高。

油浴虽可以平稳地控制反应温度,但油浴的加热速度慢,传热量低,内外温度平衡时间长。油浴在高温下使用时,应注意防止灼伤;如遇油浴严重冒烟,应立即停止加热,防止油浴燃烧;要防止水滴等溅入油浴锅,混入少量水后的油浴在使用温度达到 100 ℃以上时,极易发生迸溅,并引发导热介质的分解。

3.5.2 制冷

冷却剂可起到降温的作用,冷却剂的选择可根据所需温度和待转移的热量确定。

水廉价易得且热容大,是常用的冷却剂。在操作过程中,如需用 0 ℃及以下的温度,可使用特定冷却剂,见表 3-3。

表 3-3 冷却剂及温度

冷却剂	温度/℃
碎冰	0
冰/氯化钠	−5～−20
乙二醇/干冰	−11
四氯化碳/干冰	−23
3-己酮/干冰	−38
乙腈/干冰	−41
氯仿/干冰	−61
乙醇/干冰	−72
丙酮/干冰	−78
乙酸乙酯/液氮	−84
甲醇/液氮	−98
乙醇/液氮	−116
戊烷/液氮	−131

冰在使用前应粉碎。可加入少量的水,使之呈浆状,此时因接触面积增大,传热效果更好。

冰盐混合物也是很好的冷却剂,可以方便地获得 0 ℃以下的温度。将粉碎的冰与其质量三分之一的粗盐充分混合,最低温可达到−21.3 ℃;冰与粗盐的不同比例,可达到不同的低温。与冰盐混合物相似,冰与氯化钙混合时,也可获得低温效果。当 143 g 结晶氯化钙与 100 g 碎冰混匀时,可达到−54.9 ℃,这是冰/氯化钙混合物可达到的最低温度。

固体二氧化碳也可作为冷却剂使用。固体二氧化碳又称干冰,其升华温度为−78.5 ℃。将干冰与甲醇、丙酮或其他适当的溶剂混合,可得不同的体系温度。由于混合物的制冷量小,应在冷却剂中加入过量的干冰,使其保持足够的制冷量。为减少与外界的热交换,在制备时应使用杜瓦瓶(Dewar flask,见图 3-17)。干冰如需粉碎,应使用铁研钵,不能使用瓷研钵。由于

图 3-17 杜瓦瓶

有爆炸危险，操作时应戴护目镜和手套。干冰加入溶剂时会产生大量的泡沫，应小心处置。

如上述冷却剂的冷却效果仍不能满足要求，还可使用液氮。在注入液氮前，杜瓦瓶必须彻底干燥。液氮可与有机溶剂混合得到不同的制冷温度。因液态空气具有氧化性，遇有机试剂有着火危险，且放置时氧的含量会不断增加，故一般不使用液态的空气来冷却有机物。

因汞的凝固点为－38.87 ℃，不能使用水银温度计测量－38 ℃以下的低温，而应使用低温酒精温度计。

3.6 实验过程中的真空操作

3.6.1 真空的产生

"真空"一词源于拉丁语，原意为无任何物质的空间，即绝对真空。但在工农业生产、科研实验等各领域中，真空一词是指在一个给定空间内压力低于 100 kPa 的气体状态。气体的稀薄程度可用气体的压力表示。SI 单位制与中国法定计量单位规定，压力的单位是帕斯卡(Pascal)，符号为 Pa。由于历史原因，压力单位也可使用毫米汞柱高度，用 mmHg 表示，因其使用直观方便，目前在有机化学中依然使用。

在真空技术中，可用"真空度"来表示真空状态下气体的稀薄程度。它表示当前体系内的压力与大气压的差值：

$$真空度＝大气压－体系压力$$

按国家标准，真空区域大致可分为

$10^5 \sim 10^2$ Pa	1～760 mmHg	低(粗)真空
$10^2 \sim 10^{-1}$ Pa	0.001～1 mmHg	中真空
$10^{-1} \sim 10^{-5}$ Pa		高真空(HV)
$< 10^{-5}$ Pa		超高真空(UHV)

在实验室中，常用喷水泵、隔膜泵、旋片式真空泵和扩散泵等来产生真空。

喷水泵依材质不同结构略有不同，如图 3-18(a)、(c)所示，可由不同材质加工而成，如玻璃[见图 3-18(a)]或不锈钢[见图 3-18(b)]等。它主要利用 Venturi 效应，当高压水流入时，流经图 3-18(a)中 A 点时，通路变窄，流速加快，带动进气口的气体一起流经出口，在进气口处形成负压。喷水泵的耗水量较多，每排 0.6 L 气体大约消耗 1 L 水。实验室内多使用循环水式真空泵[见图 2-24(a)]，利用泵将流出的水重新打入进水口，起到节水的目的。喷水泵所能达到的真空度与水的蒸气压相关。当水的压力足够时，一般能够获得 1～2 kPa(8～15 mmHg)的真空度。

喷水泵在使用时应在体系与泵之间加缓冲瓶。一般缓冲瓶上接放气开关及真空表。喷水泵在使用过程中，可使用放气开关调节进气量并控制体系压力。

隔膜泵利用单向阀，采用往复运动获得真空。泵腔内使用耐腐蚀材料隔膜，对化学品和冷凝物不敏感。隔膜泵的排气量一般在 2～11 m^3/h，真空范围与喷水泵大体相当。

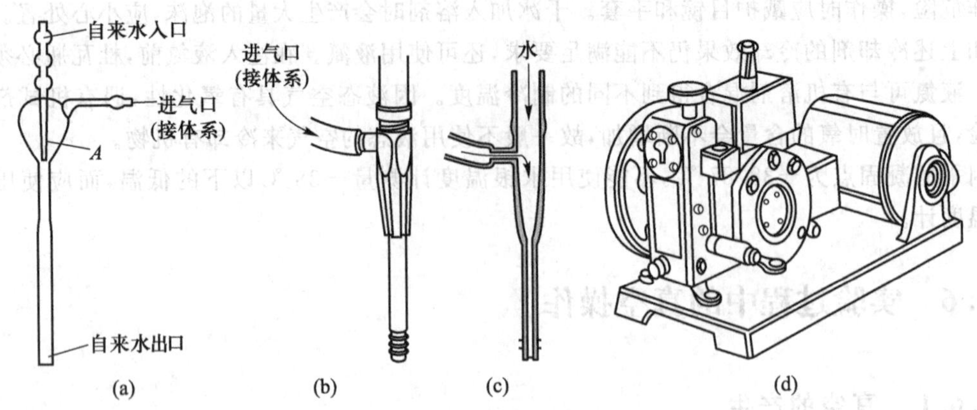

图 3-18 喷水泵与旋片泵的结构

旋片式真空泵如图 3-18(d)所示，它通过内部的旋片旋转带动泵油实现对气体的吸入、压缩、排出等过程获得真空。极限压力是指泵在按规定条件下工作，而且在不漏气条件下所能达到的稳定最低压力。实验室中使用的旋片式真空泵的排气量一般在 2～8 L/s，极限压力可达 0.1～0.05 mmHg，正常使用时可得到的真空度在 1 mmHg 左右。

旋片式真空泵在使用过程中，应在泵与待抽真空体系间加缓冲瓶。停止使用时，应先进行放空，防止油泵内泵油的倒吸。长时间大排气量情况下工作，会缩短真空泵的使用寿命。旋片式真空泵的真空度与泵油蒸气压密切相关。泵油经长时间运行时，温度升高，真空度会轻微下降；当进气内含有的低沸点物质进入泵油后，所能达到极限真空度增大。旋片式真空泵一般带有气振阀，开启气振阀，可以使泵油中的低沸点物质逸出泵油。为保证真空泵不被低沸点物质或溶剂污染，可在旋片式真空泵的进气口与待抽真空体系间加装冷阱及杜瓦瓶，向杜瓦瓶中加入液氮或甲醇/干冰等冷却剂，可使气路中的蒸气被冷凝。这样的措施可提高真空度，且能延长真空泵油的使用寿命。为防止酸性、碱性气体及有机溶剂的进入，还可在真空泵与缓冲瓶之间加干燥塔。随着保护装置的增加，管路上接口增多，体系的密闭性往往得不到保证。

旋片式真空泵在使用一段时间后，泵油品质因污染等原因变差，应根据具体使用情况进行泵油的更换。泵油一般在使用 100 h 后必须更换；在使用过程中，如发现真空泵无法达到正常情况下的极限真空度时，也需要及时更换泵油。绝不容许腐蚀性蒸气进入油泵内；进入泵腔内的杂质可能会生成固体物质，引发泵腔的划痕，影响真空泵的使用；严重时，会导致电机烧毁。油泵在长时间运转时，泵油温度不得高于 75 ℃，否则因泵油黏度过小而导致油泵的密封性变差，造成气体渗漏，降低真空度。

旋片式真空泵可与其他种类泵结合使用，如将隔膜泵或罗茨泵与旋片式真空泵组成泵组，可较快速得到 0.01 mmHg 压力的真空。

为获得低于 10^{-3} mmHg 的真空，可以使用扩散泵。实验中使用较少，这里不再赘述。

实验室中涉及真空的操作主要有减压蒸馏、抽滤和干燥等。应根据实验要求而选定适当的真空泵。喷水式真空泵一般用于抽滤、旋转蒸发脱溶剂、低真空度的减压蒸馏；旋片式真空泵主要用于高沸点化合物的减压蒸馏，切忌使用旋片式真空泵进行抽滤、真空干燥等操作。

3.6.2 真空的表示、测量与计算

在文献中，经常使用特定单位表示体系的压力。常用的单位有 mmHg、Torr、bar、Pa 和 Psi，它们的换算关系如下：

1 bar＝1 atm＝760 mmHg＝101.325 kPa

1 mbar＝0.76 mmHg＝0.76 Torr

1 mmHg＝1 Torr＝133 Pa

1 Psi＝6.895 kPa＝0.068 947 6 bar

压力的表示分为直接压力与相对压力。相对压力表示距零点(通常是大气压)的差值。

直接压力的测定使用各种压力计，如开口型 U 形管水银压力计[见图 3-19(a)]，测量精度可达±0.5 mmHg，U 形管两臂的高度差即为真空体系内压力。U 形管压力计因其体积庞大，使用时需要校正，现使用较少。

封闭型 U 形管水银压力计又称班那特(Bennert)短型真空计，可代替开口型 U 形管水银压力计，其外观见图 3-19(b)，它的体积要小很多，一般为 30 cm 左右的高度。其测量范围在 0～20 mmHg，其测量精度与开口型 U 形管压力计相当，但如有空气泡或蒸气渗入压力计的密封端时，常造成测量误差。使用时，只在读数时才打开压力计与体系相连的旋塞。用简单的方法可检验其是否已被空气或挥发性物质污染：用旋片式真空泵将体系抽至 0.2 mmHg 以下，此时压力计两臂中的水银面应处于同一水平；倘若呈现“负压”，即表示有杂质存在。

以上两种压力计可用于测定喷水泵及隔膜泵所形成的真空下的压力。在同样的压力范围内，还可使用数字型的压力计或机械型的压力表。后者适用于在线测量，使用方便，但测量误差略大。

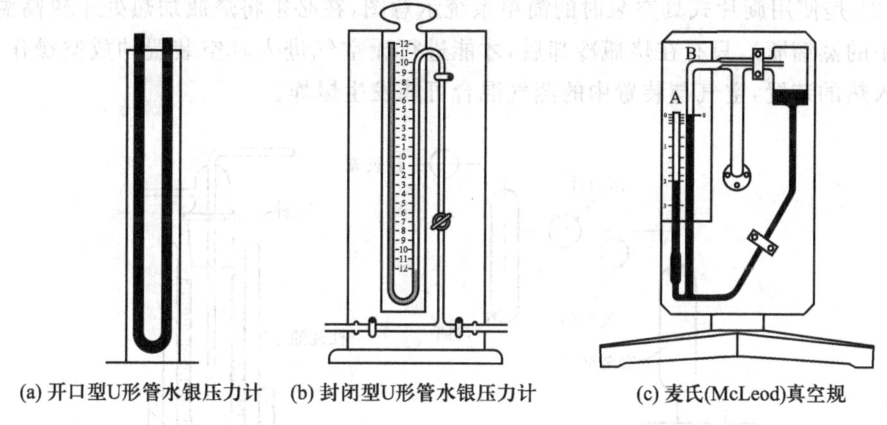

(a) 开口型U形管水银压力计　(b) 封闭型U形管水银压力计　(c) 麦氏(McLeod)真空规

图 3-19　实验室中常用的压力计

对 1～0.001 mmHg 高真空压力的测量，可使用麦氏真空规[见图 3-19(c)]。在不测量压力时，其处于水平位置(图中 A、B 两臂处于上部)；读取压力数值时，将其旋转至垂直位置。转动结束时，让侧管 B 中的水银柱高度与刻度线 0 点线相齐，同时读取侧管 A 中水银柱高度所在的刻度数，即为真空体系的压力。读数后，应再旋转回水平位置。

各种压力计中所用的水银必须加以净化，处理水银时必须严格遵守有关的操作规程。

3.6.3 真空下的操作

良好的真空装置应该使体系内的压力梯度小，充分利用真空泵的能力。要做到这一点，应该在装置中尽可能地避免使用直径小的部件，如长的真空管路、细孔旋塞、狭窄的接头及直径很细的柱子等。另外，由于平底烧瓶在真空下可能内向爆炸，故需避免使用。在减压蒸馏和升华中只能用圆底烧瓶。

为了防止水被倒吸进压力计或体系中（如水压突然降低的情况下），在将喷水泵与装置相连时必须通过安全瓶。这种安全瓶可以使用单向阀代替。典型的安全瓶如图 3-20 所示。

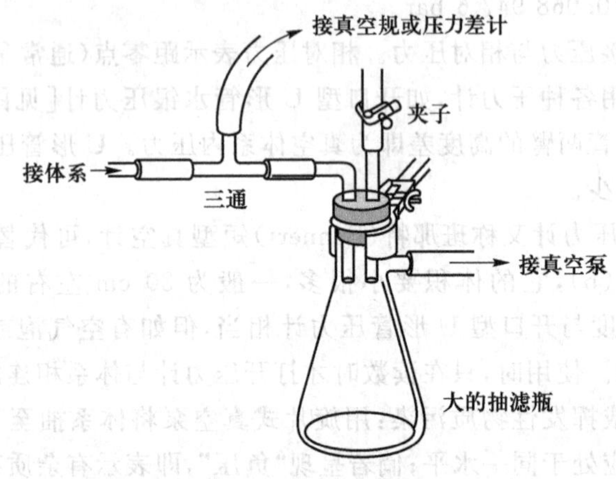

图 3-20 安全瓶示意图

压力计与安全瓶连接。在任何情况下，都必须首先将通过安全瓶或压力计管路的旋塞处于放空位置，使空气进入体系后，才能关闭真空泵。

图 3-21 是使用旋片式真空泵时的简单系统示意图，在必须将烧瓶加热处于较高温度时（如减压蒸馏中的蒸馏瓶），只有在烧瓶冷却后，才能进行让空气进入真空装置的放空操作。如果空气突然进入热的装置，空气与装置中的蒸气混合可能发生爆炸。

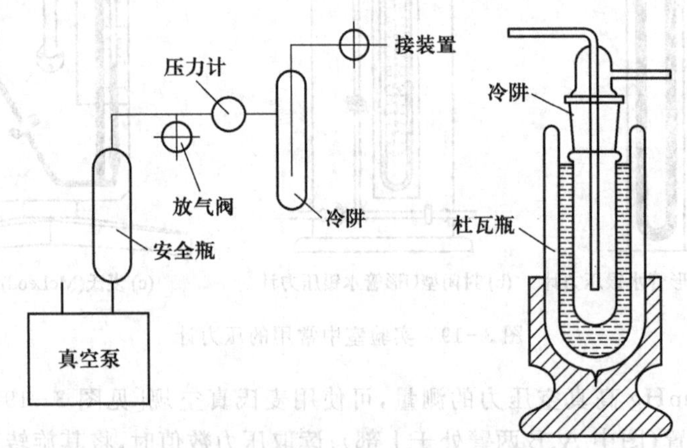

图 3-21 使用旋片式真空泵时的简单系统示意图及冷阱

必须再一次强调，在所有的减压操作中，特别是高真空的减压操作中，都必须戴好护目镜。

第四章 分离与纯化

4.1 固液分离

在化合物制备或分析的过程中，经常会遇到固体与液体分离的问题。本节将简要介绍常用的三种固液分离方法：倾泻法、过滤法和离心分离法。

4.1.1 倾泻法

当沉淀的相对密度较大或晶体颗粒较大时，静置后能较快沉降至容器底部，可用倾泻法（又称倾析法）进行分离和洗涤。

倾泻法的操作如图 4-1 所示。操作时，待固体沉降后，取一玻璃棒横放于烧杯嘴处，缓慢倾斜烧杯，使液体沿玻璃棒流入另外的容器内，使沉淀与溶液分离。如需洗涤，加入溶剂且充分搅拌后，再沉降，重复以上操作过程 2～3 遍即可。

图 4-1 倾泻法过滤示意图

4.1.2 过滤法

当沉淀和溶液的混合物通过过滤器（如滤纸）时，沉淀留在滤纸上，可称为滤饼；而溶液通过过滤器进入容器中，称为滤液。过滤是固液分离时最常用的操作方法。过滤的方法可分为常压过滤、减压过滤和热过滤。

1. 常压过滤

当沉淀为胶体或细小晶体时，用此方法较好。最简单的过滤是用铺有滤纸的三角漏斗过滤。取一圆形滤纸，其直径约为漏斗直径的 2 倍。将圆形滤纸对折，再对折，从中间分开，将锥形的滤纸与漏斗贴合，且使滤纸与漏斗玻璃壁贴紧（见图 4-2）。

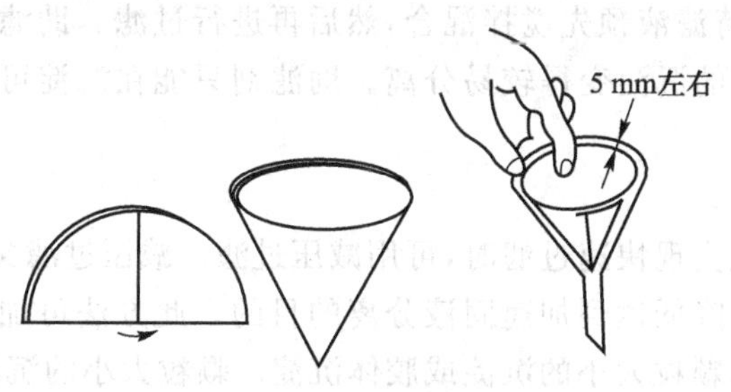

图 4-2 锥状滤纸的折叠

除将滤纸折叠成锥形外，更常用的是将圆形滤纸折叠成类似扇面状折皱（称槽纹形滤纸或折叠滤纸）。折叠时，先将圆形滤纸对折并再对折，打开后如图 4-3(a)所示。将边缘 2、1 与边缘 2、

4对齐并折叠形成2、5的折线，同时将2、3与2、4对齐则可得2、6折线。打开后，再分别将2、1与2、6对齐折叠，2、3与2、5边缘对齐折叠，可得新的折线2、7和2、8[见图4-3(b)]。进一步将2、1与2、5对齐，2、3与2、6对齐可得折线2、10和2、9[见图4-3(c)]。此时的半圆形滤纸被九条线分隔成八个部分。最后，改变折叠方向，即原向外折叠而此时向里折叠，将2、1与2、10对折，2、10与2、5对折等八个部分依次对折，得扇面状的滤纸[见图4-3(d)]。将扇面状打开，得槽纹形滤纸[见图4-3(e)]。注意：不要折叠滤纸的中心处，否则易导致中心处破裂。

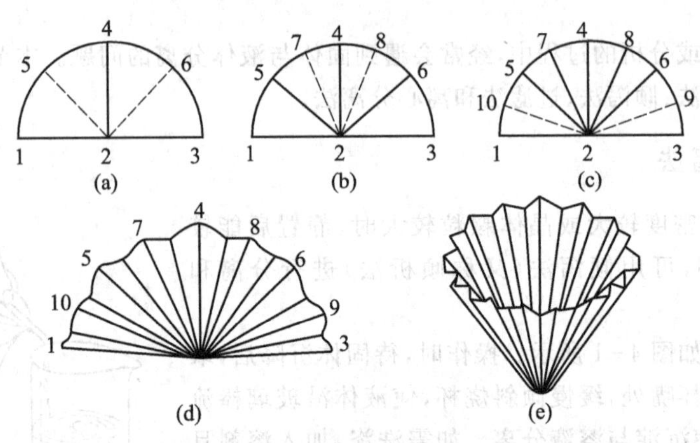

图4-3　槽纹形滤纸的折叠方法

过滤时，将装有滤纸的三角滤斗固定于漏斗架或固定于铁架台的铁圈上。调节固定高度，使漏斗下部伸到用于存放滤液的容器中；将漏斗径底部与接收滤液的容器器壁接触，防止滤液在流下过程中发生迸溅。左手持玻璃棒，右手持烧杯。将玻璃棒底部与滤纸接触，将烧杯边缘与玻璃棒接触。倾斜右手中烧杯，使液体缓慢沿玻璃棒流入漏斗中的滤纸上（见图4-4）。注意：混合物的加入量应保证不会沿滤纸上沿溢出滤纸。

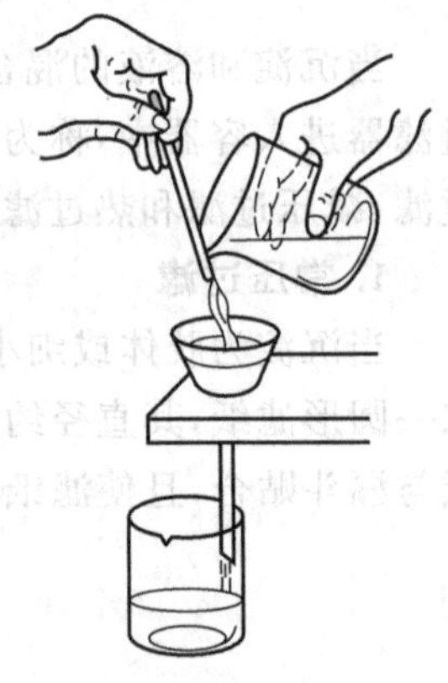
图4-4　过滤

不同级别的滤纸适用不同性质的沉淀。粗孔滤纸过滤最快，但不适用于分散得很细的沉淀（混浊的悬浮液）。当滤液呈现混浊，滤纸无法完全分离固液物质时，应使用助滤剂，如纸浆、石棉、硅藻土和活性炭等。使用时，将助滤剂与待滤液预先搅拌混合，然后再进行过滤。助滤剂也使那些会堵塞滤纸孔的沉淀变得较易分离。助滤剂只能在沉淀可以弃去的情况下使用。

2. 减压过滤

当要回收晶状沉淀或实现快速过滤时，可用减压过滤。减压过滤又称抽滤或真空过滤，是利用真空泵使抽滤瓶中压力降低达到加速固液分离的目的。此方法可加速过滤，且所得固体水分较少。此法不适用于过滤颗粒太小的沉淀或胶体沉淀。颗粒太小的沉淀易在滤纸上形成一层密实的沉淀，阻塞滤纸上孔隙，减慢抽滤速度；而胶体沉淀易穿透滤纸形成穿滤。

减压过滤时可使用布氏漏斗、玻璃砂芯漏斗和赫氏漏斗等[见图2-14(a)～(c)]。布氏漏斗适用于过滤大量固体的情况。当固体量小于2 g时，应使用小的赫氏漏斗（具有玻璃孔板的小三角漏斗）。如过滤的溶液有强酸性或强氧化性，为避免溶液和滤纸作用，应采用玻璃砂芯漏斗。

因碱易与玻璃反应，玻璃砂芯漏斗不宜过滤强碱性溶液。赫氏漏斗和玻璃砂芯漏斗的使用方法与布氏漏斗相似。

搭建过滤装置时，用带孔的橡胶塞将漏斗与抽滤瓶连接紧密。连接时，布氏漏斗下端斜口正对抽滤瓶支管（见图4-5），用耐压橡胶管将抽滤瓶与安全瓶连接，再与真空泵相连。

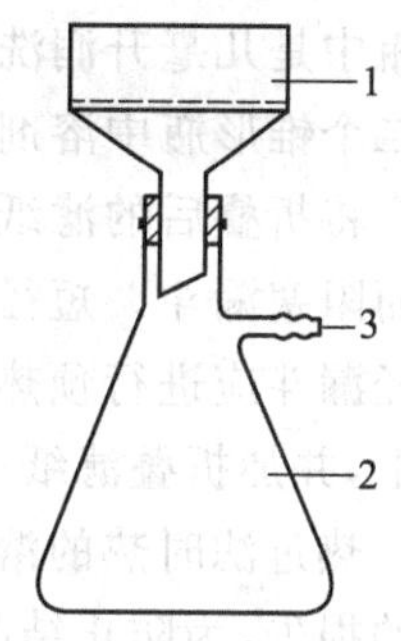

图4-5 布氏漏斗与抽滤瓶

1—布氏漏斗；2—抽滤瓶；3—抽气支管

过滤前，先剪好一张圆形滤纸，滤纸直径应比漏斗内径略小，且完全覆盖漏斗筛板上的小孔。用与待过滤溶液相同的溶剂将滤纸完全润湿，再启动真空泵，使滤纸与漏斗内部的筛板贴紧。

抽滤时，先将固液混合物沿玻璃棒倒入漏斗中，一次加入量不要超过漏斗容量的2/3；多次加入时，应在滤纸上有未过滤下去的液相时进行；最后将沉淀等完全转移到漏斗中。为挤出固体表面吸附的溶液，可用空心玻璃塞或扁铲等挤压固体。待无液滴滴下时，可以停止抽滤。

停止时，先将安全瓶上放气阀开启，使体系与大气相通，再关闭真空泵。如没有进行放空操作情况下关闭真空泵，可引发真空泵内的介质（如水和真空泵油）发生倒吸。

取下漏斗倒扣于托盘或表面皿上，用洗耳球从漏斗下口向漏斗内吹气，使滤纸和沉淀脱离漏斗，也可使用扁铲将滤纸直接取出。滤液则从抽滤瓶上口倾出，不能从支管处倒出。

如所得沉淀需要洗涤，应在停止抽气后，用尽可能少的溶剂洗涤固体，减少溶解损失。洗涤时，应边加溶剂，边用玻璃棒等轻轻搅动固体，至所有固体都被溶剂浸润为止，翻动时应注意不要使滤纸松动；然后再抽滤。洗涤一般需要进行1～2次。

3. 热过滤

在重结晶过程中，经常需要使用热过滤，即过滤时保持滤液的温度，防止低温下溶质的析出。

保持过滤时的温度，最直接的方法是使用装置对过滤时的滤液加热。进行加热时可以使用盛有水的铜质夹套置于玻璃漏斗的外层。铜质夹套装容积2/3左右的热水，用煤气灯加热，待夹套内的水温升到所需温度便可以过滤热溶液（见图4-6）。热过滤操作与常压过滤相同。热过滤所用玻璃漏斗，其颈的外露部分较短。因此方法中需使用明火，只适用于重结晶溶剂为水时的操作。

热过滤时还可使用其他方法保持漏斗温度，如可借助溶剂的蒸气维持漏斗的温度，装置见图4-7。

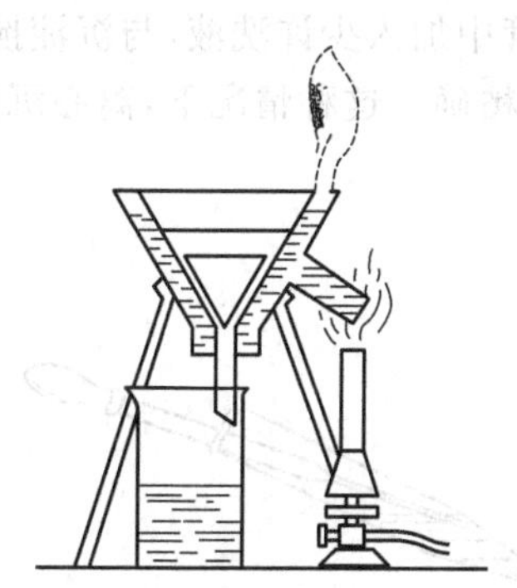
图4-6 使用铜质夹套时的热过滤

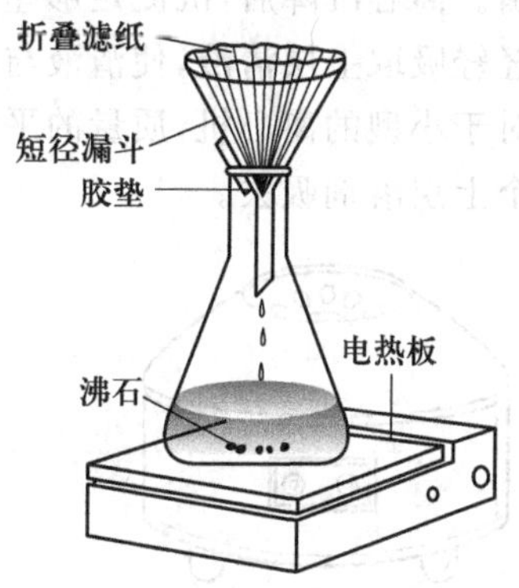

图4-7 使用溶剂蒸气加热的热过滤

热过滤时，将三个锥形瓶置于处于加热状态的电热板上，第一个锥形瓶中有将要过滤的热溶液；第二个锥形瓶装有几毫升溶剂和短径漏斗，溶剂应处于沸腾状态，必要时加入沸石；第三个锥形瓶中是几毫升润洗用的溶剂。另外需要准备折叠滤纸、隔热用的毛巾或烧瓶夹及几片沸石。第二个锥形瓶中溶剂的蒸发可保持漏斗及滤纸处于热的状态。

将折叠后的滤纸置于短径漏斗中。使用短径漏斗是为了防止饱和溶液在过滤时降温析出结晶而阻塞漏斗。短径漏斗应可以平稳地倚放在锥形瓶上，否则应用铁圈固定。置于锥形瓶上的短径漏斗应进行预热。可使用两种方法：① 将漏斗置于蒸气浴上加热几秒钟，擦干，放置于锥形瓶上，并加折叠滤纸；② 使用锥形瓶中的溶剂加热回流，用溶剂的蒸气对漏斗进行预热。

热过滤时热的溶液在沸点时是饱和溶液，考虑到过滤时溶剂的损失，为防止结晶析出，此时应补加总量10%的溶剂。这样略加稀释的溶液在过滤时不易析出结晶。将稀释后的溶液在电热板上加热至沸，使用隔热用的毛巾握住锥形瓶并将热溶液倒入折叠滤纸上（见图 4-8）。

图 4-8 使用折叠滤纸过滤热溶液

倾倒时，应控制热溶液的加入速度，并观察是否有结晶析出。如有结晶析出，则补加热溶剂使结晶完全溶解。收集稀释后的滤液，并继续进行过滤。

所有热溶液过滤完成后，再用几毫升沸腾的溶剂润洗原先盛有饱和溶液的锥形瓶及折叠滤纸。

为保证结晶完全，原先的饱和溶液已被稀释，必须再蒸除部分溶剂。

4.1.3 离心分离法

在实验室中，分离少量物质时要求尽可能减少损失，或细小的待过滤的物质容易堵塞滤纸孔时，离心分离法比过滤法优越。

实验室中常用的离心机是沉降式离心机（见图 4-9），转速为 2 000～3 000 r/min，使用容量大于 150 mL 离心试管的离心机较少。使用时，将悬浮液转移入离心试管（不能用普通试管），调节管中液体的体积，使装有液体的各支离心试管质量相同；将离心试管对称地装入离心机，保持离心机的平衡。离心沉降后，沉淀足够坚实地黏附于管底时，可将上层清液倾出，或如图 4-10 所示用滴管轻轻吸取上层清液，使清液与沉淀分离，再向管中加入少许洗液，与沉淀搅拌成浆状，再次离心。对于小型的离心机，质量的平衡并不要求十分精确。这种情况下，离心沉降后可用一条滤纸将整个上层溶剂吸去。

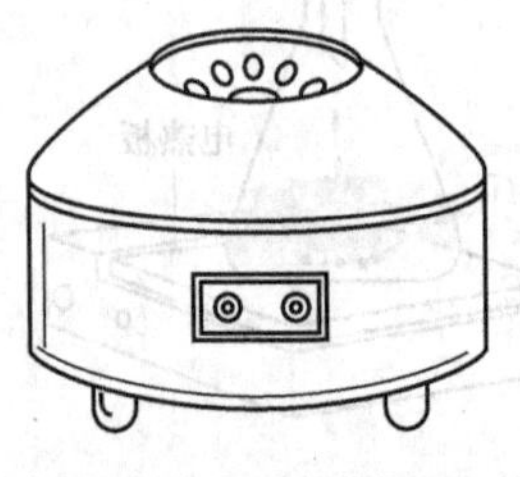
图 4-9 离心机

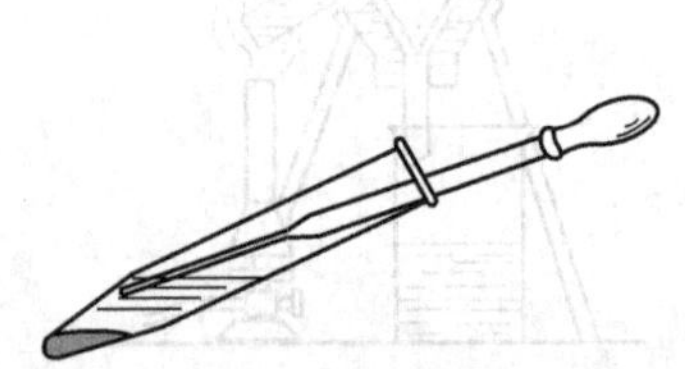
图 4-10 离心后的固液分离操作

4.2　萃取

萃取是有机化学实验中用于提取或纯化有机化合物的常用操作之一。应用萃取可以从固体或液体混合物中提取所需要的物质，也可洗去混合物中的少量杂质。通常称前者为"提取"或"萃取"；称后者为"洗涤"。

4.2.1　固体的提取

1. 单次简单提取

提取时，可将待提取固体研碎，与适当的溶剂置于烧瓶中加热回流，并保持一定时间，以保证提取完全；将混合物趁热过滤或用倾泻法分离。

2. 多次与连续提取

对于难于提取（如溶解度小）的物质，则需要多次或连续提取。这时，最好使用特定的装置自动进行，常用的有索氏提取器和梯氏（Thielepape）提取器。由两种提取器构建的提取装置见图 4-11。

使用索氏提取器可实现多次提取。提取前，将固体研细以增加浸润时的表面积，并将固体置于滤纸套内，置于抽取器中[图 4-11(a)中 A 的位置]。将溶剂置于底部的圆底烧瓶中，并加热。沸腾时，蒸气沿侧管 B 上升并在冷凝管 C 处冷凝，冷凝后热的溶剂液体流至提取器内，与滤纸套内的固体接触，当溶剂液面达到虹吸管 D 的高度时，由于虹吸作用溶剂全部由提取器中 A 部分流回圆底烧瓶中，同时部分被提取的物质也被溶液转移至圆底烧瓶中，完成一次提取。继续加热，纯的溶剂蒸发而继续对固体进行多次提取；被提取的物质由于沸点较高，存留于圆底烧瓶中，并不断得到富集。最后可将圆底烧瓶中的溶液蒸馏，即可得到提取出的固体。使用此装置时，被提取物的相对密度必须比溶剂的相对密度大。

使用梯氏提取器[见图 4-11(b)]可实现连续提取。梯氏提取器没有用于回液的虹吸管，而是冷凝后的溶剂流经固体后，直接经提取器下口返回底部的圆底烧瓶中，被提取物在圆底烧瓶得到富集。

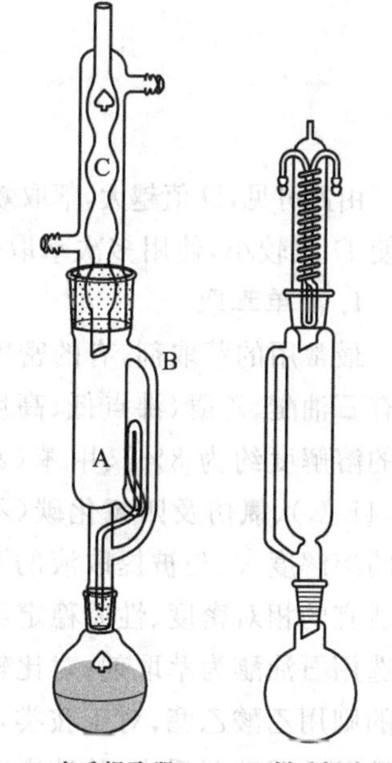

图 4-11　使用索氏提取器及梯氏提取器的提取装置

4.2.2　液体的萃取

从溶液（通常是水溶液）中萃取物质是一种非常重要的有机化学实验操作。间歇萃取也称为"振摇萃取"，连续萃取过程也称为"渗滤萃取"。

以下主要就液相物质的萃取原理和方法进行讨论。

不同物质的结构和物理、化学性质不同，对不同溶剂的亲疏性不同。同一物质同时接触极性差别较大的两种互不相溶的溶剂时（如水与有机溶剂），就会以一定比例在两相中进行分配。分配

达到平衡时，组分 A 在有机相与水相中的浓度之比（严格地讲应为活度比）称为分配系数，记为

$$K=\frac{[A]_{有机}}{[A]_{水}}$$

式中，$[A]_{有机}$、$[A]_{水}$ 分别为化合物 A 在有机相和水相中的浓度，且 A 在两相中的存在形式相同。

有时，A 在两相中的存在形态是多样的，常因为解离、缔合、络合或其他形式的化学反应而使情况复杂化。因此，又将 A 在两相中各种形态的浓度之和相比，定义为分配比 D：

$$D=\frac{\sum[A]_{有机}}{\sum[A]_{水}}=\frac{c_{A,有机}}{c_{A,水}}$$

为有效地比较不同萃取体系中的分离效果，可用萃取效率 E 来表示：

$$E=\frac{c_{A,有机}V_{有机}}{c_{A,有机}V_{有机}+c_{A,水}V_{水}}$$

经过简单的数据变换，可得到

$$E=\frac{D}{D+\frac{V_{水}}{V_{有机}}}\times100\%$$

由此可见，D 值越大，萃取效率越高。在实际工作中，若采取等体积萃取剂萃取（$V_{水}/V_{有机}=1$），即使 D 值较小，使用多次萃取也可以获得较高的萃取效率。

1. 简单萃取

最常用的萃取剂，有的密度比水小，有的密度比水大。比水轻的萃取剂有石油醚、乙醚（沸点低、高度易燃、有形成爆炸性过氧化物的倾向，水中的溶解度约为 8%）、甲苯（易燃）；比水重的萃取剂有二氯甲烷（沸点低，41 ℃）、氯仿及四氯化碳（不可燃）。选择萃取剂时，除要求对被提取物的溶解度大、与被提取液的互溶度小以外，还要求它对杂质很少溶解、有适宜的相对密度、性质稳定和毒性小。一般而言，对难溶于水的物质首先选用石油醚为萃取剂；对比较易溶于水的物质选用乙醚或甲苯；对很易溶的则用乙酸乙酯；对于胺类，用氯仿比较理想。注意：伯胺容易与二氯甲烷及乙酸乙酯反应，仲胺也容易与二氯甲烷反应。

萃取剂的用量一般是被提取液总量的 1/5～1/3，对于难于提取的物质，用量可加至与被提取液等量。

对水溶液的萃取，需要使用分液漏斗完成，一般使用锥形分液漏斗。所用分液漏斗的大小应适当，即萃取剂与被提取液之和不应超过分液漏斗容积的 2/3。

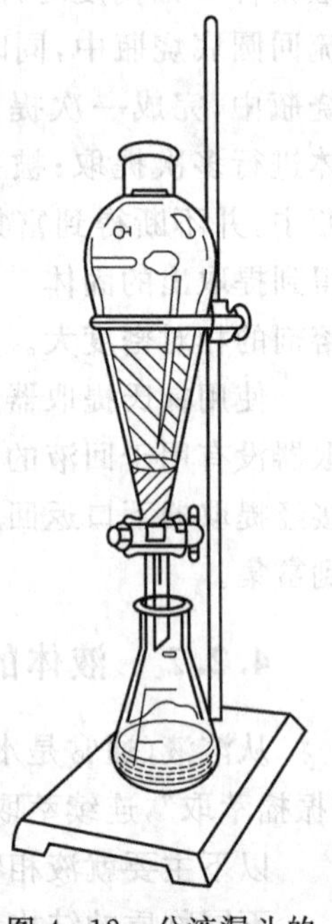

图 4-12 分液漏斗的正确放置方法

萃取时，将分液漏斗用铁圈固定于铁架台上（见图 4-12）。其高度应适中，使分液漏斗底部出口与接收容器器壁相抵，可防止放液时液体的迸溅。所用萃取剂如易燃时，必须将附近的明火全部熄灭。分液漏斗在使用前应加水并静置，检测分液漏斗是否漏水。使用时，将被提取液与萃取

剂自分液漏斗上口加入分液漏斗内,盖好顶部塞子。注意:分液漏斗的顶部塞子如有通气口,在振摇前应转动塞子,将通气口置于关闭状态。

用右手食指顶压分液漏斗的上口塞子,掌心与分液漏斗半径最大处接触,用其他手指握住分液漏斗。将分液漏斗从铁圈中取出,缓慢翻转右手使分液漏斗下口指向斜上方,呈45°左右。用左手控制分液漏斗的旋塞。整个姿势如图 4-13(a)所示。

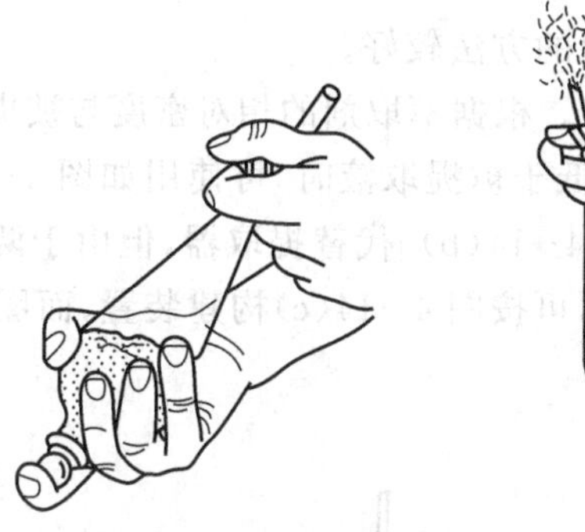

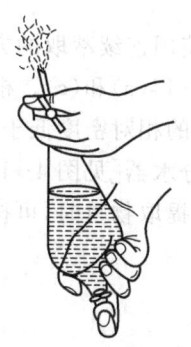

(a) 分液漏斗的正确握法 (b) 分液漏斗使用时的放气方法

图 4-13 萃取时分液漏斗的使用

在此姿势下,摇动分液漏斗或做圆周运动,使液体在分液漏斗中空间最大部分振荡,两相充分接触。

在振荡时,应注意及时放气,以免内部压力增加过大,造成塞子被顶开,或液体喷出。振荡开始时,每振荡两三次,应放气一次。放气时,分液漏斗开口指向斜上方,并朝向无人处,旋转下部旋塞放气[见图 4-13(b)];放气时液体可能被夹裹冲出旋塞外部,此时保持指向斜上方位置,待液体流回分液漏斗后,再关闭旋塞并继续振荡。如此重复。再剧烈振摇 2～3 min,然后将分液漏斗重新置于铁圈中静置。

待两相液体完全分开后,打开上部塞子(顶部有通气口的分液漏斗应旋转塞子使通气口处于与大气相通位置)。旋转下部旋塞,下层液体由分液漏斗下口放出。分液时,应尽可能分离干净,有时在两相间出现的一些絮状物也应同时弃去。然后自分液漏斗上口将上层液体倒出。如上层液体由下口放出,会被残留在漏斗径上的下层液体污染。

将被提取液倒回分液漏斗,继续萃取。

当难以区别水相及有机相时,可任取一层液体置于小试管中,加入少量水。若分为两层,则说明取出液体来自有机相;否则说明取自水层。假使物质在水中的溶解度较大,为提高有机溶剂的提取效率,可预先用硫酸铵或氯化钠使水相饱和。有时,系统还有形成乳状液或乳化层的情况。此时,不能振摇分液漏斗,而只能轻轻回荡。对于已形成的乳状液,可加入少量消沫剂或戊醇加以破坏,也可用氯化钠饱和水相,或将整个溶液过滤一遍。最可靠的方法则是较长时间的放置。

有时,由于杂有与两相都能互溶的物质(如低级醇或二氧六环),分层困难。此时可加入更多的水和萃取剂,从而降低与两相都互溶物质的相对数量,也可以加入盐类或饱和盐溶液。

萃取通常需要重复多次:在水中微溶的物质应萃取 2～3 次;对于在水中易溶的物质,则需要更多的萃取次数才能萃取完全。此时,使用连续萃取或多效萃取方法更有效。

少量多次的萃取比用等量溶剂作一次萃取的效果更好。为了确定萃取是否完全,可以从最后一次被提取液中取出少量,经干燥后,在表面皿上使溶剂蒸发,检查是否有残留物。对于有色物质,被提取液无色即表明提取已经完全。

溶解于被提取液中的杂质(如酸或碱)通常也必须除去。通常是使用稀的碱(如碳酸钠或碳酸氢钠等)或酸的水溶液对被提取液进行洗涤,再用氯化钠水溶液洗涤几次。

2. 连续萃取

对于水中易溶的物质,使用连续萃取的方法较好。

连续萃取装置可见图 4-14(a)和(c)。根据萃取剂的相对密度与被提取液相对密度的关系,提取器可分两种。当萃取剂的相对密度低于被提取液时,可使用如图 4-14(a)的装置;萃取时,如没有专用的仪器,可使用分水器[见图 4-14(b)]代替提取器,但由于两相接触时间短,而效率较低。萃取剂相对密度比被提取物重时,可按图 4-14(c)构建装置,而图 4-14(d)和(e)用于相同情况的其他提取器。

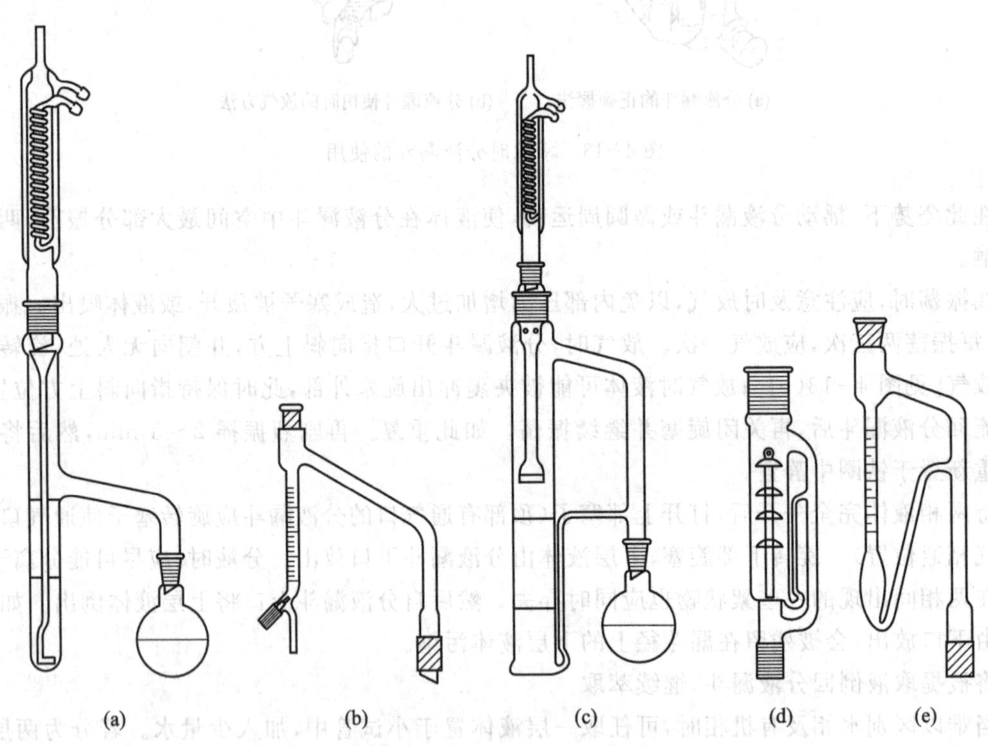

图 4-14 对液体的连续萃取装置及相关装置

4.3 干燥

4.3.1 干燥及干燥剂

干燥是除去试剂或溶液中少量水分(或溶剂)时常使用的手段,是有机化学实验室中常用的一项操作。根据除去水分时所使用的方法,可分为物理法或化学法。物理法是指通过物理手段除去水分,如通过分子筛吸附、使用共沸蒸馏除水(见共沸蒸馏)等。而化学法又可分为两类,一类为能与水结合可逆地生成水合物，如氯化钙、硫酸镁。由于可逆，在温度较高时，已被结合的结晶水可能会被再次释放。化学法中的另一类是与水发生不可逆的化学反应，如金属钠、五氧化二磷等。目前，在实验室中使用较多的是能与水生成结晶水的干燥剂。

选用干燥剂时应根据被干燥对象的种类，选择并使用适当的干燥剂。如酸性的被干燥物质不能使用碱性的干燥剂进行干燥。常用的干燥剂及适用范围见表 4-1。

作为有效的干燥剂，不仅要具有良好的干燥强度，而且还应具有良好的干燥容量。干燥剂所能达到的最大干燥强度取决于它的水蒸气压(见附表 1)。人们熟知的一些干燥剂，由于吸水而生成水合物之后，干燥能力降低。干燥容量是指干燥剂所吸附水的质量与干燥剂的质量比值。如硫酸钠可形成含 10 个结晶水的水合物，其干燥容量为 1.25，而硫酸镁可结合 7 个结晶水，其干燥容量为 1.05。在保持足够干燥强度的前提下，干燥剂所能吸收的水量越大，其干燥容量就越大。如五氧化二磷、硫酸、氯化钙、硫酸镁及硫酸钠等物质在某种程度上能同时符合这两种要求，故成为常用的干燥剂。实际上硫酸钙的干燥强度很高，但其干燥容量很小。

4.3.2　液体的干燥

干燥剂的选择：所选用的干燥剂不与被干燥物质发生化学反应，干燥剂不能起催化剂作用，且不溶于被干燥物质的有机相。如酸性物质不能使用碱性干燥剂，而碱性物质也不能使用酸性干燥剂。有些干燥剂能与某些被干燥的物质生成配合物，如氯化钙与醇类、胺类等形成配合物，也不能用于这类物质的干燥。

干燥剂的用量：干燥剂的用量一般是被干燥液体的 5%～10%。干燥剂加入量少时，水分除去不完全；而加入量过大时，会吸附有机相，造成有机产品的损失。25 ℃时水在乙酸乙酯中溶解度为 2.94%，如干燥 100 mL 乙酸乙酯的溶液时，含 2.94 g 水，如使用无水硫酸镁干燥时应加入 2.8 g(干燥容量 1.05)即可达到干燥的目的。但由于萃取不彻底或其他原因，都有可能造成有机相的实际含水量高于此值。因此干燥剂的加入量应根据实验情况确定。

干燥前，应将被干燥液体静置，使夹裹或吸附的水相充分析出，如可明显观察到有机相中含有水层或大的水珠，应考虑重新萃取。

干燥时，应通过漏斗向盛有有机相的锥形瓶中，使用药勺分次加入固体干燥剂。每次加入后，摇匀，使与液体充分混合。停止摇动，观察干燥剂下落的速度与外观的变化。充分混合后，干燥剂会吸收液体中的水分，发生板结及改变颗粒大小，引起在液体中的沉降速度的变化。吸水后的干燥剂由于体积大，比表面积小，在液体中沉降速度快；而没有吸水的干燥剂由于颗粒小，沉降速度慢，往往会引起片刻的混浊现象。开始加入时，如没有观察到轻微的混浊，说明含水量大，应适当多加干燥剂；继续加入干燥剂并摇匀，直至有干燥剂颗粒在有机相中下降速度不一样的现象出现。应再补加 0.5～1 勺，将锥形瓶或圆底烧瓶不断摇匀并静置，在静置期间发现干燥剂用量不够，应及时补加。

应根据所选干燥剂的吸收速度，确定静置时间。如使用无水 $MgSO_4$，至少需要静置 3 h 以上，而当使用吸水速度较慢的无水 Na_2SO_4 时，一般需静置过夜。

干燥后的试剂或有机溶液可使用适当的方法将干燥剂除去。最简单的方法是使用倾泻法，其缺点是在操作中易将固体带入液体中；也可使用颈部塞有脱脂棉的三角漏斗或配有折叠滤纸的漏斗进行过滤。

表 4-1 常用的干燥剂及适用范围

干燥剂	适用范围	不适用范围	干燥容量	干燥强度	干燥速度	备注
P_4O_{10}	中性或酸性气体，乙炔，二硫化碳，卤代烃，酸溶液（干燥器，干燥枪）	碱性物质，醇，醚，HCl，HF	—	强	快❶	易吸潮；干燥气体时需与负载材料混合
CaH_2	惰性气体，烃，酮，醚，四氯化碳，二甲亚砜，乙腈，酯	酸性物质，醇，胺，硝基化合物	—			
H_2SO_4	中性或酸性气体（干燥器，洗瓶）	不饱和化合物，醇，酮、碱性物质，H_2S，HI				不适于高温下真空干燥
碱石灰，CaO，BaO	中性或碱性气体，胺，醇，醚	醛，酮，酸性物质	—	强	较快	特别适用于干燥气体，适用于干燥低级醇类
NaOH，KOH	氨，胺，醚，烃（干燥器）	醛，酮，酸性物质	—	中等	快	易吸潮
K_2CO_3	丙酮，胺	酸性物质	0.2	较弱	慢	易吸潮
Na	醚，烃类，叔胺	氯代烃（危险！易剧烈反应），醇及与钠反应的其他物质	—	强	快	
$CaCl_2$	烃，丙酮，醚，中性气体，HCl（干燥器）	醇，氨，胺	0.97($n=6$)	中等	较快❷	价廉，含有碱性杂质
$Mg(ClO_4)_2$	气体[包括氨气（干燥器）]	易氧化有机液体				极适用于分析目的
Na_2SO_4/$MgSO_4$	酯，敏感试剂溶液		1.25(10)/1.05(7)	弱/较弱	缓慢/较快	
硅胶	（干燥器）	HF	约 0.25			可中性残留溶剂
分子筛（铝硅酸钠或铝硅酸钙）	流动气体（<100 ℃），有机溶剂（干燥器）	不饱和烃，极性		强	快	

❶ 干燥速度快，但吸水后表面为黏浆液覆盖，操作不便；

❷ 吸水后，表面为薄层液体所覆盖，需长时间放置。

4.3.3 固体的干燥

固体的干燥一般使用自然干燥或烘干的方法。对于某些热敏物质,则可采用冰冻干燥的方法,但此法在有机实验室使用较少。

自然干燥:将待干燥的固体放置于表面皿或培养皿上,使待干燥的固体尽可能平铺,增加待干燥固体与空气的接触面积,加快干燥速度;使用滤纸进行覆盖,防止灰尘污染样品;室温下放置至质量恒定。

对于易吸潮固体样品的干燥,自然干燥的效果不好,可使用干燥器或真空干燥器进行干燥。干燥器通常用于保存易潮解或易升华样品。此时,可借助干燥器内干燥剂的作用加速干燥,同时防止吸潮。使用干燥器时,干燥剂通常置于多孔瓷板下层,而固体样品则被置于瓷板上。

变色硅胶是最常用的干燥剂,其制备方法是,将无色硅胶平铺在盘中,放置几天,任其吸收空气中水分,以减少应力,否则直接将硅胶置于溶液中时,硅胶会碎裂。当所吸水的水分达到干燥时质量的1/5时,浸入20%氯化钴的乙醇溶液中,15～30 min后取出,晾干后,在烘箱中以250～300 ℃加热活化至质量恒定,即得变色硅胶。变色硅胶在干燥时为蓝色,吸水后变为红色,吸水后的变色硅胶烘干后可再使用。

真空干燥器比自然干燥效率高,但不适用于易升华物质的干燥。使用时样品上应覆盖一层滤纸或大一号的培养皿,防止抽气及放气时干燥的固体飞扬。同时,应在干燥器上用医用胶布粘贴成格子状,防止内爆的发生。使用水泵抽气时,应在水泵与真空干燥器之间接缓冲瓶。

烘箱可用于干燥无腐蚀性、非挥发性、加热不分解的物品。切忌将易挥发、易燃易爆物放在烘箱内干燥,以免发生危险。真空烘箱的效率比烘箱更高,其使用要求与烘箱类似。

干燥枪,又称真空恒温干燥器,常用于分析样品的干燥,特别是元素分析样品的准备。它的干燥效率高,可除去结晶水或结晶醇。但其价格较高,教学实验室使用较少。

4.4 蒸馏

蒸馏是将液体加热到沸腾状态,使液体转变成蒸气,再将蒸气冷凝为液体并收集在另一容器内的过程。当液体混合物具有不同的沸点或一些组分不能被蒸馏时,它是一种非常有效的分离液相混合物的方法,它也是分离纯化的主要方法之一。根据实验条件及处理对象,在有机实验室中常用的蒸馏方法有四种:简单蒸馏、减压蒸馏、分馏和水蒸气蒸馏。

4.4.1 液体沸点与蒸馏

液体分子由于分子运动有从液面逸出的倾向,这种倾向随温度的升高而增大,并在液面上形成蒸气。当分子由液体逸出的速度与分子由蒸气回到液体的速度相等时,液面上的蒸气达到饱和,称为饱和蒸气,它对液面所施加的压力称为饱和蒸气压。纯液体的蒸气压一般只随温度变化,通常是随温度升高而增大。当蒸气压增大到等于液面上的大气压力,液体内部开始汽化,并产生大量气泡而沸腾,沸腾时的温度称为沸点,如图4-15中点A。当液体表面施加较低的气压时,沸腾时所需要的蒸气压也相应降低,此时液体可在较低温度下沸腾,如图4-15中点B。外压降低后的蒸馏过程，称为减压蒸馏。沸腾时温度和压力的关系可以根据温度-压力关系的测定而得到。典型液体的饱和蒸气压与温度的关系见图 4-15。

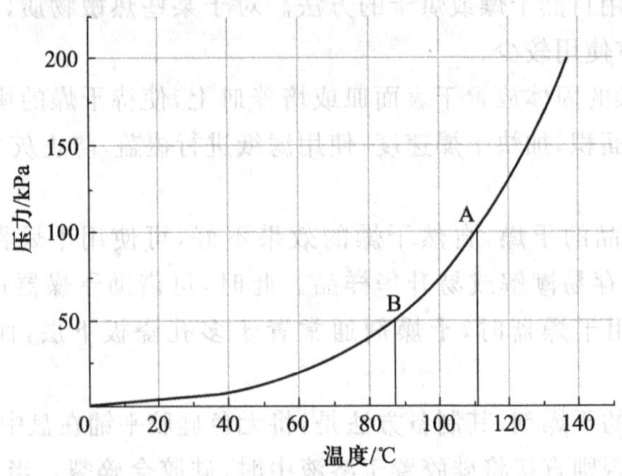

图 4-15 典型液体的饱和蒸气压与温度关系图

1. 沸点与压力间的关系

由于沸点相对外压是敏感的，在一定的外压下，纯液体的沸点为常数。因此需要记录沸腾时的压力。一般情况下，沸点的测定是在 760 mmHg（760 Torr）或一个大气压进行的。通常常压沸点受大气压变化的影响是微小的。但在减压蒸馏时，真空度越高，沸点随压力变化越明显，故需要减压下的沸点和系统压力两个数值。

液体的沸点随压力变化有一定的规律，可以使用简单的方法估算。液体在 760 mmHg 附近时的沸点，当压力每下降 10 mmHg 时，沸点下降 0.5 ℃。但较低压力时，压力每减少一半，沸点下降约 10 ℃。如某液体在 10 mmHg 下的沸点是 150 ℃，当液面压力减少至 5 mmHg 时，液体的沸点可能下降至 140 ℃。

以上只是简单的经验估算，而 Clausius-Clapeyron 方程：

$$\frac{\mathrm{d}p}{\mathrm{d}T}=\frac{\Delta H}{T\Delta V}$$

说明了蒸气压对温度的依赖关系。就蒸发而言，可以假设液体的体积与气相比小得可以忽略不计。如果再近似地将气相看做理想气体（符合 $pV = nRT$），则上式可转化为

$$\frac{1}{p}\cdot\frac{\mathrm{d}p}{\mathrm{d}T}=\frac{\Delta H}{RT^2} \quad 或 \quad \frac{\mathrm{d}\ln p}{\mathrm{d}T}=\frac{\Delta H}{RT^2}$$

此时，假设 ΔH 在涉及的温度范围内为常数，将上式加以积分，可得到

$$\ln p=\frac{\Delta H}{RT}+C$$

这样以 $\ln p$ 对 $1/T$ 作图，则将近似得一直线，直线的斜率取决于蒸发热。因此，如果某物质在两个不同温度下蒸气压是已知的，或在两个不同压力的沸点是已知的，将这两个已知数据的 $\ln p$ 对 $1/T$ 作图后，便可得出需要的第三个数据。

对于有机化学研究而言，更一般的估算是使用简单的压力－温度算图（见图 4－16）。由该图可从已知的常压沸点推算减压下的沸点，也可从常压沸点及减压蒸馏时的沸点推算蒸馏时的压力等。

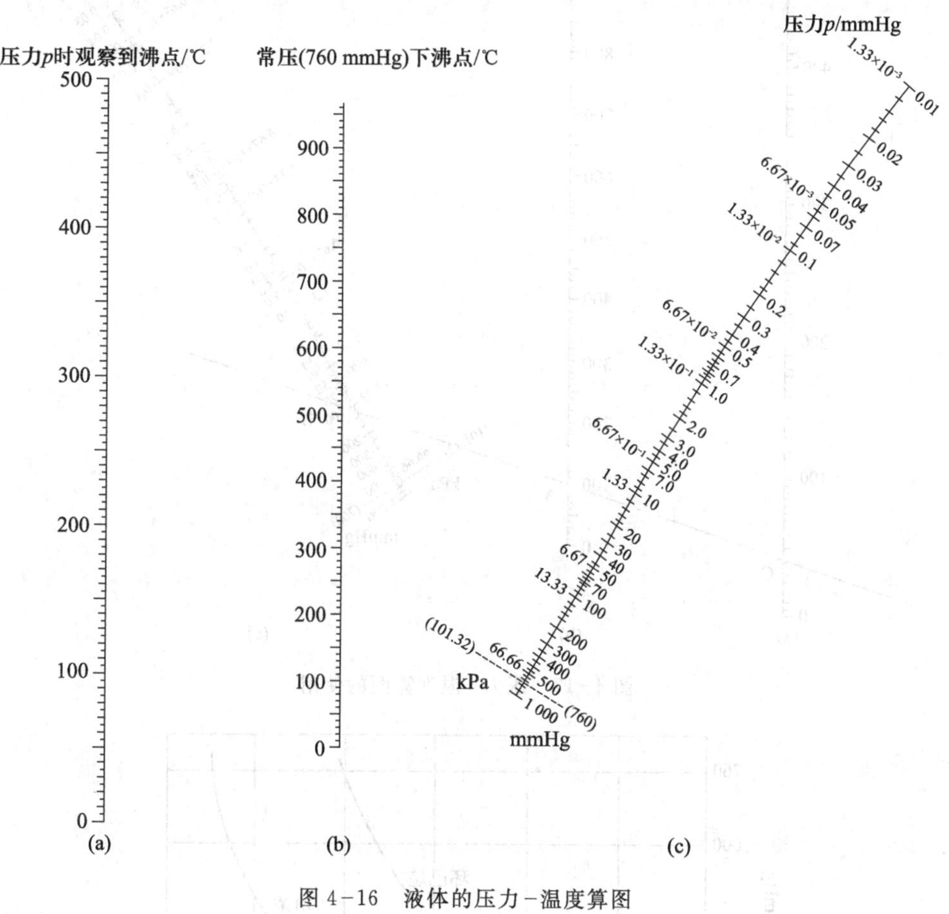

图 4－16　液体的压力－温度算图

如水的常压沸点为 100 ℃，可在图 4－17 中得点 A，又已知减压蒸馏时压力为 15 kPa (112.8 mmHg)，则可得点 B，将点 A 和点 B 使用直线相连，直线与线（a）相交点 C 即为水在 15 kPa 蒸馏时的沸点，约 50 ℃。上述示例中的四条线的三个线交点，如已知任意两个，即可由算图上的连线推算第三个点的数值。

2. 二元混合物的蒸发

当两种不同的挥发性液体组分混合时，混合物的蒸气将会包含每一个组分的一些分子。以环己烷和甲苯混合物为例说明。气相的饱和蒸气压与温度有关，见图 4－18。当液体表面的蒸气压与外界压力相等时沸腾。从图 4－18 可以看出，在 760 mmHg 时，环己烷的沸点是 81 ℃，而甲苯的沸点是 111 ℃。

环己烷和甲苯的气液相组成与沸点关系如图 4－19 所示。考虑图中 A 点，其液相组成为 75％甲苯和 25％的环己烷。如果对处于 A 点的液体进行加热，二元混合体系中各组成对蒸气压均有贡献，且符合 Raoult 定律。

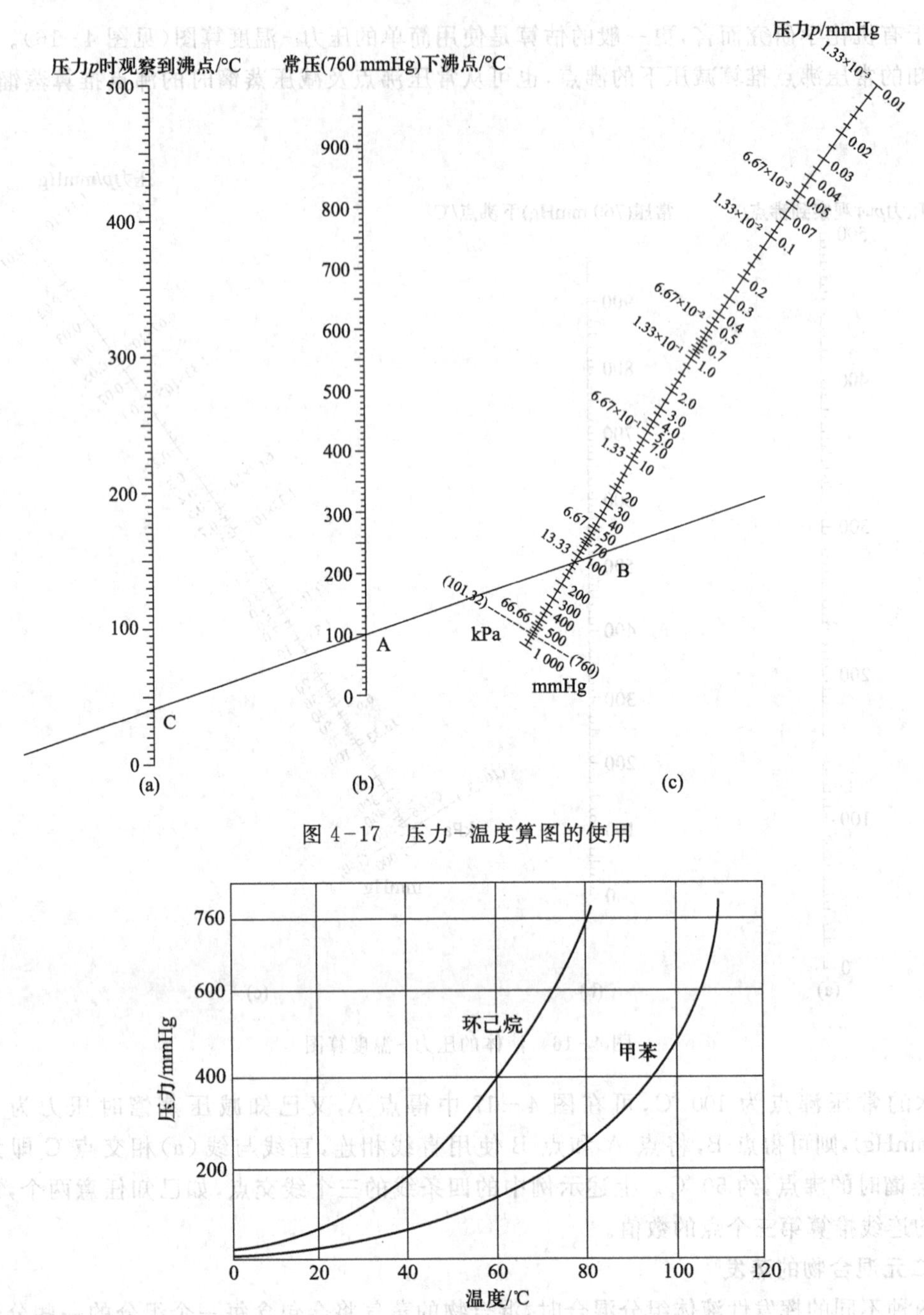

图 4-17　压力-温度算图的使用

图 4-18　环己烷与甲苯在不同温度下的饱和蒸气压

在 100 ℃时，环己烷的分压为 433 mmHg，而甲苯的分压为 327 mmHg，两者之和为 760 mmHg，因此液体是沸腾状态。根据环己烷的分压为 433 mmHg，可知气相中环己烷的摩尔分数为 57%（见图 4-19 中点 B）。处于 B 点的气相冷凝并收集后，所得液体（点 C）中环己烷的摩尔分数为 57%，这要比 A 点的环己烷含量要高。因此，通过一次简单蒸馏过程，某些易挥发组分得到了富集。而在液相中，随环己烷较多地被蒸发，甲苯浓度升高，A 点向 A′方向移动。

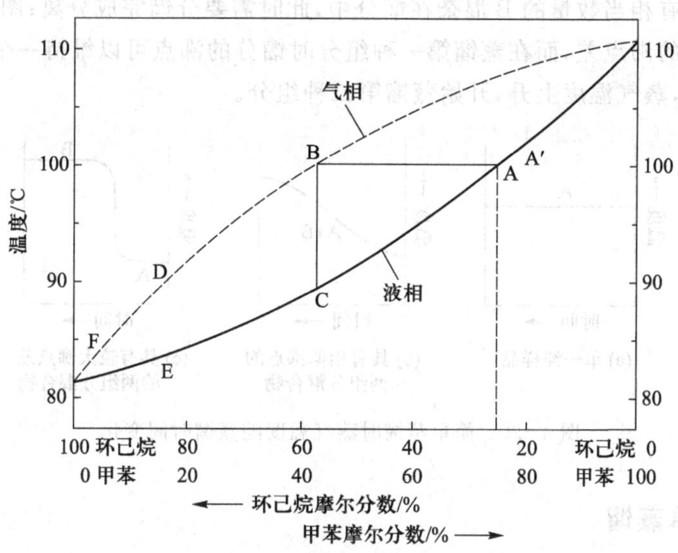

图 4-19 环己烷与甲苯组成沸点图

由上例可知，倘若在待分离的混合物中，各组分的挥发性没有足够大的差别，则通过一次蒸发和冷凝，也就是通过简单蒸馏，就不可能得到满意的分离效果(99%)。此时必须将蒸发过程重复若干次。用分馏柱可在一个连续过程中实现这一要求(这就是分馏或精馏，后面将加以讨论)。

根据待分离的液体混合物中主要两个组成的沸点差，可以依据经验，粗略确定所需要的蒸馏次数(或理论塔板数)：

沸点差/ ℃	所需要的蒸馏次数(或理论塔板数)
108	1
72	2
54	3
43	4
36	5
20	10
10	20
7	30
4	50
2	100

当两种待分离物质的沸点之差不到 80 ℃时，就必须分馏，这可以作为一个经验法则。

当 A 和 B 两种组分的混合物加热时，蒸气温度会有三种主要的变化形式。图 4-20(a)是 B 组分不挥发而只有 A 组分可蒸馏的情况，因此蒸馏曲线只反映化合物 A 的沸点；图 4-20(b)是两种组分间沸点较为接近的情况，从图中可以看出，简单蒸馏时难以得到纯净的 A 或 B，即便是在最开始的阶段也有相当数量的B混杂在馏分中，此时需要分馏完成分离；图4-20(c)是A和B两种组分具有足够的沸点差，而在蒸馏第一种组分时馏分的沸点可以维持一个恒定值，而在第一种组分蒸馏完成后，蒸气温度上升，开始蒸馏第二种组分。

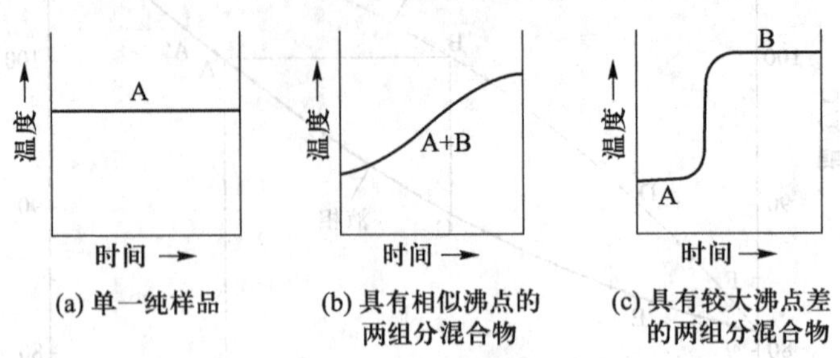

图4-20 简单蒸馏时蒸气温度随蒸馏时间变化

4.4.2 简单蒸馏

由于很多物质在150 ℃以上时会显著分解，而沸点低于40 ℃的液体用普通蒸馏装置进行蒸馏时因无法充分冷凝而导致损失。因此，简单蒸馏主要应用于沸点为40～150 ℃的液体。如一种物质的常压沸点高于150 ℃时，需要使用减压蒸馏。某些物质常压沸点低于150 ℃，但因其受热分解温度较低，这种情况下同样需要进行减压蒸馏。在前面讨论中已知，要通过简单蒸馏完全分离两种液体就要求其沸点之差大于80 ℃。但现实中很少有混合物能满足上述条件。即使降低对蒸馏馏出液的纯度要求，但此时混合物中的沸点差至少要大于30 ℃，否则简单蒸馏不会有较理想的结果。

1. 蒸馏装置

实验室中蒸馏操作所用仪器主要有圆底烧瓶、蒸馏头、冷凝管、接引管、接收瓶和温度计。按要求将玻璃仪器组装成如图4-21所示的蒸馏装置。

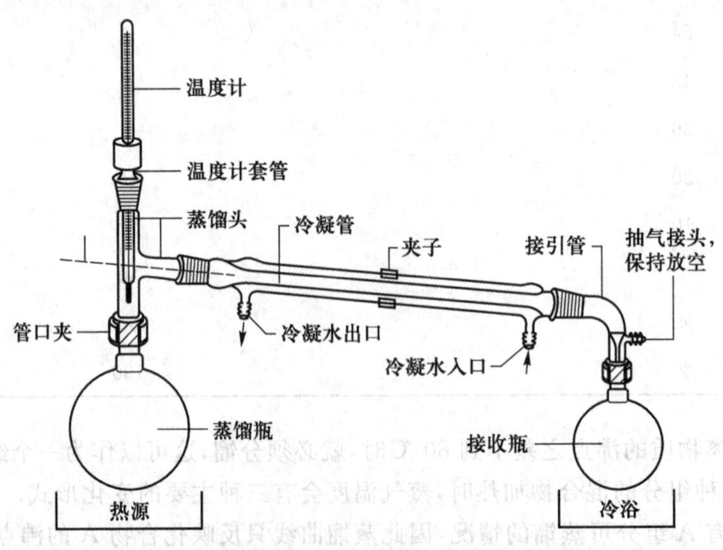

图4-21 蒸馏装置

通常使用圆底烧瓶作为蒸馏瓶。圆底烧瓶的大小取决于待蒸馏液的体积。一般加入液体的体积不超过烧瓶容积的 2/3,也不要少于 1/3。装入液体过多,加热沸腾时液体易喷出;加入过少,残留在瓶内的液体的比例会增大,损失率上升。

在蒸馏过程中会产生过热的情况,此时液体过热处会形成较大的气泡,引发液体剧烈喷涌,产生暴沸现象,特别是烃类物质的蒸馏时易产生暴沸。在蒸馏及回流过程中防止暴沸的方法是加入沸石或使用电磁搅拌的方法,机械搅拌的方法也可防止暴沸,但使用时由于密封的问题,装置较复杂。沸石泛指多孔性材料,在溶液受热时可稳定连续释放出细小的气泡。沸石释放的气泡产生扰动,防止待蒸馏液产生局部过热的情况。一般可使用小瓷片或分子筛等。沸石在使用过程中,应在液体加热前加入到液体中,加入 2～3 粒即可。如在沸腾状态下加入沸石,会引发液体剧烈沸腾,并溢出容器。活性炭也是多孔性物质,作用与沸石相似,在使用活性炭脱色时,应避免沸腾的情况下加入。待蒸馏液冷却后重新加热时,原有沸石就不再起作用,此时应补加新的沸石,再重新开始蒸馏过程。除加入沸石外,也可使用电磁搅拌(见图 3-2 及相关内容)防止暴沸。磁子转动并在液体中产生涡流,使加热平稳,防止过热及暴沸的发生。

通过蒸馏头上的温度计与蒸气接触,测定蒸气温度。为保证测定蒸气温度时的准确性,应使温度计中的水银球完全浸没于蒸气中,且温度计水银球上沿与蒸馏头侧管出口处最低点相切(见图 4-22)。同时,控制蒸馏速度,应保证蒸气在温度计水银球上有液体回落。选择温度计应考虑温度计的量程,温度计的量程一般比蒸馏时高沸点组分的沸点高 10～20 ℃。温度计量程不宜选取过大,过大时会影响温度计的读数精度。另外,一般馏分的沸程变化一般不超过 2 ℃,温度计应能体现这种变化。

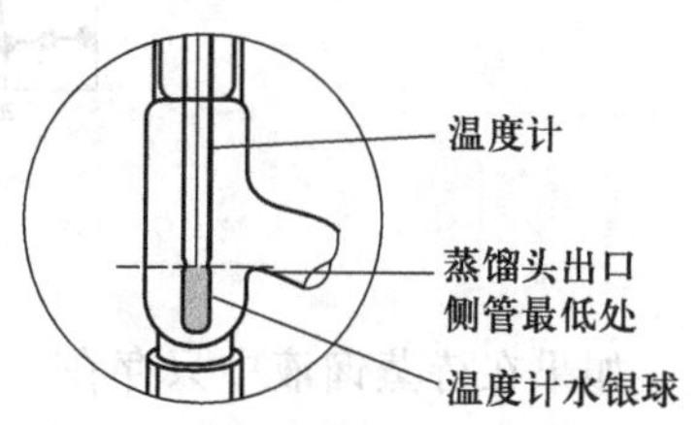

图 4-22　温度计水银球位置

蒸馏过程中所用的冷凝管以直形冷凝管与空气冷凝管最为普遍。一般情况下,沸点在 150 ℃以下的蒸馏,使用直形冷凝管。同时应根据蒸馏物的沸点及蒸馏量来确定冷凝管的管径与长度。沸点低的蒸馏物,蒸气不易冷凝,需要长的冷凝管,辅以较大的通水量;如果蒸馏物多且蒸气量大,也需要长的冷凝管。球形冷凝管虽然冷却效率较高,但容易在管路中存液,不利于不同馏分的切换。当蒸馏物的沸点超过 150 ℃时,应使用空气冷凝管,防止冷凝时因蒸气与玻璃的温差较大,造成玻璃爆裂。

向冷凝管通入冷凝水时,应遵循“低进高出”的原则,即冷凝水经冷凝管的低处入口进入,由高处的出口流出。这样的流过方式可使冷凝水注满冷凝管。否则,冷凝水不能完全充满冷凝管,冷凝效果降低。通冷凝水时的流量一般情况下应以能形成水流且不断为宜。但若蒸馏物的沸点较低,则可适当加大冷凝水的流速,加大换热量,达到完全冷凝的目的。

接引管:接引管在普通蒸馏时只起到将馏分由冷凝管导向接收瓶的作用。接引管上的抽气接头保持与大气相通,避免蒸馏体系密闭而造成内压升高的现象。

加热速度:蒸馏时,蒸馏瓶的加热可使用水浴、油浴、蒸气浴、空气浴和金属浴等加热源。具体的加热方式与蒸馏物的沸点对应。加热时,热浴的温度应比沸点高,一般高出 20～30 ℃,在沸点很高的情况也不能越过 40 ℃。具体的加热温度应依据馏出速度来确定。一般馏出速度应在 1～2 滴/s。热浴温度较高时,蒸馏速度过快,可能会引发意外情况;另外也可能引起蒸馏物的热分解。

根据沸点与馏出液量的对应关系，可绘制蒸馏曲线。蒸馏曲线应待沸腾温度开始上升时（对应图 4-23 中 a 点）开始记录，并更换接收瓶。经过前馏分（a～b′）后，温度接近目标蒸馏物的沸点，在这一段中通常能观察温度计读数快速蹿升；待温度趋于稳定后（b′～b），更换新接收瓶，并收集目标蒸馏物（b～c）；到图中的 c 点后，观察到温度开始明显上升，高沸点组分含量增加，应更换接收瓶进行收集。c 点以后的馏分称为后馏分。被分离物质的沸点越接近，前馏分（图 4-23 中 a～b）量越大，对应 a～b 的斜率越平缓［见图 4-20(b)及说明］。

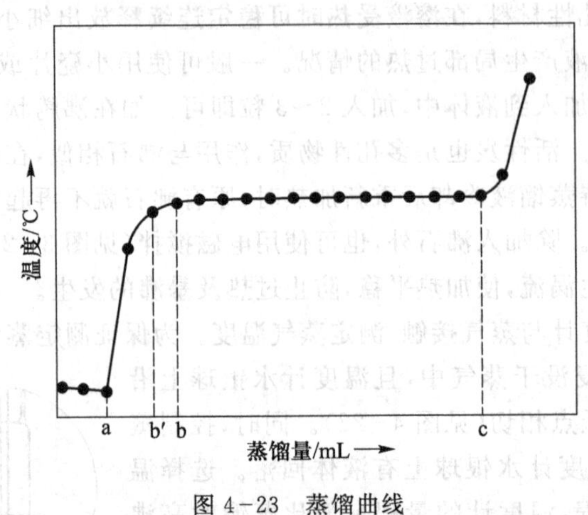

图 4-23 蒸馏曲线

如果在待蒸馏液中只存在一个组分，则主馏分（图 4-23 中 b～c）应在几乎恒定的温度下蒸出。蒸馏接近终点 c 时，因为蒸气稍有过热，温度一般升高 1～2 ℃。若温度变化较大，则说明馏出液中存在较多的高沸点物质，应及时更换接收瓶或重新蒸馏。收集馏分时，b 点及 c 点对应的温度称为馏分的沸程。蒸馏时应记录沸程数据，而不是一个点的温度值。由于纯物质的常压沸点是固定数值，可与文献值进行比较。另外，沸程的大小也可反映所收集馏分的纯度的高低。

当馏分发生变化时，如没有及时更换接收瓶，则由于馏分间的颜色和折射率等不同，有时可观察到接收瓶中有层线的形成。但蒸馏过程往往较难确认新馏分的开始。稳妥起见，对馏出液的分段可细一些（如 a～b′和 b′～b）。蒸馏后，再根据蒸馏曲线及分析结果（如折射率、密度、熔点等数据）进行相同馏分的合并。

进行蒸馏前，应称量待蒸馏物；蒸馏结束后，应称量各馏分的质量、残液的质量。根据蒸馏前后物料的质量，进行物料衡算。蒸馏前的质量应等于或大于残液及各馏分的质量之和。由于冷凝效率及仪器表面的吸附，会有一些损耗，但损失率一般不大于 10%。

注意事项：蒸馏开始前应仔细检查蒸馏装置各接口处，特别是蒸馏头与冷凝管、与圆底烧瓶间的磨口接合处是否密闭。另外，在蒸馏进行到后期时，应避免将圆底烧瓶中的液体蒸干，防止过氧化物的富集及其他情况引发意外。

2. 简单蒸馏操作

① 将升降台调节至较低位置，将搅拌装置及电热套置于升降台上。在 50 mL 圆底烧瓶中加入 25 mL 液体及 2～3 粒沸石。将圆底烧瓶用 S 夹及管口夹固定于铁架台上。固定的高度以圆底烧瓶底部略高于电热套为宜，如图 4-24 所示。

② 遵循“自下而上，由左及右”原则，依次将磨口处涂好凡士林的蒸馏头、温度计套管、冷凝

管(最好在搭建装置之前将上下水管接好,接胶管时遵循"低进高出"的原则)、接引管和接收瓶按图 4-21 中的蒸馏装置搭建仪器。装置安装完成后,应检查圆底烧瓶与蒸馏头、蒸馏头与冷凝管接口处的气密性。

③ 向冷凝管中通入自来水。

④ 提升升降台高度,使电热套与圆底烧瓶瓶底相距 1~2 cm,并开启加热开关,调节加热电压。电热套距圆底烧瓶底部 1~2 cm 时,可形成空气浴,使加热更平稳且可防止局部过热。加热电压与电热套的加热功率相关。应根据蒸馏速度随时调节电压的高低。

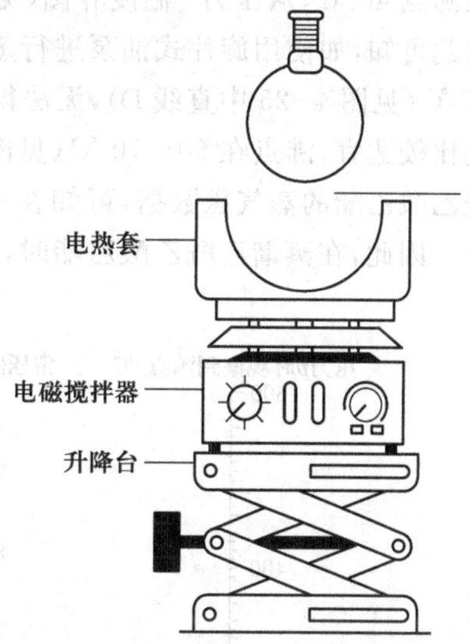

图 4-24 蒸馏装置的起始高度

⑤ 蒸气随液体沸腾并浸润玻璃仪器。当蒸气到达温度计水银球时,可观察到温度计读数以较快的速度发生变化。等温度计读数略微稳定后,更换接收瓶并记录沸点数据。控制加热电压,保持蒸馏速度在 1~2 滴/s,继续蒸馏至圆底烧瓶内液体还剩 1~2 mL 时,记录温度计的读数。停止加热。降低升降台的高度,并移除电热套。

⑥ 记录收集馏分的体积及残留在圆底烧瓶内液体的体积,进行物料衡算。并计算回收率:

$$回收率=\frac{馏出液体积+残留液体积}{蒸馏前液体体积}\times 100\%$$

⑦ 蒸馏结束后,按与安装时相反的顺序,依次拆卸装置。洗涤所使用的玻璃仪器,清理所使用的其他仪器、实验台面及个人物品。

3. 溶剂干燥后的蒸馏

溶剂在干燥及纯化处理时,也需要对溶剂进行蒸馏。与普通蒸馏不同,此时一般使用专门的装置进行,见图 2-1。这种装置一方面可进行连续处理,另一方面处理时还便于使用惰性气体进行保护。取用时可保证使用新蒸的溶剂,或从注射器进口取用,满足无水无氧条件下的操作。这是涉及无水无氧操作的实验室中的常用装置之一。

4.4.3 减压蒸馏

1. 减压蒸馏

减压蒸馏适用于沸点高于 150 ℃或常压蒸馏时容易氧化、分解或聚合的有机化合物的分离过程,是分离有机化合物常用方法之一。特定有机化合物的沸点根据外界压力变化而变化,沸点与压力变化关系可从文献中获得;也可根据文献中的常压沸点或减压下沸点数据进行估算,具体算法见图 4-17 及说明。

减压蒸馏时应根据待蒸馏物的沸点确定蒸馏时所需真空度,并确定所需真空泵的种类。减压蒸馏时化合物的沸点不应低于 40 ℃,否则会由于冷凝不充分导致产品损失。一般控制体系的压力,使待蒸馏物的沸点在 70 ℃左右为宜,此时能用自来水充分冷凝,且此时烧瓶内部待蒸馏物液体温度不超过 100 ℃,不会导致分解。

例如,乙酰乙酸乙酯的常压沸点是181 ℃,但其在181 ℃情况下明显分解。取常压沸点181 ℃,减压沸点40 ℃,从压力-温度算图(见图4-17)可知,需要3 mmHg压力(见图4-25中直线E)。由此可知,如使用旋片式油泵进行蒸馏(通常压力为1 mmHg左右),乙酰乙酸乙酯的沸点低于40 ℃(见图4-25中直线D),无法得到充分冷凝;而使用循环水真空泵,压力在8～15 mmHg,温度比较适宜,沸点在60～70 ℃(见图4-25中直线F和G)。此时是估算数据,当然也可查阅乙酰乙酸乙酯的蒸气压数据,可知在12.5 mmHg压力下,沸点为71 ℃,与上面的估算值基本相符。因此,在蒸馏乙酰乙酸乙酯时,最好使用循环水真空泵。

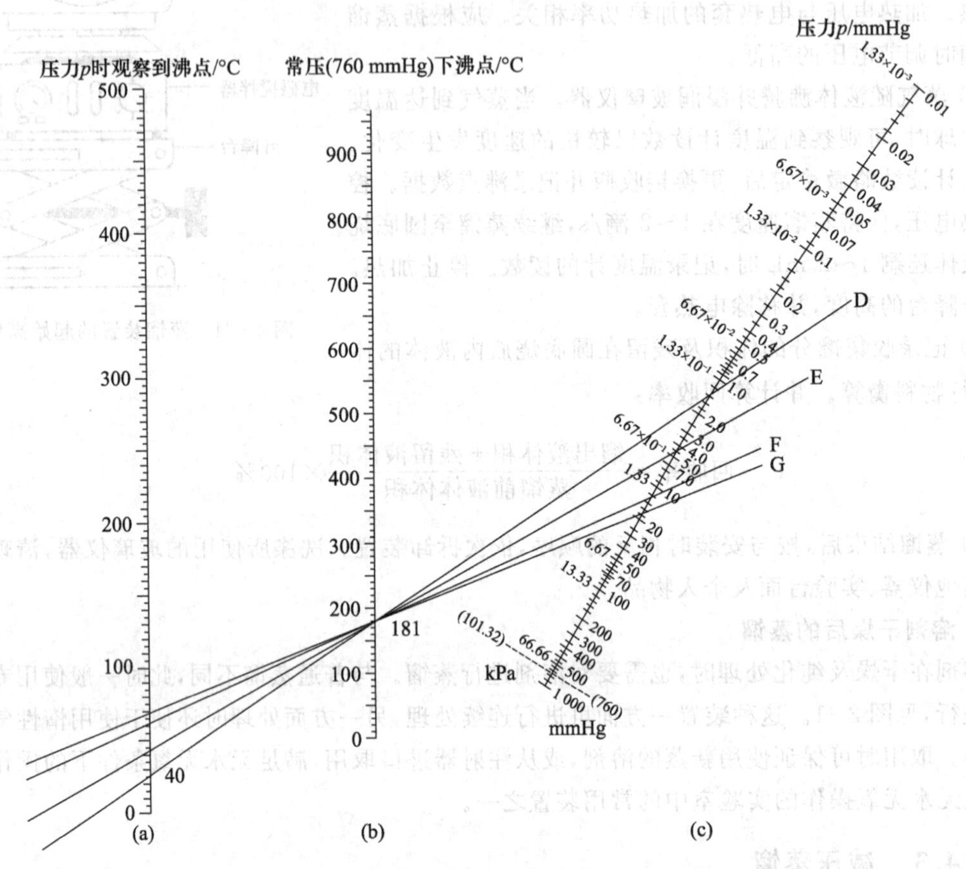

图4-25 乙酰乙酸乙酯蒸馏压力和沸点的算图

减压蒸馏操作时所使用的仪器与普通蒸馏相似,但所使用的蒸馏头、温度计和接引管有所不同。

减压蒸馏操作过程中使用克氏(Claisen)蒸馏头,其外形如图2-8(b)所示。使用克氏蒸馏头的原因是可以使用毛细管来产生减压蒸馏时的汽化中心;另外,使用克氏蒸馏头时,从圆底烧瓶到冷凝管管路长且曲折,暴沸时液体不易冲出。减压蒸馏时,不能使用沸石来产生汽化中心,但可以使用电磁搅拌的方法(见图4-26)。另外,也可使用毛细管来产生汽化中心。安装时,取一具塞或磨口玻璃管,上端接有胶管及霍夫曼夹;下端被拉成毛细管,并将毛细管距圆底烧瓶底部2 mm左右位置截断,安装后的减压蒸馏装置见图4-27。通过霍夫曼夹的松紧调节进气量,伴随空气的进入，气流在毛细管中快速流动，引起毛细管在圆底烧瓶中的振动及小气泡的释放，避免暴沸现象。

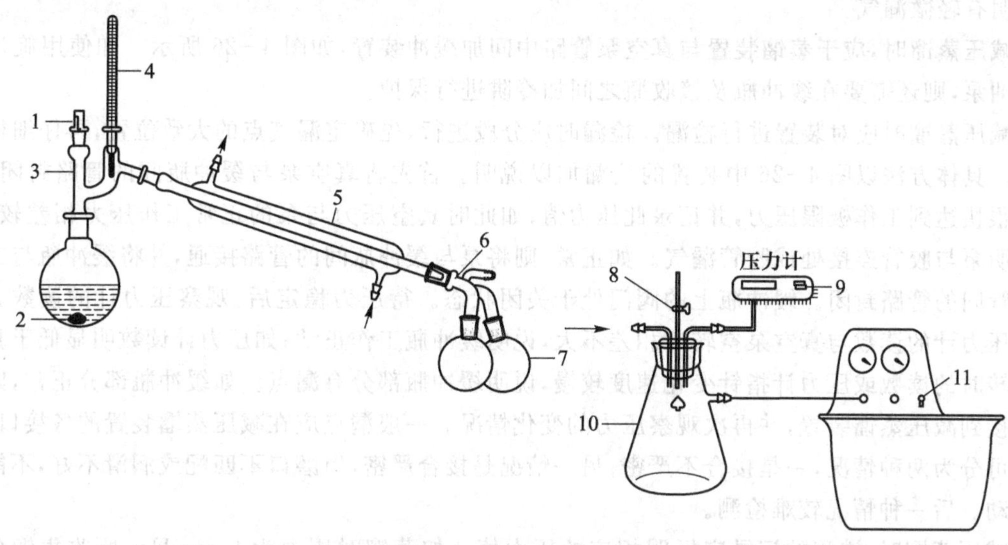

图 4-26 使用电磁搅拌时的减压蒸馏装置图

1—空心塞；2—磁子；3—克氏蒸馏头；4—磨口温度计；5—冷凝管；6—二叉接引管；7—接收瓶；8—放空阀；9—压力计开关；10—缓冲瓶；11—真空泵开关

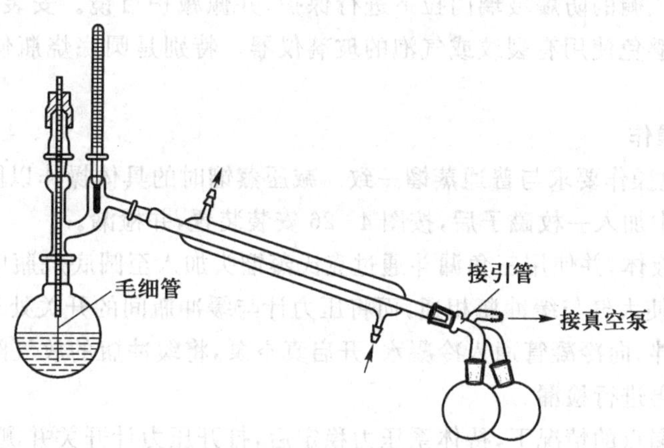

图 4-27 使用毛细管时的减压蒸馏装置图

在减压蒸馏时，为防止在温度计处漏气，一般使用磨口温度计，特别是在高真空蒸馏的情况下。

为避免在破坏真空下更换接收瓶，一般使用多叉的接引管，如在图 4-26 中使用二叉接引管。接引管中的分叉的数目一般与待收集馏分数目相关。较多馏分收集时需要使用特殊的接收装置。

减压蒸馏时使用的接收瓶不能使用锥形瓶，因其受力不均匀，易发生内爆。因此，接收瓶只能用圆底或梨形烧瓶。使用的圆底烧瓶体积应依据馏分体积的多少确定，并能保证在更换接收瓶时馏分不外流至其他接收瓶中。

在安装减压蒸馏装置时，应对各磨口进行良好的涂敷。在真空要求较高情况下，应使用真空硅脂（磨口涂敷方法见图 3-1 及相关说明）。涂敷后应保证在真空情况下磨口处能顺畅转动，否则说明有轻微漏气。

减压蒸馏时，应于蒸馏装置与真空泵管路中间加缓冲装置，如图 4-26 所示。如使用旋片式真空油泵，则还需要在缓冲瓶及接收瓶之间加冷阱进行保护。

减压蒸馏时应对装置进行检漏。检漏时应分段进行，先确定漏气点的大致位置，再仔细检查漏点。具体方法以图 4-26 中装置的检漏加以说明。首先将真空泵与缓冲瓶间的管路封闭，真空应很快达到工作极限压力，并记录此压力值；如此时真空压力与泵的正常工作压力相差较大，则说明泵与胶管连接处或胶管漏气。如正常，则将泵与缓冲瓶间的管路接通，并将缓冲瓶与二叉接引管间的管路封闭。缓冲瓶上的阀门处于关闭状态。待压力稳定后，观察压力计的读数。如此时压力计的读数与真空泵空转时相差不大，说明缓冲瓶工作正常；如压力计读数明显低于真空泵空转时的读数或压力计指针变化速度较慢，说明缓冲瓶部分有漏点。如缓冲瓶部分正常，则将管路接到减压蒸馏装置，并再次观察压力的变化情况。一般漏点应在减压蒸馏装置的各接口处。漏气可分为两种情况，一是接合不严密；另一情况是接合严密，但磨口不匹配或润滑不好，不能顺畅转动。后一种情况较难检测。

减压蒸馏时，沸程的记录应标明相应的压力值。如蒸馏时压力为 8 mmHg，所收集馏分的沸点为 71.2～73.0 ℃，则记录为 71.2～73.0 ℃/8 mmHg。

注意：在减压操作时，所使用的玻璃仪器均受到大气的压力，有内爆的风险。操作时尽量在通风橱中进行，将通风橱的防爆玻璃门拉下进行保护，并佩戴护目镜。安装装置时，也应对所用玻璃仪器进行检查，避免使用有裂纹或气泡的玻璃仪器。特别是圆底烧瓶使用前应检查烧瓶底部是否有裂纹。

2. 减压蒸馏的操作

减压蒸馏的其他操作要求与普通蒸馏一致。减压蒸馏时的具体操作以图 4-26 为例说明：

① 在圆底烧瓶中加入一枚磁子后，按图 4-26 安装装置，并检漏。

② 称量待蒸馏液体，并使用三角漏斗通过克氏蒸馏头加入至圆底烧瓶中。将缓冲瓶上的放气阀置于开启位置，使大气与缓冲瓶相通，而将压力计与缓冲瓶间的开关处于关闭状态。

③ 开动电磁搅拌，向冷凝管通入冷凝水，开启真空泵，将缓冲瓶的放气阀缓慢关闭。

④ 按前述方法再进行检漏。

⑤ 在体系没有漏点的情况下，待体系压力稳定后，打开压力计开关并测量准确压力；旋转接引管，使只有一个接收瓶处于接收位置；开启加热开关，调节加热电压。

⑥ 控制蒸馏速度，接收各馏分，记录馏分的沸程与相应压力。具体要求与蒸馏操作相似。

⑦ 蒸馏完成后，停止加热，移除热源，并使蒸馏瓶降温至没有液体从冷凝管滴下；转动接引管，使两个接收瓶能平稳置于升降台面上。

⑧ 旋转缓冲瓶旋塞，放空并使体系压力与大气压一致；关闭真空泵，停冷凝水，停搅拌；先将接收瓶一并取下，稳妥放好，然后拆卸装置。

⑨ 称量接收瓶、蒸馏瓶中各部分物质的质量，并进行物料衡算。

3. 旋转蒸发

很多制备反应所得产品存在于低沸点溶剂的溶液中，在对产品进一步纯化前通常需要除去大量的溶剂。此时,一方面由于多数有机溶剂具有易燃性,另一方面为使反应产物免受不必要的加热影响,通常使用水浴或蒸气浴加热进行蒸馏。此时,使用旋转蒸发仪是较方便的。

旋转蒸发仪结构如图 2-25 所示。为减少溶剂的损失,常在高效冷凝器中通入-20~-10 ℃的冷却剂。使用时,将待脱溶剂的溶液加入到梨形蒸馏瓶中,装在仪器上,并用管口夹固定。蒸馏瓶在转动并接通真空泵后,下降高度,使蒸馏瓶接触水浴中的水,并开始蒸馏。蒸发的溶剂经高效冷凝管冷凝后在接收瓶中收集。

在旋转蒸发脱溶剂时,为防止暴沸液体污染旋转蒸发仪内部,经常在蒸馏瓶与旋转蒸发仪接合处加一缓冲球。

4.4.4 分馏

分馏是用分馏柱对沸点相近的混合物进行蒸馏的分离操作。分馏在实验研究及化学工业中有广泛的应用。目前,好的分馏设备可将沸点差 1~2 ℃的混合物分离。高效的分馏也被称为精馏。

分馏通过一次操作达到多次蒸馏效果,其原理与蒸馏原理相似。以甲苯与环己烷混合物蒸馏为例说明。将单次蒸馏所得到的料液 C 再蒸馏并冷却可得点 E,重复上述过程,从图 4-28 可知经多次蒸馏过程后蒸馏的料液浓度接近纯的环己烷。

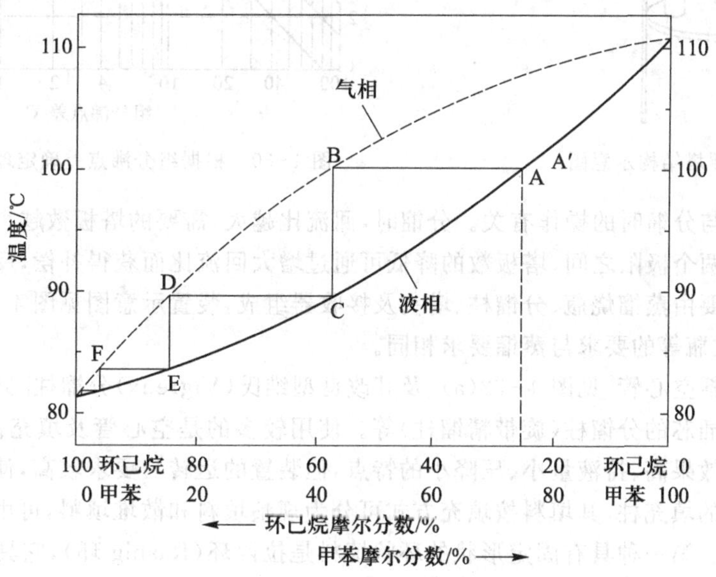

图 4-28 甲苯-环己烷混合物分馏时的组成沸点图

分馏操作需要使用特殊的装置。在泡罩塔中进行的分馏过程对理解分馏的原理是有帮助的,泡罩塔的结构如图 4-29 所示。一个塔板相当于一次蒸馏过程,下层的蒸气经蒸气气路进入塔板上的液相中,发生热交换,蒸气中高沸点组分被冷凝液化,而塔板上存留的液相中低沸点的组分被汽化,当塔板上液相高度超过溢流孔高度后,液相流入下层;低沸点组分的蒸气进入上层,高沸点组分再次被冷凝,而液相中低沸点组分被汽化。蒸气一层一层地穿过塔板,低沸点组分的浓度不断提高,直到在塔顶部可采集到纯度达到要求的组分。在分馏过程中,塔内不断伴随着物料的交换及热交换的过程。对分馏理论的更深入讨论可参见有关《化工原理》教材。

完全分离所需的理论塔板数还可根据混合物中待分离的组分与难除去的次要组分的沸点差推算，如图 4-30 所示。

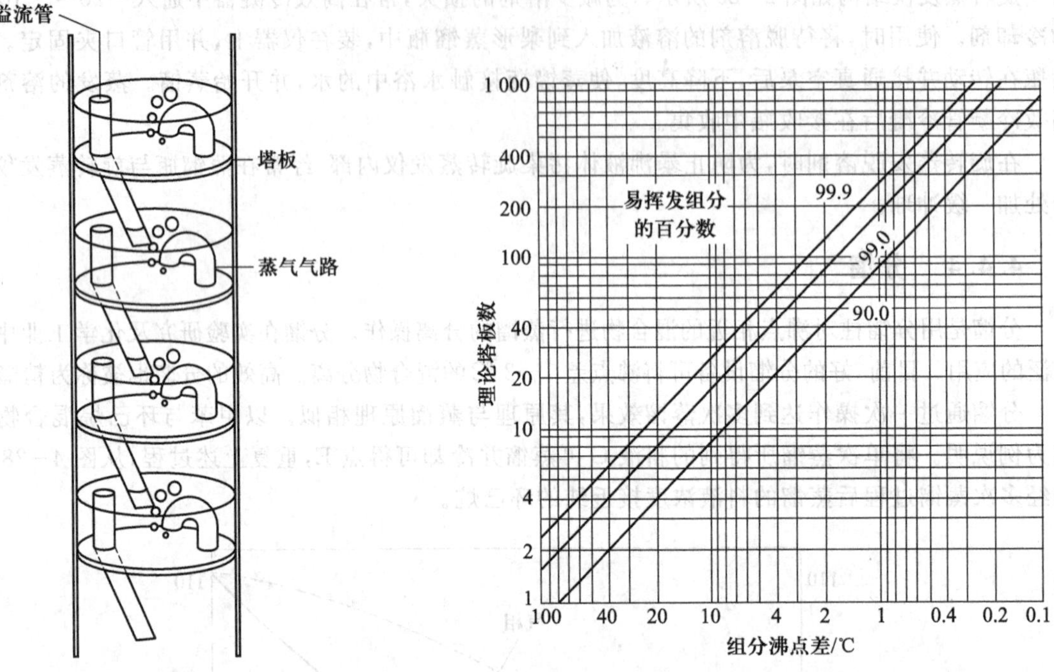

图 4-29 泡罩塔结构示意图

图 4-30 根据组分沸点差确定理论塔板数

完全分离还与分馏时的操作有关。分馏时，回流比越大，需要的塔板数越小。在最小塔板数与最小回流比这两个极限之间，塔板数的降低可通过增大回流比而获得补偿，反之亦然。

分馏装置主要由蒸馏烧瓶、分馏柱、塔头及接收器组成，装置示意图见图 4-31。其中分馏时所用的烧瓶、接收瓶等的要求与蒸馏要求相同。

分馏柱可包括空心管[见图 4-32(a)]及其改良型维氏(Vigreux)分馏柱[见图 4-32(b)]、填充柱及具有旋转插芯的分馏柱(旋带精馏柱)等。使用较多的是空心管及填充柱，而旋带式分馏柱虽然具有分离效果高、持液量小、压降小的特点，但装置的运转与要求较高，使用较少。

分馏时使用的填充柱，其填料按填充方式可分为规整填料和散堆填料，可由瓷、玻璃、金属及塑料等材质制成。第一种具有固定形状的环状填料是拉西环(Rashig 环)，它具有直径与高相等的圆环。

实验室中，常采用小型填料，即尺寸小于 10 mm 的小颗粒高效填料。这类填料的材质多采用金属丝、金属网或金属板，其形状为小的环形、三角形、鞍形或其他形状。常见的实验室用小型填料有 Q 网环填料、压延孔环填料、单圈螺旋填料、三角螺旋填料、金属丝网鞍形填料、多角螺旋填料、Helipak 填料和国产丝绕短形螺旋填料等种类。

这些填料中，目前国内应用较多的是 Q 网环填料、压延孔环填料和三角螺旋填料(见图 4-33)。填充时要注意填料的尺寸，分馏柱的直径应是填料颗粒尺寸的 8～12 倍。分馏柱中气液两相间的接触界面越大，两相间的传质和传热过程越好，柱的效率越高，但一般塔阻与塔的压力降也大。

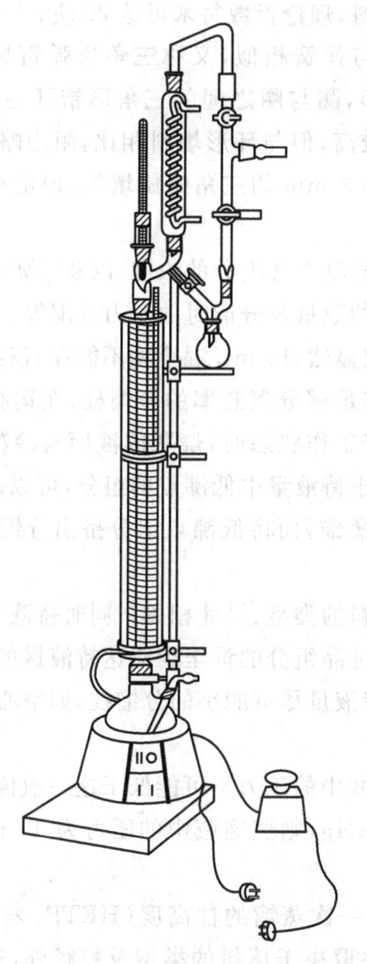
图 4-31 分馏装置示意图

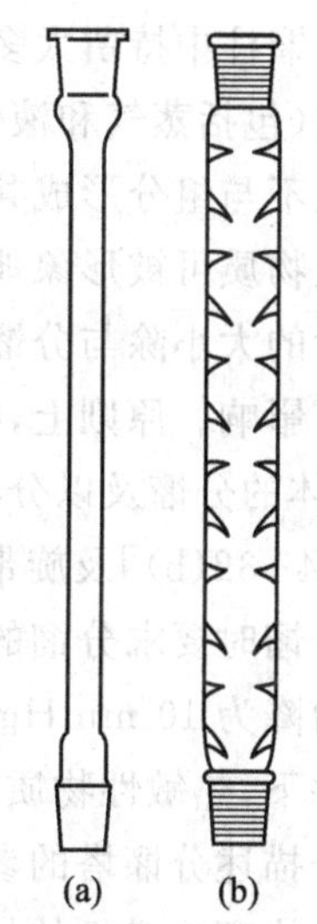

图 4-32 空心柱与维氏分馏柱

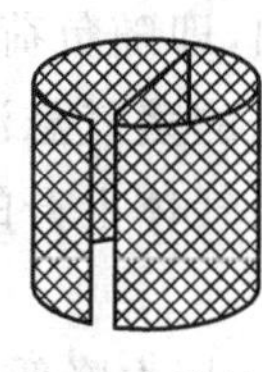
(a) Q网环填料

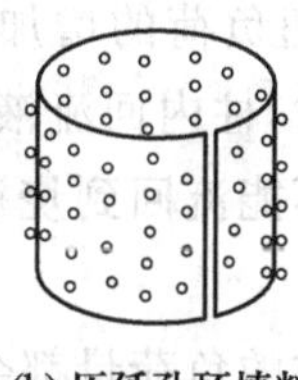
(b) 压延孔环填料

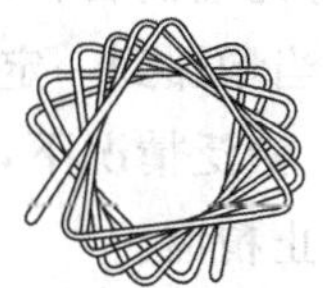
(c) 三角螺旋填料

图 4-33 实验室常用的小型填料

Q 网环填料又称狄克松环(Dixon ring)。由金属丝网做成、一般是 Q 形,由于丝网的毛细作用,使液体能很好地分散,可消除沟流现象。金属丝网一般用 60～100 目、环直径 1～6 mm。在直径<20 mm 分馏柱中,理论板数每米可达 50 块,是实验室中常用的高效填料。

压延孔环填料或卡农填料(Cannon packing)是一种小颗粒高效填料,是由冲有许多小孔的薄的金属片卷成,但冲孔时不去掉金属而使其突出,成为粗糙的表面。有利于液体在填料表面的润湿。因此它不像金属丝网填料式螺旋圈,在分馏前必须多次液泛使其润湿。它是一种用于实验室的高效填料。使用 3 mm×3 mm 的压延孔环填料,理论板数每米可达 20 块。

三角螺旋填料是用金属丝绕制而成的,其外形与弹簧相似,又称三角形弹簧填料。它与弹簧的区别在于绕制的每一圈不是圆形,而是三角形,圈与圈之间的三角形错开一定的角度,因此,从端面方向看是一个多角形。这种填料效率较高,但与环形填料相比,阻力略大,主要用于实验室。在直径为 18 mm 的分馏柱中使用 3 mm×3 mm 的三角螺旋填料,理论板数每米可达 50～80 块。

分离的难度取决于组分的相对挥发度、待分离混合物中各组分的浓度,以及所要求的馏出液纯度。分馏柱的确定则取决于分离的难度、被蒸馏物的数量及分馏时的压力范围等。

被蒸馏物的数量必须与分馏柱的大小相适应。很显然,10 mL 混合物不能在直径 50 mm 的分馏柱中进行分馏。然而,即便直径为 10 mm 且具有足够分离效率的分馏柱,在运行过程中也可能会在分馏柱中持留太多的液体。在蒸馏装置处于工作状态时,烧瓶的液面与冷凝管的液面之间的物质(包括蒸气和液体)的量,称为持液量。对于持液量中低沸点的组分,可以向烧瓶中加入高沸点且不与组分形成共沸的物质,通过对后者的蒸馏,而将低沸点组分挤出分馏柱,而后加入的高沸点物质可被形象地称为"夹带剂"。

持液量的大小除与分馏柱的尺寸相关外,还与填料的类型、尺寸相关。同时持液量的大小对于分离也有影响。原则上,待分离混合物中每个目标纯品组分的量至少应达持液量的 10 倍。因此,少量液体的分馏及以分析为目的的分馏,应选用持液量尽可能小的分馏柱,如空心管、维氏分馏柱[见图 4-32(b)]及旋带精馏柱。

真空分馏时要求分馏的压力尽可能小,因为蒸馏瓶中的压力不可能低于这一数值。例如,如果柱的压力降为 10 mmHg,柱顶测出的压力为 1 mmHg,则蒸馏瓶中的压力为 11 mmHg。在这样的条件下,热敏性物质就可能发生分解。

另一个描述分馏塔的参数是柱的效率,由能完成一次蒸馏的柱高度(HETP)表示。HETP 指相当于一块理论塔板的柱高(单位:cm)。HETP 除取决于填料的类型及粒径外,还取决于工作状态下的负荷。这里的负荷是指单位时间内烧瓶中液体的蒸发量,它等于馏出液与回流液量的和。对于大多数的分馏柱而言,HETP 随负荷的增加而增加,即随负荷增加而塔效降低。蒸发量加大,负荷增加。当增加到一定程度时,柱内回流液被上升的蒸气悬浮于分馏柱中,此时分馏柱的情况称为液泛。液泛情况下,液体不能流回到烧瓶中,而气体上升的阻力也明显变大,存在很大危险,需立即终止精馏。

减压分馏的情况下,任何类型的分馏柱的负荷量都会降低。压力降低情况下,相同量的物质产生的蒸气体积变大,上升速度变快。

理想的分馏柱,应具有高的理论塔板数(即低的 HETP)、较高的物料通过量及较低的持液量,同时操作时效率不随回流比的降低而损失过大。因此,需综合考量上述各因素,同时考虑价格及可操作性等因素。

在减压分馏过程中,应注意尽可能保持运行期间压力恒定,有条件的情况下,可使用恒压器等。

分馏柱在运行过程中,如能使分馏柱在与外界没有热交换的绝热状态下进行,则可获得最佳的柱效率。待蒸馏物质的沸点约 80 ℃时,可用石棉绳、玻璃绒等包裹分馏柱或用简单的空气夹套进行保温。更好的办法是使用镀银的真空夹套或电热套。电热套的加热只是用以补偿散失的热量，绝不应使柱温升高。故电热套的温度应维持在比柱内温略低。

分离所需要的回流比可由图解法获得。在实验室的操作中，最佳回流比应近似等于分离所必需的理论塔板数。如所使用分馏柱的理论塔板数高于分离所必需的塔板数，则回流比可降低一些。使用分馏塔头可方便控制回流比。不用塔头时，一般只能进行很简单的分离，适用于组分的沸点之差超过 40 ℃时，且对馏出物的纯度要求不超过 95%的情况。

4.4.5　水蒸气蒸馏

蒸馏和分馏技术适用于分离完全互溶的液体混合物，而要分离完全不互溶物系，水蒸气蒸馏是一种较简便的方法。

在完全不互溶物系（如氯苯和水形成的混合物）中，各组分的性质差别很大，基本上互不影响，其蒸气压与单独存在时一样，只与温度有关，不随另一组分的存在和数量变化。根据 Dalton 分压定律，该总蒸气压等于各组分蒸气压之和：

$$p=p_A+p_B$$

式中，p 为总蒸气压；p_A、p_B 分别为水和不溶于水物质的蒸气压。当总蒸气压等于外界压力时沸腾。此时的温度即该混合物的沸点。由于总蒸气压恒大于任一组分的蒸气压。因此，混合物的沸点必定较任一组分的沸点低。这样在低于 100 ℃的情况下，被蒸馏物就随水蒸气一同被蒸出。因为两者不互溶，所以冷凝下来很容易分开。这种蒸馏方法被称为水蒸气蒸馏。水蒸气蒸馏，不仅降低了物系的沸腾温度，而且能防止其分解。蒸馏过程中，由于混合蒸气中各个分压之比等于它们的物质的量之比：

$$\frac{p_B}{p_A}=\frac{n_B}{n_A}$$

式中，n_A、n_B为水和相对被分离物质的物质的量，而 $n_A=\frac{m_A}{M_A}$，$n_B=\frac{m_B}{M_B}$。因此：

$$\frac{m_B}{m_A}=\frac{n_BM_B}{n_AM_A}=\frac{p_BM_B}{p_AM_A}$$

式中，m 表示质量；M 表示摩尔质量，下标 A 表示水；B 为被分离物质。

由此可以看出，两种物质在馏液中的相对质量比与它们的蒸气压及摩尔质量的乘积成正比。由于水具有低摩尔质量和较大的蒸气压，它们的乘积 p_AM_A 很小，这样就可能分离较高摩尔质量和较低蒸气压的物质。以苯胺为例，苯胺沸点为 184.4 ℃，与水一起加热至 98.4 ℃时沸腾，此时水的蒸气压是 95.7 kPa(718 mmHg)，苯胺蒸气压是 5.6 kPa(42 mmHg)，水和苯胺的摩尔质量分别为 18 g・moL^{-1}和 93 g・moL^{-1}，代入可得

$$\frac{m_B}{m_A}=\frac{p_BM_B}{p_AM_A}=\frac{93\ \text{g}\cdot\text{mol}^{-1}\times 42\ \text{mmHg}}{18\ \text{g}\cdot\text{mol}^{-1}\times 718\ \text{mmHg}}=0.32$$

计算结果表明，每蒸出 1 g 水就可以同时蒸出 0.32 g 苯胺。苯胺微溶于水，计算值是近似值。

水蒸气蒸馏必须具备以下几个条件：

① 有机物不溶于水或微溶于水；

② 长时间在水中煮沸，不与水起化学反应；

③ 在近 100 ℃时化合物有一定的蒸气压，至少要有 0.663～1.33 kPa (5～10 mmHg)。

水蒸气蒸馏装置如图 4-34 所示，主要由水蒸气发生器、水蒸气导管与三口瓶上加装的蒸馏装置组成。水蒸气通过三口瓶侧管引入至蒸馏装置中圆底烧瓶的底部。在水蒸气导管中间应连有 T 形管，并使 T 形管处于水蒸气导管的最低位置。在下口处使用霍夫曼夹夹紧(见图 4-34)，在水蒸气蒸馏操作过程中，水蒸气会被冷凝成水并阻塞导气管，应及时开启霍夫曼夹将水放掉。水蒸气导管的长度越短越好，可以减少水蒸气的热损失和冷凝。在水蒸气发生器上应加装约 50 cm 的安全管。

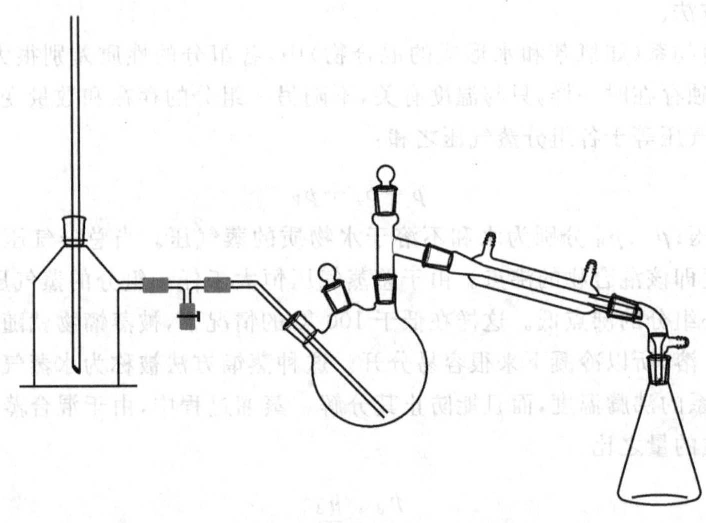

图 4-34　水蒸气蒸馏装置示意图

在水蒸气蒸馏时，最好先将待馏液加热至接近沸腾；在蒸馏时(特别是长时间的蒸馏)过程中，在通入水蒸气的同时仍需继续加热。对蒸馏装置的加热可以防止因吹入的水蒸气过多的冷凝而增加蒸馏烧瓶中物料的装填量。

由于水的相变焓较大，应使用高效的冷凝管或加大冷却液的流速。蒸馏一般进行至馏出液不再含有油珠而且澄清时停止。停止蒸馏时，应先将霍夫曼夹打开或将水蒸气发生器与水蒸气导管连接处断开后，再关水蒸气的加热，以免蒸馏装置中的残液倒吸。

少量物质的水蒸气蒸馏可使用蒸馏装置进行。如水量不够，还可以使用滴液漏斗补加水。

操作时，将待蒸馏的物质(如 5 g 苯胺)加至三口瓶中，水蒸气发生器中加 1/3～2/3 水。打开霍夫曼夹，加热水蒸气发生器，使其中的水沸腾；同时对蒸馏装置中的三口瓶预热。关闭霍夫曼夹，水蒸气被导入蒸馏装置。同时，水蒸气发生器的的压力上升，安全管内的水柱不断波动。控制水蒸气发生器的加热量，使蒸馏过程平稳进行。同时，注意观察 T 形管处水的量，应及时除去冷凝下来的水(注意：戴棉手套或垫抹布操作，避免烫伤)，防止导气管的阻塞。蒸馏至馏出液没有油状物且溶液呈澄清透明时可停止蒸馏。停止时，打开霍夫曼夹，放空；断开气源，关闭加热电源。馏出液使用分液漏斗分离。

4.4.6 共沸蒸馏

很多互溶二元体系偏离理想状态，其气液平衡不符合 Raoult 定律。有一些会发生正偏差，其总蒸气压在某个组成下达到最大值。此时，组成与此最大蒸气压相对应混合物的沸点将比任何一个纯组分（或任何其他组分的混合液）的沸点低，所形成的是最低共沸点的共沸物。反之，如果某互溶系统的总蒸气压在某一组成下达到最低点（对 Raoult 定律形成负偏差），则该系统便将具有最高的恒沸点，如各种卤化氢的水溶液（如 20.22%盐酸，共沸点 108.6 ℃；47.5%氢溴酸，共沸点 126.0 ℃；57%氢碘酸，共沸点 127.0 ℃）。

由于共沸混合物的气相与液相具有相同的组成，因此共沸物不可能通过蒸馏而分离为纯组分。

借助共沸混合物的形成可将混合物中的某一组分带出，即共沸蒸馏。利用共沸蒸馏脱水干燥是一种常用的实验手段。通常将一种既能与水形成共沸混合物，而在冷却时又与水不互溶的物质，如甲苯，加入待干燥的物质内，然后将混合物置于图 4-35 装置中加热至沸腾，水与甲苯形成共沸混合物而被蒸出（沸点 84.1 ℃），冷却后水与甲苯分离而沉于分水器的底部，而上层的甲苯流回烧瓶内。

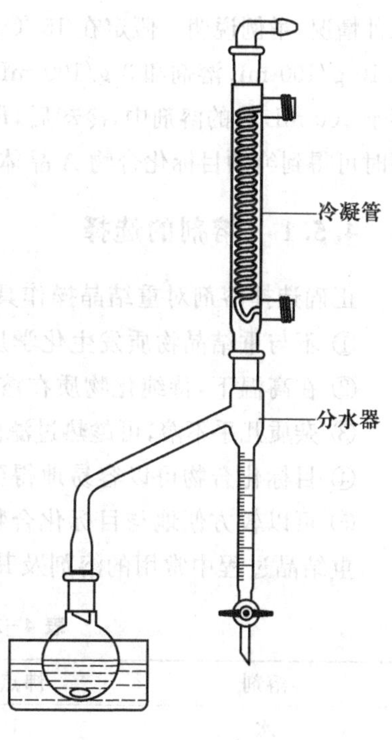

图 4-35 分水装置

对于某些生成水的化学反应，可借助分水器放出的水量观察反应的进程，且可促进反应平衡向生成水的方向移动。常用的“带水剂”有甲苯、二甲苯、四氯化碳和氯苯等。使用密度比水轻的带水剂，可以使用图 2-18(a)的分水器，并按图 4-35 安装装置；密度比水大的情况，需使用图 2-18(b)所示的分水器，在实验开始之前，刻度管内应首先注满适当的带水剂。如所需移除的水量较大，则需要其他专门的装置。

对于能与水形成共沸物的溶剂，在要求不十分严格的情况下，可简单地用蒸馏法干燥：弃去混浊的馏出液，直到馏出液澄清为止。

4.5 重结晶

重结晶是分离提纯固体有机化合物的一种重要的、常用的分离方法。对有机反应混合物处理后所得到的固体，极少情况下是纯净的，固体物质中常会混有一些其他化合物（常称为杂质）。杂质通常是在合成目标化合物时由其他副反应所产生的。通常可选用适当溶剂或混合溶剂重结晶的方法除去这些杂质。

重结晶的原理是利用混合物中各组分在某种溶剂或混合溶剂中溶解度不同而达到分离目的的。最简单的重结晶操作应包括以下过程：① 在适当溶剂的沸点或接近沸点的情况下待纯化的有机化合物溶解度最大；② 过滤除去不溶物及灰尘等；③ 将热的溶液冷却而使待纯化的有机化合物结晶析出；④ 将晶体与母液分离。所得晶体干燥后，进行纯度分析。纯度的表征通常是通过测定熔点，也可使用光谱学方法及色谱学方法（如 TLC、GC 和 HPLC 等）。如结晶中还有杂质，对所得固体再进行重结晶，并测定熔点。如两次重结晶的熔点没有变化，则可认为纯度没有变化。

对于重结晶的原理，可以通过举例加以理解。假定杂质在固体粗产品中所占比例较小，通常的情况是少于 5%。为简化问题，假设固体混合物中只有两种物质。其中，用 A 表示纯的目标产物，而用 B 表示杂质，且 B 只占到总量的 5%。在特定的溶剂中，目标产物 A 的溶解度 s_A 与杂质 B 的溶解度 s_B 是不同的，且相互间没有影响。根据溶解度的不同，可能存在两种情况。一种情况是杂质 B 更易溶于给定的溶剂中，即 $s_B>s_A$，不难想象，经几次重结晶后，混合物中的 A 可以得到较纯的结晶，而杂质 B 被留存于母液中。而另外一种情况是杂质 B 的溶解度较差，即 $s_A>s_B$。对于第二种情况，举例说明。假定在 15 ℃温度下，目标化合物 A 及杂质 B 在给定的溶剂中的溶解度分别为 10 g/100 mL 溶剂和 3 g/100 mL 溶剂。如果将 50 g 粗产品（其中含 47.5%的 A 和 2.5%的 B）溶于 100 mL 热的溶剂中，冷却后，母液中含有 10 g 的 A 和 2.5 g 的 B，即所有杂质均溶于母液中；同时可得到纯的目标化合物 A 晶体 37.5 g。

4.5.1 溶剂的选择

正确选择溶剂对重结晶操作具有很重要的意义，能被用于重结晶的溶剂应具备以下特征：

① 不与重结晶物质发生化学反应；

② 在高温下，待纯化物质在溶剂中溶解度大，而在低温时溶解度相对小；

③ 杂质几乎不溶，可趁热过滤除去，或杂质在低温时极易溶解在溶剂中，不随目标产物析出；

④ 目标化合物可以容易地得到较好的晶形；

⑤ 可以较方便地与目标化合物晶体分离并除去，如溶剂具有相对低的沸点。

重结晶过程中常用的溶剂及其沸点见表 4-2。

表 4-2 重结晶过程中常用的溶剂及其沸点

溶剂	沸点/℃	备注
水	100	适于任何情况
甲醇	64.5	可燃，有毒
乙醇	78	可燃
工业酒精	77～82	可燃
精制酒精	78	可燃
丙酮	56	可燃
乙酸乙酯	78	可燃
乙酸（冰醋酸）	118	难燃，辛辣气味
二氯甲烷	41	不可燃，有毒
氯仿	61	不可燃，蒸气有毒
乙醚	35	可燃，任何情况下均应避免使用
苯	80	可燃，蒸气毒性较大
二氧六环	101	可燃，蒸气有毒

续表

溶剂	沸点/℃	备注
四氯化碳	77	不可燃,蒸气有毒
石油醚	40～60	可燃
环己烷	81	可燃

待提纯物应微溶于冷溶剂而易溶于热溶剂,而杂质应有尽可能高的溶解度。以下为选择重结晶溶剂的一般性原则(尽管有时也有例外):

① 相似相溶——溶剂与待溶解物的化学及物理性质越接近,待溶解物质越易溶于溶剂中;

② 在同系物中化合物随碳原子数增加,它们溶解性与碳数相对应的烃接近;

③ 极性物质易溶于极性溶剂,而难溶于非极性的溶剂中,反之亦然。表 4-2 中所列的溶剂按极性下降的顺序排列。

如溶剂的类型和用量均不能确定,应该先用试管进行探索实验。其方法是:取 0.1 g 欲重结晶的固体放入试管(75 mm×11 mm 或 110 mm×12 mm)中,滴加所试溶剂,并不断振荡。当加入 1 mL 溶剂时,固体于室温下或轻微加热的情况下就溶解,则该溶剂溶解能力太强,不宜选做重结晶溶剂;按每份 0.5 mL 加入更多的溶剂,每次加入都加热至沸腾。如果补加溶剂到 3 mL 并加热至沸腾,如固体仍不溶解,则可认为固体微溶于该溶剂,此时应考虑其他溶解性更好的溶剂。如果加入 3 mL 溶剂后,沸腾时固体全部溶解或几乎全部溶解,此时应将试管冷却,然后观察是否有结晶析出。在短时间内,如果没有结晶析出,也许缺少晶体生长所需的晶核。此时应使用玻璃棒刮擦试管中液面下的试管壁,试管壁上的小划痕可以对晶体生长起到良好的晶核作用。如果几次刮擦几分钟并在冰盐混合物冷却后,结晶依然没有出现,那么这种溶剂也不适合。当有晶体析出时,应当记录溶剂及固体的量。使用其他的溶剂,进行与上述过程相同的实验,直到找到最佳溶剂,并记录最佳的溶质与溶剂比例。当固体在沸腾时全部溶解,冷却后析出的结晶又快又多,此种溶剂为最合适的溶剂。

如果很难选择出适宜的纯溶剂,可以考虑用混合溶剂。混合溶剂一般由两种能相互溶解的溶剂组成,被提纯物质易溶于其中一种溶剂,而难溶于另一种溶剂。先将被提纯物质溶于易溶溶剂中,沸腾时趁热逐渐加入难溶的溶剂,至溶液变混浊,再加入少许易溶剂,溶液又变澄清(在此过程中维持溶液微沸)。过滤、冷却,使结晶析出。使用混合溶剂(或溶剂对)时要求溶剂间溶解,常用的混合溶剂见表 4-3。

表 4-3 重结晶时常用的混合溶剂

混合溶剂	混合溶剂
醋酸-水	乙酸乙酯-环己烷
乙醇-水	丙酮-己烷
丙酮-水	乙酸乙酯-己烷
二氧六环-水	甲基叔丁基醚-己烷
丙酮-乙醇	二氯甲烷-己烷
乙醇-甲基叔丁基醚	甲苯-己烷

4.5.2 重结晶的步骤

1. 溶剂的确定

在通过查阅参考文献或通过实验的方法（见 4.5.1）确定最佳溶剂以后，可进行重结晶实验。

2. 固体的溶解

为减少待重结晶物在母液中的溶解损耗，需要使用尽可能少的溶剂，使溶剂与待重结晶物形成饱和溶液。这样当溶液冷却时，可以得到最大量的溶质结晶。要达到这样的目的，应将溶剂加热至沸，并在待重结晶物溶解于最小量的沸腾溶剂中。如果考虑后续热过滤过程带来的溶剂挥发及可能的温度降低而引起溶解度降低的影响，一般需要多加 20%左右的溶剂才能顺利完成后续热过滤步骤。溶解时，在一个大小适宜的圆底烧瓶中加入待重结晶固体，以及比实际需求量略少一些的溶剂，并加入几颗沸石防止暴沸。装回流冷凝管，在水浴上或电热套上将混合物加热至沸；通过冷凝管上口补加溶剂并加热回流，直至得一澄清溶液（不溶杂质除外）。如果使用的是易燃性溶剂，则在此过程中，应远离明火。

3. 活性炭脱色

有机反应中常会产生一些相对分子质量较大的有色杂质。有色杂质混在待重结晶的粗品中，溶解时使溶液的颜色变深；在析出晶体时，有色物质也会伴随析出，所得产品结晶颜色较深。另外，溶液中会存在某些树脂状物质或其他不溶的杂质微粒，使过滤困难。这两种情况均需要使用活性炭处理。

一旦将待重结晶物溶于最小量的溶剂后，让所形成的热溶液稍冷却且无沸腾现象，加入少量的活性炭。切忌将活性炭加入至沸腾的溶液中，否则会引发暴沸致使溶液冲出容器。活性炭的用量与溶液的颜色、杂质的量相关，一般加入量为粗产品固体量的 1%～5%，活性炭也会吸附产品，使产率下降，故用量不宜太多。加入活性炭并搅拌后，溶液呈现活性炭的黑色，难于观察溶液的颜色。为使活性炭充分吸附有色杂质，加入活性炭后煮沸 5～10 min，并趁热过滤。如果活性炭加入量适中，在加热后，观察溶液的边缘，应看到溶液呈灰白色。若发现经活性炭脱色并热过滤后，溶液的颜色仍较深，可再用活性炭处理。

4. 悬浮固体的滤除

为除去溶液中的不溶性杂质及活性炭等不溶物，可以使用几种方法：过滤、减压过滤、倾泻法和使用滴管法。

① 倾泻法大多数情况下从热溶液中移除不溶物是可行的。特别在如 Na_2SO_4 颗粒状固体的情况下。倾泻后残存在烧瓶或锥形瓶中的固体，应使用几毫升的溶剂淋洗，尽可能回收多的产品。

② 热过滤最常用的方法是使用折叠滤纸过滤的方法除去溶液中的不溶物（见图 4-8）。使用这种方法主要是除去溶液中细小的活性炭颗粒、灰尘等。热过滤详细操作过程参见 4.1.2。

5. 结晶

热过滤后的溶液经浓缩后，形成在溶剂沸点下的饱和溶液。在结晶前注意将煮沸和浓缩时所加入的沸石等移除。

浓缩后所得到的饱和溶液，缓慢冷却至室温。在降温过程中，结晶应立即开始。如此时没有结晶析出，应向饱和溶液加入晶种或使用干净的玻璃棒刮擦液面下的器壁。结晶一旦开始后，应缓慢降温并避免搅动容器,确保形成大的晶体。如果在结晶过程中晃动锥形瓶,则会形成许多晶核,所得的结晶会变得细小且具有较大的比表面积。细小的结晶不易过滤且洗涤困难。

在室温下一旦不再有结晶析出,应将锥形瓶夹住,并用冰浴冷却,以期得到更多的结晶。

6. 结晶的收集及洗涤

结晶一旦完成,应立即将结晶与冷的母液进行分离,并用冰预冷的少量溶剂进行洗涤。

7. 结晶的干燥

重结晶后,产品需进行干燥后才能进行测试与表征。具体的干燥方法参见 4.3.3。

4.6　升华

升华是将具有较高蒸气压的固体物质在熔点以下加热,不经液态直接形成蒸气,再由蒸气冷凝直接变成固体的过程。常见的易升华的物质见表 4-4。

表 4-4　常见的易升华物质

化合物	熔点/℃	熔点下的蒸气压/kPa
干冰(二氧化碳)	−57	526.9
六氯乙烷	186	104
樟脑	179	49.3
碘	114	12
蒽	218	5.5
苯(固体)	5	4.8
邻苯二甲酸酐	131	1.2
萘	80	0.9
苯甲酸	122	0.8

能升华的物质不是很多,升华一般比蒸馏所需温度低,在纯化过程中物质不易被破坏。与重结晶相比,升华产物的纯度往往比较高,且更适用于少量物质的提纯。因此,如在易升华的物质中含有不挥发性杂质时,可以采用升华方法进行分离或精制。升华的缺点是操作时间长,损失较大。

研究物质的三相平衡图(见图 4-36)有助于深入地了解升华的原理。图 4-36 中,ST 是固相与气相平衡时的固相蒸气压曲线,TW 是液相与气相平衡时的液相蒸气压曲线。从图上可以看出,固体的蒸气压与液体的蒸气压均随温度的升高而增大。TV 是固相与液相的平衡曲线,表示压力对熔点的影响。不难看出,压力对熔点的影响极小。T 为三相点,在此点固、液、气三相可同时存在。一个物质的熔点是在大气压下固、液两相平衡的温度,和三相点的温度有差别,但差别通常只有几分之一摄氏度,所以一般可粗

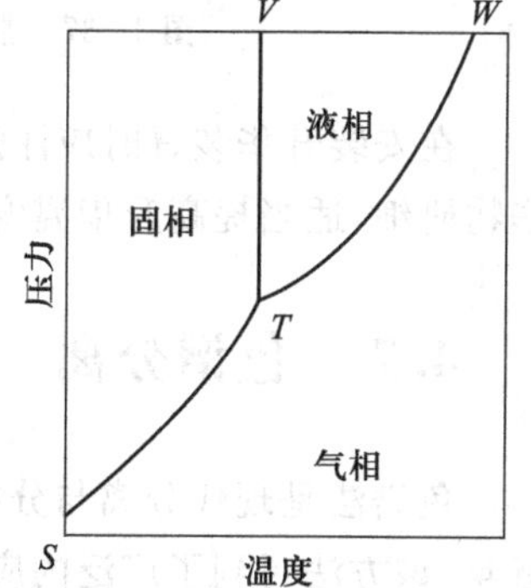

图 4-36　物质的三相平衡图

略地认为三相点的温度即为该物质的熔点。

不同物质的相图形状类似，但对应的温度和蒸气压的数据不相同，三相点的位置也有区别。

分析相图可以看出：从压力上看，如果在三相点以上的压力下加热时，物质自固态经液态再变为气态；而在三相点以下的压力下加热时，物质可从固态直接变为气态，冷却时又可直接变为固态。从温度上看，在低于三相点温度时，物质只存在固、气两相变化，所以一般升华过程都是控制在熔点以下的温度进行。在熔点以下缓慢加热，使固体的蒸气压不超过三相点的蒸气压，此时，固体就可以升华。

从升华的条件可以看出，在熔点以前，物质必须具有相当高的蒸气压，才会有好的升华效果，蒸气压越高，越易升华。例如，六氯乙烷（三相点温度 186 ℃，压力 104 kPa）在 185 ℃时，蒸气压已达到 100 kPa，因而在低于 186 ℃的温度下很容易升华。樟脑（三相点温度 179 ℃，压力 49.3 kPa）在 160 ℃时蒸气压为 29.1 kPa，这个蒸气压数据也不小，只要缓慢加热，使温度低于 179 ℃，它就可以不经熔化而直接汽化成气体，冷却后又变为固体，蒸气压可始终维持在 49.3 kPa 以下，直至升华完成。一般来讲，在低于熔点温度时的蒸气压应不小于 2.7 kPa，这样的物质才容易升华。

简单的升华装置可由罩有漏斗的蒸发皿组成[见图 4－37(a)]。漏斗的直径稍小，其颈部疏松地塞一些脱脂棉。蒸发皿和漏斗之间放置一张穿有许多小孔的圆形滤纸，可使固体的蒸气通过，而防止升华物质回落到蒸发皿中。图 4－37(b)也是常见的升华装置。常压下不易升华或升华较慢的物质，采用减压升华（装置见图 4－38），往往也可以得到满意的效果。

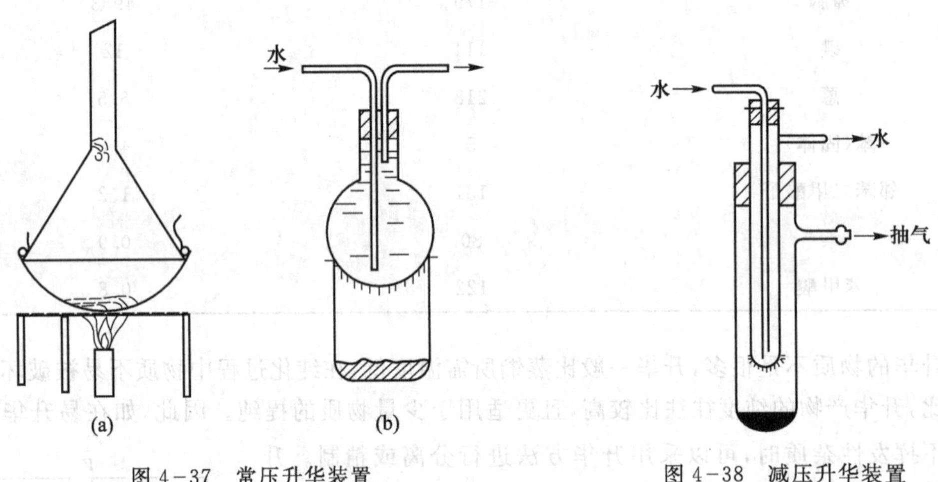

图 4－37 常压升华装置

图 4－38 减压升华装置

在安装升华装置时应注意，从升华室到冷却面的距离应尽可能短，以便提高升华速度。将升华物研细，适当提高升华温度也能使升华加快。在任何情况下，升华温度都要低于物质的熔点。

4.7 色谱分离

色谱法是现代分离与分析的重要方法之一，它起源于 1906 年，由俄国植物学家茨维特建立。近年，该方法得到了广泛的应用，至今报道的各种近代色谱法已有几十种。色谱法作为一种分离技术，主要用于混合物的分离及分析。根据分离过程的工作原理，色谱法主要分为分配色谱及吸附色谱两种。分配色谱的工作原理可参照多效分配过程的示意图，如气相色谱属于气液分配色谱。吸附色谱则利用混合物在吸附剂上经过反复的吸附和解吸过程分离得到纯组分。

4.7.1 吸附与洗脱

吸附可理解为物质在固体表面的一种浓集现象。具有吸附能力的固体物质称为吸附剂，而被吸附的物质称为吸附质。按吸附剂与吸附质的作用本质，吸附可分为物理吸附与化学吸附。物理吸附过程中，是吸附剂与吸附质分子间以范德华力相互作用；而化学吸附指吸附剂与吸附质分子间发生化学反应，以化学键相结合。在吸附色谱中使用的主要是物理吸附。吸附剂与不同有机化合物亲和力不同，利用这一特点可将混合物分离。亲和力与吸附剂的极性及待分离化合物的极性密切相关。

吸附剂可分为非极性吸附剂和极性吸附剂两类：非极性吸附剂，如活性炭、某些有机树脂；极性吸附剂，如氧化铁(Fe_2O_3)、氧化铝、硅胶、糖类(淀粉、纤维素)。其活性按排列顺序递降。

实验过程中极性吸附剂使用较多，如硅胶、氧化铝。极性吸附剂对吸附质的亲和力随着吸附质的极性增大而增加。因此，水被吸附得特别牢固。且极性吸附剂的活性表面被水分子占据得越多，对其他极性比水低的物质的吸附力就越小。常用的极性吸附剂氧化铝有中性、酸性和碱性三种类型。随吸附剂含水量的不同，按活性可将其分为五级。各级的含水量为Ⅰ级(活性最高)0，Ⅱ级3%，Ⅲ级4.5%～6%，Ⅳ级9.5%，Ⅴ级13%。

物理吸附过程与吸附剂极性相关，同时也与化合物的极性相关。各类化合物对极性吸附剂的亲和力大致按下列次序递增：

卤代烃<醚<叔胺、硝基化合物<酯<酮、醛<伯胺<醇<羧酸

极性吸附剂从非极性溶剂中吸附有机化合物将比从极性溶剂中的吸附为强。反之，已被吸附的物质可以被溶剂从吸附剂上取代下来，要求溶剂对吸附剂的亲和力比吸附质强。将吸附质从吸附剂上解吸下来的过程，称为洗脱。洗脱过程通常需要使用有机溶剂来完成。按照溶剂从吸附剂上洗脱的能力，可将溶剂排成下列“洗脱力”顺序：

石油醚(已烷、戊烷)<环已烷<二硫化碳<四氯化碳<二氯乙烯<氯仿<乙醚(无水)<四氢呋喃<乙酸乙酯(无水)<丙酮(无水)<丁酮<正丁醇<乙醇<甲醇<乙酸<吡啶<有机酸

对非极性吸附剂活性炭而言，情况大致相反。

4.7.2 溶液的脱色

溶液脱色的目的是除去对反应主要产物的结晶有干扰的有色副产物，而这些有色副产物一般为相对分子质量较高的化合物。倘若这些杂质的物理和化学性质与主要产物有着显著差别，便可使用适当的吸附剂进行选择性地除去。溶液通过与吸附剂接触后，然后利用过滤、抽滤等固液分离手段将吸附剂与溶液分离，被吸附的杂质连同吸附剂可一并弃去，使溶液中的主要产物得到部分的纯化。

吸附剂的用量应保证有色杂质被充分吸附，并避免吸附过多的主要产物而造成损失。极性溶剂的溶液可用非极性的活性炭脱色，非极性溶剂(已烷到氯仿，参见“洗脱力”顺序)溶液用氧化铝等极性吸附剂等。

用活性炭对溶液进行脱色时，常以活性炭处理待脱色的热溶液，然后再搅拌或沸腾一段时

间。将活性炭加入热溶液时必须十分小心。需要将沸腾的溶液冷却，再向其中加入活性炭。否则由于活性炭所吸附的空气猛然放出，产生大量的泡沫，导致过热溶液暴沸。活性炭脱色时还应注意，敏感物质很容易被活性炭上所吸附的氧所氧化，在热溶液中更易发生此类反应。

吸附剂与溶液接触完成吸附后，吸附剂可使用过滤、抽滤或离心加以分离。过滤时，如吸附剂颗粒细碎，出现难以过滤的情况，必要时可加入硅藻土等助滤剂。在实验过程中，如发现溶液脱色不完全，可进行重复脱色。

使用氧化铝等脱色剂，还可将吸附剂装在短而粗的色谱柱内，或铺在布氏漏斗、烧结玻璃板漏斗中，再使待脱色的冷溶液通过吸附剂层。当整个吸附剂层由无色变为深色时，即表明它已失去吸附作用。

4.7.3 薄层色谱

薄层色谱(thin-layer chromatography，TLC)又称薄层层析，是从经典柱色谱和纸色谱基础上发展起来的一种吸附色谱技术，它兼备了柱色谱和纸色谱的优点，是快速分离和定性分析的一种很重要的实验技术。薄层色谱技术中所使用的吸附剂被平铺于一定尺寸的玻璃或其他材质的平板上，制备成薄层板。洗脱时所用的溶剂在薄层板上移动，对有机混合物进行分离。作为一种微量的方法，它只需要很少的样品，所费的时间也很少。该方法常用于监测反应的进行程度及柱色谱分离过程的条件筛选，是有机实验室中最常用的分析手段之一。

薄层色谱属于吸附色谱，其流动相又称为展开剂或洗脱剂，吸附剂被固定而称为固定相。首先是待分离的有机混合物通过点样过程被吸附于固定相上。当展开剂通过吸附有混合物组分的固定相时，组分、展开剂在固定相上存在吸附-解吸竞争。此时的吸附主要是物理吸附，因此是可逆的，且在一定条件下达到平衡状态。与吸附剂亲和力弱的有机组分，易于被展开剂从吸附剂上解吸，而进入展开剂，并随展开剂移动；而与吸附剂亲和力强的组分，不易被解吸；解吸的组分与展开剂进入下一段固定相中并建立新的吸附-解吸平衡，这种过程反复交替地进行。在上述吸附-解吸过程中，组分随展开剂移动的速度不同，最终被分离开来。

有机组分随展开剂移动的距离与纯展开剂的移动的距离之比称为比移值，以 R_f 表示，其计算公式如下：

$$R_f=\frac{d_s}{d_m}$$

式中，d_m 为从起始点至展开剂前缘的距离，而 d_s 为从起始点至物质斑点中心的距离(见图 4-39)。R_f 是每一个化合物的特征数值，可用于鉴定。但 R_f 值与展开剂的极性、温度及薄层板上吸附剂的致密程度有关，故重现性往往很差。如将标准样品与待鉴定样品置于同一薄层板上时，可克服重现性差的情况。

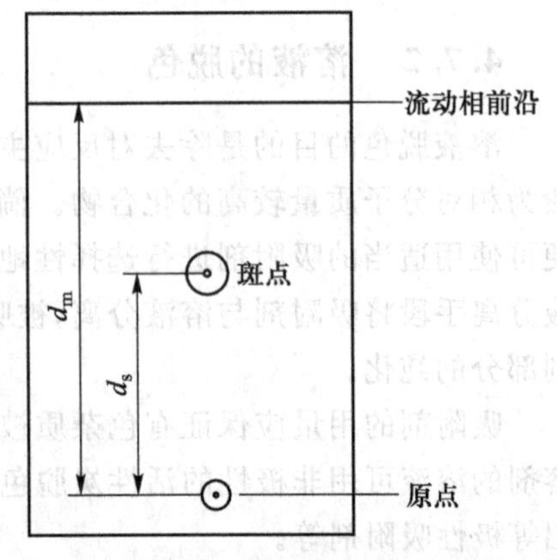

图 4-39 薄层色谱展开示意图

使用薄层色谱对有机化合物进行分离及鉴定时，一般经历制板、点样、展开和检定的过程。上升法薄层色谱的实验程序如下：

1. 制板

薄层色谱板按支持物的材质分为玻璃板、塑料板和铝板等；按固定相种类分为硅胶薄层板、键合硅胶板、微晶纤维素薄层板、聚酰胺薄层板、氧化铝薄层板等。固定相中可加入黏合剂、荧光剂。硅胶薄层板常用的有硅胶 G、硅胶 GF_{254}、硅胶 H 和硅胶 HF_{254}。G、H 表示含或不含石膏黏合剂。F_{254}为在紫外光 254 nm 波长下显绿色背景的荧光剂。按固定相粒径大小分为普通薄层板（10～40 μm）和高效薄层板（5～10 μm）。

薄层色谱中使用的吸附剂层载体一般是玻璃板（50 mm×200 mm，200 mm×200 mm），吸附剂主要是硅胶或氧化铝与石膏的混合物，其中石膏作黏合剂，将其加水调成糊状以备铺板。为了获得厚度均匀的涂层（250～500 μm），可以使用市售的涂布器。完成涂布的潮湿薄板于空气中干燥，然后在高温（100～150 ℃）下活化，除去水分以获得适当活性。用于分析的薄层板吸附剂厚度通常为 0.25 mm。吸附层的活性随含水量的降低而增加。经过活化的薄层板在使用前应保存于干燥器内。

薄层色谱使用的吸附剂通常是硅胶或氧化铝。硅胶的吸附性来源于表面的羟基，主要用于分离酸性、中性有机化合物；氧化铝的吸附性来自铝原子上的空轨道，多用于分离碱性或中性有机化合物。薄层色谱中使用的吸附剂粒径在 10～40 μm。

以硅胶薄层板的制备加以说明。制备薄层板时，一般使用专用的涂布器。准备干净且干燥的 200 mm×200 mm 玻璃板五块。另取 25 g 硅胶与 50 mL 蒸馏水置于锥形瓶中剧烈振摇 40 s。为增加薄层板的强度，也可加入 0.5%～1%的羧甲基纤维素钠（CMC）溶液代替蒸馏水进行配制。将所得的悬浮液立即倾入涂布器，在玻璃板上涂成均匀的薄层[玻璃板已预先顺次排列在工作垫板上，见图 4-40(a)，(b)]。所得薄层板置于空气中干燥，变得不再透明时（约 15 min），即可置于干燥箱中，缓慢升温到 100～150 ℃进行活化。

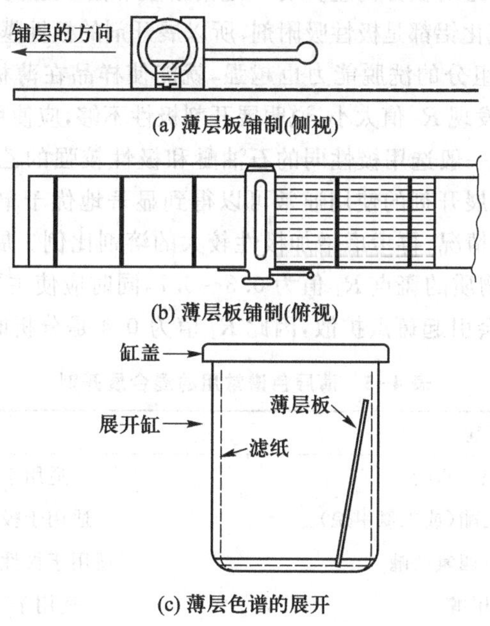

(a) 薄层板铺制(侧视)
(b) 薄层板铺制(俯视)
(c) 薄层色谱的展开

图 4-40 薄层板的涂布和使用

假如没有适宜的涂布器，则可按以下程序进行：将含有黏合剂的吸附剂以蒸馏水或 0.5%～1%羧甲基纤维素钠溶液按上述比例制成悬浮液，并将其倒在玻璃板上，尽可能涂匀，并可在木制桌面上轻轻敲击，使悬浮液铺满玻璃板。室温晾干后，置于干燥箱中活化。此法制备薄层板的优点是比较简便，缺点是 R_f 值的重现性较差。

薄层板除自己制备以外，也有市售成品可以购置。市售薄层板的成品吸附层致密程度远高于自制薄层板，分离效果及重现性较好，使用时可采用较小一点的规格，如 20 mm×50 mm 就能达到分离要求。

2. 点样

将待分离物溶于极性尽可能低的溶剂，配成约 1%的溶液。距自制薄层板底部 1.5～2 cm 处可用铅笔画一水平线，并将薄层板平置于实验台面上；用毛细管吸收样品溶液，并将毛细管垂直于薄层板，在距薄层板底边 1.5～2 cm 的水平线上，轻且快地点击，使所形成的点样点尽可能小（直径 2～3 mm）；当点击多个点样点时，彼此相隔 0.5 cm，边缘点与层析板侧缘的距离亦不小于 0.5 cm，避免相互干扰及产生边缘效应。

浓度太高或点样量大时，将使分离效果下降并导致拖尾现象；浓度太稀或点样量太少时，检测困难或无法观测。随吸附剂的活性和厚度的增加，可增加点样的量。如样品浓度较稀时，可在同一位置多次点样。重复点样时，应确定前一次点样后的溶剂挥发完毕，否则可能使点样斑点较大，分离后的色谱斑点大而浅，降低检测灵敏度。

点样后，应待样品中的溶剂在薄层板上挥发完全，再进行后续的展开过程。使用市售薄层板时，由于薄层板尺寸较小，以上过程中的数据相应变小一些。

3. 展开

薄层板展开前应确定展开剂，在选定了固定相后，展开剂的选择就成为影响分离效果的主要因素。选择展开剂时首先要考虑对被分离组分有一定溶解度和解吸能力，选择时应以"洗脱力"次序为指导原则。由于硅胶和氧化铝都是极性吸附剂，所以展开剂的极性越大，对吸附剂活性位的竞争吸附能力越强，对已被吸附组分的洗脱能力也越强，就能使样品在薄板上移动更远，产生较大 R_f 值。例如，在分离过程中常发现 R_f 值太小，说明展开剂极性不够，应使用极性再大一些的展开剂。

分离未知的混合物时，一般选用极性弱的石油醚和极性较强的乙酸乙酯或二氯甲烷组成混合展开剂（见表 4-5），混合展开剂的使用通常可以得到显著地优于单一展开剂的分离效果。先用石油醚展开，根据分离的情况，再考虑增加极性较大的溶剂比例。展开剂的极性大小调配原则是使待测定样品中的主要物质的斑点 R_f 值为 0.3～0.7，同时应使主要化合物之间 R_f 值差距较大。如果 R_f 值较大，可能会引起斑点扩散，因此 R_f 值为 0.4 是分析时的最佳值。

表 4-5　薄层色谱常用的混合展开剂

混合展开剂	备注
石油醚（或已烷）/乙醚	适用于非极性化合物
石油醚（或已烷）/乙酸乙酯（或二氯甲烷）	适用于极性略高的化合物
石油醚（或已烷）/四氢呋喃	适用于极性更高一点的化合物
二氯甲烷/甲醇	适用于高极性的化合物
氯仿/甲醇/1%氨水	适用于胺类

薄层板的展开一般用上升法，即将少量展开剂置于密闭的展开缸内，而将薄层板垂直置于缸内，展开剂利用毛细现象自下而上沿薄层板向上扩散，并进行展开。

展开在密闭的展开缸内进行[见图4-40(c)]，缸内的气氛必须为展开剂的蒸气所饱和。为缩短达到饱和所需要的时间，可将几片滤纸条衬于展缸的内壁并浸及槽内的展开剂，静置约30 min。展开时，薄层板浸入液体的深度必须达5～7 mm。

当展开剂移动的前沿达到一定高度后，将薄层板从展缸中取出，标记展开剂移动的前沿后，将薄层板晾干或使用吹风机吹干。在使用自制薄层板时，展开剂达到的高度约为10 cm；使用市售薄层板时，展开剂的展开高度以4 cm左右即可。

对于不含黏合剂的薄层，应该使用扁平的展开槽。此时，因为吸附剂层的机械稳定性较差，薄层板在扁平的槽内倾斜角较小，可以达到避免薄层脱落的目的。

4. 斑点的显色和检定

展开后的薄层板在干燥后再进行显色操作。有颜色的物质可在可见光下直接检视；对于无色的物质，可在紫外灯(365 nm或254 nm)下观察荧光斑点；无色物质且无法使用紫外灯观察时，可用喷雾法或浸渍法以适宜的显色剂显色，或加热显色，如用碘或溴的蒸气处理，或者喷以适当的试剂(浓硫酸、铬酸、高锰酸钾/硫酸等，更多的显色剂的选择参见8.6)，也可以干脆使其碳化(将薄层板加热至300～400 ℃)。显色后，用铅笔轻轻标记样斑的位置，计算R_f值

对于不含黏合剂的薄层板，最好趁它仍然潮湿的时候喷涂显色剂，因为这种薄层板上的硅胶不牢固，如待干燥之后再显色，就有可能使其遭到破坏。

薄层色谱的最大优点是简便、易行、快速，且分离效果好，在定性分析、定量分析、监测反应进程、制备纯样品、为柱色谱作条件实验等方面均可使用。

在定性分析中，主要依据R_f值。需要注意的是，在吸附剂、展开剂、薄层厚度、温度及其他操作条件尽量保持一致时的定性才有意义。最好用被测样品的标准品于同一薄层板上作对照，还要至少改变展开剂极性后再复核一次结果才是可靠的。

有机反应的进程，也可很方便地利用薄层色谱来监测。例如，从反应开始时，每隔一定时间，将反应液点在薄层板上并展开，同时应将原料纯品点样作对照。经显色后，如果检测不到原料斑点说明反应已完全。如果除了产物之外，还有其他斑点，可能是副产物或中间体。由产物斑点面积大小和深浅可用于产率的估计。

利用薄层色谱也可为柱色谱的操作确定操作条件。柱色谱是有机实验室中用于分离并制备一定量纯物质的最常用手段之一。柱色谱的操作条件，如吸附剂和洗脱剂的选择、组分的流出顺序及流出组分的纯度等，都可以用薄层色谱探索和检验。薄层色谱快速、方便，探索出的分离条件往往稍作改变即可用于柱色谱，因而常将两者结合使用，在定性分析、分离、制备一定数量的纯样品方面成为简便易行且有效的方法。

4.7.4 柱色谱

混合物经过吸附剂反复的吸附和解吸可被分离为纯组分。柱色谱属于吸附色谱，是一种有效的分离方法。柱色谱特别适用于分离少量物质，特别是在实验中不能通过蒸馏或重结晶而分开的、量少且结构复杂的化合物；另外，对于沸点很高或热稳定性差的化合物，也可利用柱色谱进行分离。

柱色谱是将吸附剂固定在柱状容器内形成固定相，而将流动相在重力或压力的作用下自上而下流过吸附剂，使混合物各个组分经过吸附剂，经历反复的吸附和解吸过程，最终得到分离的过程。分离的工作原理与薄层色谱一致。在理想情况下，每一组分都将集中在它自己的那一段狭窄的吸附层内，使用更多的洗脱剂可将各组分从柱内分段冲洗出来，该过程称为洗脱。

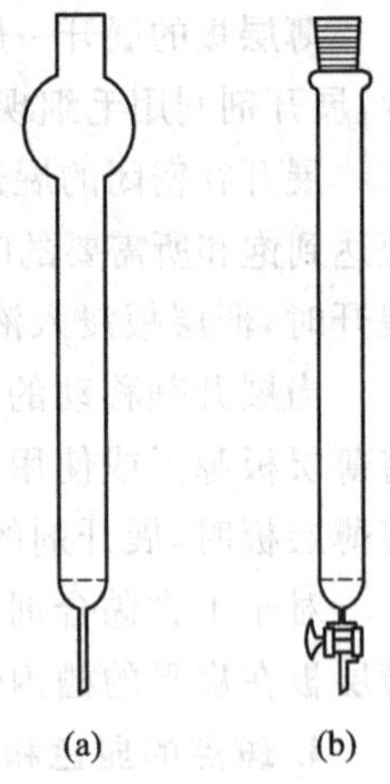

图 4-41 色谱柱

图 4-41 所示的玻璃管均可作为色谱柱，直径通常为 1.5～2.5 cm，长度与直径之比通常是 8～15。根据使用的吸附剂的用量，常用色谱柱的尺寸有 15 cm×1 cm，25 cm×2 cm，40 cm×3 cm 及 60 cm×4 cm。为防止吸附剂的脱落，玻璃管底部疏松地垫一层脱脂棉或玻璃绒，粗玻璃管则可加用多孔瓷板或砂芯板。

常用的柱色谱方法主要有普通柱色谱和快速柱色谱（flash chromatography）。

1. 普通柱色谱

在进行柱色谱分离前，根据待分离混合物的情况，使用薄层色谱确定分离条件，即吸附剂的种类、洗脱剂的种类及比例；另外，应根据待分离混合物的质量确定使用吸附剂的质量及色谱柱的规格。

准备工作：确定待分离样品的质量；根据薄层色谱分析结果，确定适宜的洗脱剂体系；同时根据薄层色谱分析，确定吸附剂的用量：如混合物中，目标产物与杂质的 R_f 值相差较大，易于分离，使用吸附剂的质量与样品的质量比可以为 20∶1，当 R_f 值相差较小，难以分离时，质量之比可以为 100∶1。在使用硅胶为吸附剂时，其密度随硅胶孔径及颗粒大小变化，其密度一般在 0.2～0.5 g/mL，最好使用称量法确定吸附剂的质量。根据吸附剂的用量确定使用色谱柱的规格：通常的色谱柱中吸附剂的填充高度为 10～25 cm，高径比为 8～15。

装柱：在柱色谱中使用的吸附剂通常是氧化铝和硅胶。安装在色谱柱中的吸附剂应填充得非常均匀，这对分离效果非常重要。应绝对避免固定相中出现空气泡、疏密不匀或裂缝。装柱方法按吸附剂加入色谱柱时的方式可分为干法和湿法。

干法装柱时，如色谱柱中没有砂芯板，则将脱脂棉或玻璃棉塞在色谱柱底部，并覆盖约 0.5 cm 厚石英砂。通过漏斗，将一定粒径（一般使用 100～200 目为宜）的吸附剂粉末（如硅胶）一次性加入到色谱柱内，均匀敲击或振荡使吸附剂填充均匀且密实堆积，在吸附剂上层加入约 0.5 cm 厚石英砂。加入石英砂可以使样品均匀流入吸附剂表面，且可避免色谱柱表层变形。从色谱柱顶向色谱柱中加入洗脱剂并开启底部的旋塞。洗脱剂在重力作用下向下流动，并使之完全浸润吸附剂。在此过程中，应确保色谱柱中的吸附剂始终浸没于洗脱剂中。浸润过程一般是放热过程，不宜进行得太快，尽量不要在顶部施加压力或底部施以真空，以防止色谱柱中出现开裂的情况。此时，如所装色谱柱均匀，被洗脱剂浸润形成的边缘呈水平状。

湿法装柱的过程是将吸附剂与洗脱剂（质量比约为 1∶1.5）调成浆状，除去气泡，然后将此悬浮液慢慢地倒入已经装有少量洗脱剂（约 8 cm 高）的色谱柱内，同时使用胶棒均匀地敲击色谱柱。当吸附剂沉降结束后，使用洁净的粗石英砂或棉绒覆盖吸附剂顶部（见图 4-42）。在装柱过程中，如洗脱剂过多，可将柱底旋塞打开，让洗脱剂从柱底缓慢且匀速放出。在放液过程中，应确保色谱柱中的洗脱剂液位高度不要低于吸附剂顶部。否则固定相中会形成裂缝或引入气泡。装样前，应将色谱柱的洗脱剂液位降至与吸附剂顶部接近，液面一般高于吸附剂顶部 1～2 mm，以便向色谱柱施加混合物样品。

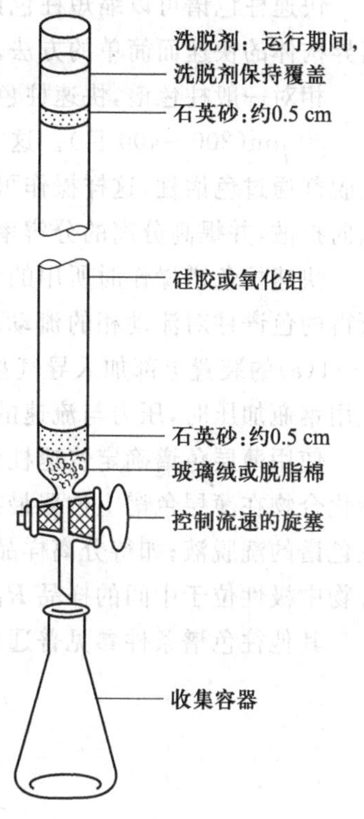

图 4-42 湿法装柱示意图

装样：根据样品的形态和溶解度，可按以下几种方式进行装样。如待分离样品为液态时，可用长的滴管吸取待分离样品后，从色谱柱顶部加入。加入时，滴管底部应尽可能接近石英砂部分，防止样品滴下时的重力破坏色谱柱项层；加入时，应使用滴管底沿色谱柱壁均匀向色谱柱顶部施放，确保样品均匀被顶层吸附剂吸附。如待分离样品为固体或非常黏稠液体，可将待分离混合物用洗脱力较低的洗脱剂配成尽可能浓的溶液，加入柱内。样品被施加于色谱柱顶部后，调整底部旋塞，使液面下移至高于吸附剂顶部 1～2 mm。缓慢加入 1～2 mL 洗脱剂，再次调整底部旋塞，使液面下移。

对于在洗脱力低的洗脱剂中溶解度差的样品，可以使用“干柱”加样的方法。即将待分离样品以较高的浓度溶于溶剂中，并置于圆底烧瓶中；向圆底烧瓶中加入少量的硅胶，进行吸附。硅胶的加入量应以硅胶在溶液中有流动能力为宜；在旋转蒸发仪上进行旋转蒸发，使加入的溶剂蒸发至干，此时硅胶为细小的颗粒状。随后将所得的硅胶加入色谱柱顶部。

装样后的色谱柱应立即开始后续操作，不宜长时间放置或长时间中断洗脱过程，防止样品在色谱柱中的纵向扩散。

洗脱：装样完成后，即可加入更多的相同洗脱剂进行洗脱。洗脱所用的洗脱剂种类，应使用薄层色谱提前加以验证。应注意：柱色谱的分离效果比薄层色谱要差。在柱色谱中使用的洗脱剂极性应低于薄层色谱中展开剂的极性。

为使吸附平衡能够建立得比较理想，洗脱液的流速不宜太快。如对于 40 cm 长的色谱柱，流速宜为 3～4 mL/min。洗脱液的流速太快，不利于吸附和解吸平衡的建立；流速太慢，会引起色带沿色谱柱纵向扩散，降低分离效果，此时可以从柱顶增加压力加快洗脱液流出速度。加压的办法有多种：增加柱中洗脱剂的液面高度；在色谱柱顶端使用加压气体或在色谱柱底部抽成轻度的真空（但此时应考虑到洗脱剂在真空下的挥发速度）。

如果所用的洗脱剂或固定比例混合洗脱剂无法达到分离混合物样品的目的时，可向洗脱液中逐步加入洗脱能力强的溶剂，这种方法类似于梯度淋洗的过程。掺入洗脱能力强的溶剂时，掺入量从 1%～2%开始，同时检查是否有吸附强的物质从柱中被洗脱出来；然后逐步增加洗脱能力强的溶剂掺入量，直到所有组分均被洗脱为止。

洗脱剂的收集与检测：对于流出的洗脱液，按份进行收集。根据色谱柱中硅胶的用量及分离度确定每份的大小，通常 0.5～10 mL 为一份。对收集的洗脱液，可用薄层色谱或其他方法判断其中是否含有被洗脱的物质；使用薄层色谱进行检测时，常需对收集的洗脱液使用旋转蒸发进行浓缩。合并相同的纯物质，完成柱色谱分离。

2. 快速柱色谱

快速柱色谱可以缩短柱色谱分离反应混合物的时间，更重要的是，它为有机化学家提供了分离异构体的快速而简单的方法。它日渐成为有机合成实验室中纯化的标准方法。

相对一般柱色谱，快速柱色谱的高效在于使用了更细、粒径分布更集中的硅胶颗粒，通常是40～60 μm(200～400 目)。这类硅胶具有较大接触面积，可以更高效地进行吸附。利用加压使洗脱剂通过色谱柱，这样操作可以加大洗脱时的流速，缩短分离时间；同时可以抑制分离色带的纵向扩散，并提高分离的分辨率。

快速柱色谱操作时所用的装置及方法与柱色谱相似。但快速柱色谱使用的硅胶粒径更小，所得的色谱柱对流动相的流动阻力增大，为保证流动相的流速，一般需要施加压力。故常在图4-41(a)的装置上部加入导气接头，并用管口夹固定。加压可使用气体钢瓶，也可使用压力泵。使用钢瓶加压时，压力与流速的均一性难以得到保证，有条件时使用专门的压力泵。

使用薄层色谱确定快速柱色谱洗脱条件时，与前述柱色谱方法不同。如混合物中待分离目标化合物在薄层色谱上位置最靠前时，以能使该化合物 R_f 值处于 0.2～0.3 的洗脱液作为快速柱色谱的洗脱液；如待分离样品混合物中化合物种类众多时，合适的洗脱液的极性应能使多个化合物中极性位于中间的样品 R_f 值处于 0.2～0.3。

其他柱色谱条件参见普通柱色谱。

第五章　产品的表征

5.1　熔点的测定方法

纯的固体有机化合物在一定的压力下，其固态与熔融态之间的变化非常敏锐，自初熔到全熔温度变化不超过 0.5～1 ℃。如果固体含有杂质，熔点要比纯物质低且熔程较宽。利用这一特点，通过熔点的测定，可定性检验固体有机化合物的纯度，并与文献值进行比较。

5.1.1　熔点测定仪器的安装

熔点测定仪器主要有三种：双浴式熔点管、提勒（Thiele）式熔点管及电热式显微熔点仪（见图 5-1）。

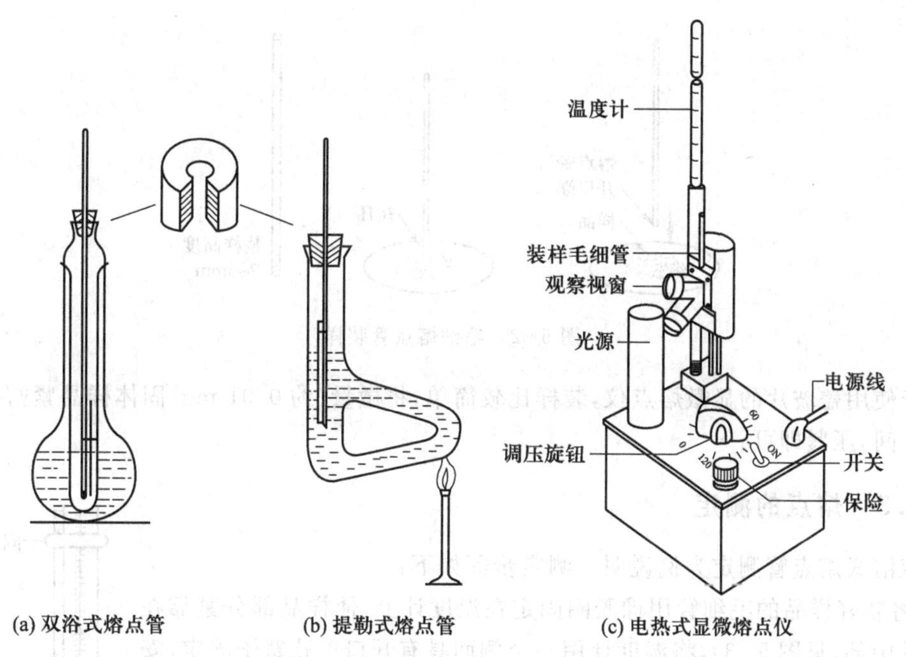

图 5-1　熔点管与显微熔点仪

双浴式熔点管和提勒式熔点管都需用导热液体或溶液作热导体。常用的有硅油、液体石蜡、浓硫酸、磷酸和甘油等。导热液体的选择，应依据测量温度范围确定。一般导热液体沸点要超过被测物质熔点很多，且测定过程中不出现汽化、发烟和沸腾。通常使用硅油及液体石蜡。

双浴式熔点管使用时，是将温度计和样品毛细管放在试管中，再将试管放入长颈球形瓶的液体中。测定时，试管的底部应距烧瓶底 0.5～1 cm，温度计水银球应距试管底 0.5～1 cm，导热液体的液面要高过水银球。测量时，加热外层导热液体，通过传热至内层空气，使样品熔化。双浴即指导热液体与空气浴。提勒式熔点管是直接将导热液体放入 b 形瓶（Thiele 管）中，温度计和样品毛细管直接放在浴液中，加热浴液直接使样品熔化。

电热式显微熔点仪使用电加热块代替热浴加热，进行熔点测量。显微镜的使用使化合物熔化过程的观察更清晰。

5.1.2　样品的装入

样品的处理：将待测样品干燥至质量恒定。熔点范围下限在 135 ℃以上且受热不分解的待测样品，可采用 105 ℃烘箱干燥；熔点在 135 ℃以下或受热分解的待测样品，可在五氧化二磷干燥器中干燥过夜或用其他适宜的干燥方法干燥，如减压干燥。

熔点测定用毛细管（简称毛细管）由中性硬质玻璃管制成，长 9 cm 以上，内径 0.9～1.1 mm，壁厚 0.10 ～ 0.15 mm，一端熔封。

毛细熔点管装样如图 5-2 所示。取少量待测样品放在表面皿上，并将样品研成粉末状，把毛细管开口端向下垂直反复插入样品几次，再将闭口端垂直朝下，放入一根干净的长玻璃管的上口内，令其自然落下，使待测样品沉积在毛细管底部。反复几次，使样品装得紧密、表面光滑，毛细管内样品高度为 2～3 mm。

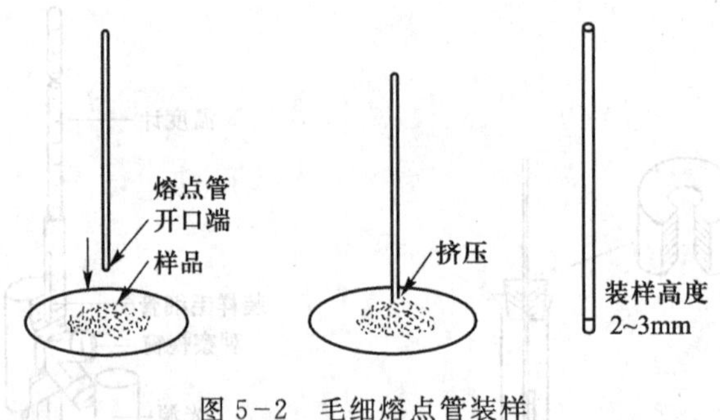

图 5-2　毛细熔点管装样

对于使用盖玻片的显微熔点仪，装样比较简单，将微量（约 0.01 mg）固体样品紧密夹在两片盖玻片中间，压紧即可。

5.1.3　熔点的测定

以双浴式熔点管测定为例说明。测定步骤如下：

① 将装好样品的毛细管用橡胶圈固定在温度计上，使样品部分紧靠在水银球的中部（见图 5-3），将温度计用一个侧面具有开口单孔塞子固定，安放在熔点仪的试管上。开口的塞子可防止因管中的空气受热膨胀而使温度计弹出。

② 调整温度计的高度，使传热液体的液面高于温度计水银球。

③ 加热导热液体，使热浴温度缓慢升至低于化合物预期熔化温度约 10 ℃。

④ 以约 3 ℃/min 速率加热导热液体，当温度升至低于预期温度约 5 ℃时，降低加热速率至约 1 ℃/min。

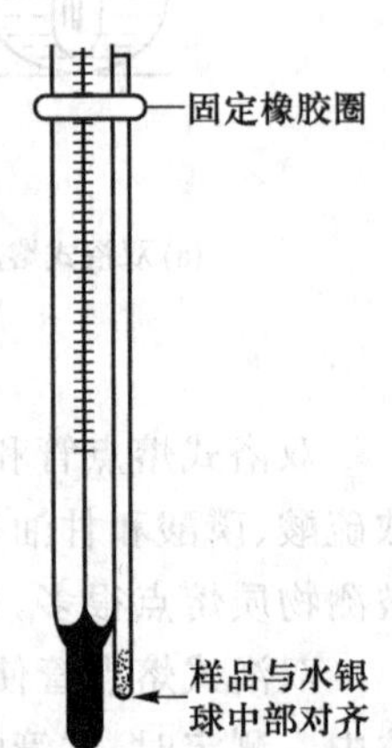

图 5-3　毛细熔点管与温度计的固定

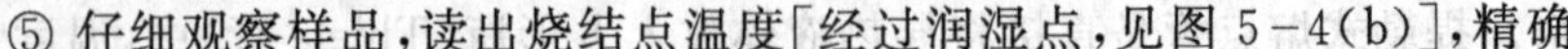

⑤ 仔细观察样品，读出烧结点温度[经过润湿点，见图 5-4(b)]，精确

到最小刻度的十分之一，测得烧结点温度。

⑥ 继续观察，样品经过塌陷点和半月点到全熔点状态（各种熔化时的各点状态见图 5-4），读出全熔点的温度，精确到最小刻度的十分之一，得到测量值。

⑦ 重新装填样品，重复上述测定步骤至少三次。从烧结点到全熔点的温度范围就是待测化合物的熔融范围，即熔程。

熔程也能反映样品的纯度，纯度越高，熔程越窄；纯度在 99% 的固体，熔程一般小于 0.5 ℃。

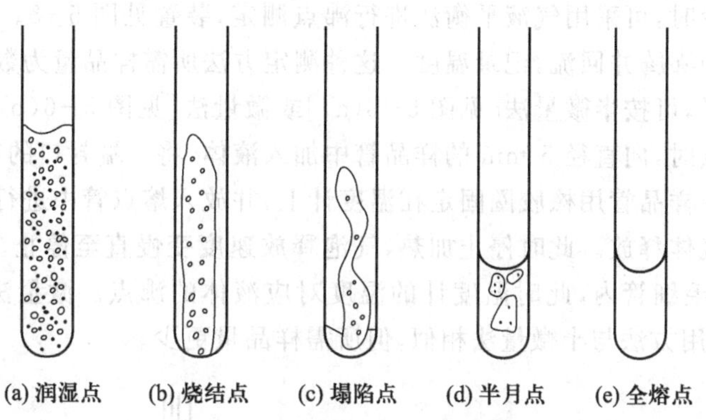

(a) 润湿点　(b) 烧结点　(c) 塌陷点　(d) 半月点　(e) 全熔点

图 5-4　受热时样品的变化过程

使用显微熔点仪进行测定时，操作基本过程与熔点管法相似。不同之处在于显微熔点仪使用电热块加热毛细熔点管或盖玻片。升温速度的要求与熔点管法过程中要求一致。显微熔点仪的类别及型号较多，具体的操作细节详见所使用仪器的操作说明书。

5.2 沸程与沸点

与熔点不同，沸点与压力有关（见 4.4.1）。沸点实质上反映了分子间的相互作用的大小。例如，C_4～C_{12}的正烷烃，每增加一个碳原子，沸点可上升 20～30 ℃；支链化合物的沸点通常比相应的直链化合物低；由于偶极相互作用和氢键的作用，在具有同样碳原子数的醚-醛-醇系列中，醇的沸点最高，醛的沸点次之。

杂质对沸点的影响与杂质的性质有关。如果向样品中加入沸点相同的物质时，理想条件下对样品沸点没有影响。当向样品中掺入挥发性的杂质时，沸点呈现较大变化。沸点变化与杂质的性质和量有关。一般说来，少量杂质对沸点的影响不如对熔点的影响显著。因此，化合物的沸点不具备纯度鉴定作用。

沸点还与压力显著相关，在进行沸点测定时，应对环境压力的影响进行校正。校正公式为

$$t_b = t_p + k(101.325\ \text{kPa} - p)$$

其中，t_b 为校正后的沸点，t_p 为实测沸点值，p 为校正后的大气压力，k 为系数。k 的数值随沸点值而变化。为简化计算，可进行简单校正。大气压力如在 101.3 kPa (760 mmHg) 以上，大气压力每升高 0.36 kPa(2.7 mmHg)，应将测得的温度减去 0.1 ℃；反之，应增加 0.1 ℃。

测量时，温度计选用分度值为 0.1 ℃的全浸式水银温度计。如需要，还应对温度计暴露于空

气中的部分进行读数校正。

当待测样品的量较大时,可用蒸馏的方法进行(见 4.4.2 和 4.4.3)。蒸馏时,应根据样品的沸点确定冷凝管种类。测定时,使用 25～100 mL 样品,加入清洁、干燥的沸石防止爆沸。加热使待测样品受热沸腾(时间为 5～15 min),调节加热强度使馏出速度为 2～3 mL/min。注意:读取自冷凝管开始馏出第 5 滴液体时及待测样品仅剩 3～4 mL 或一定比例的容积(>90%)馏出时,温度计上所显示的温度范围,即为待测样品的沸程。

待测样品量较少时,可采用气液平衡法进行沸点测定,装置见图 5-5。测定时,将液体在沸点测定装置中加热到沸腾并回流,记录温度。这种测定方法所需样品量为数毫升。

当样品量更少时,可按半微量法[见图 5-6(a)]或微量法[见图 5-6(b)]装置进行测定。使用半微量法测定沸点时,向直径 5 mm 的样品管中加入液体,将一端封口的毛细熔点管开口向下放入。将上述 5 mm 样品管用橡胶圈固定在温度计上,并放入熔点管中进行加热,直至毛细熔点管有快速而连续的气体释放。此时停止加热,气泡释放速度变慢直至停止。当气泡释放完全停止后,液体开始进入毛细管内,此时温度计的温度对应液体的沸点。微量法测定沸点时的装置[见图 5-6(b)]和使用方法与半微量法相似,但所需样品量更少。

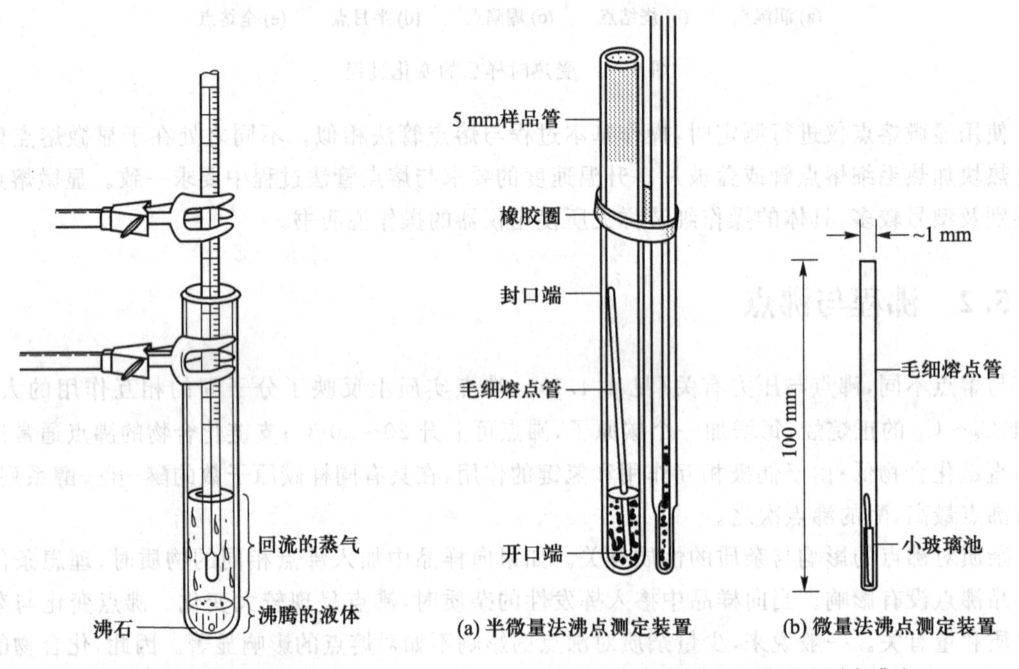

图 5-5 气液平衡法测定沸点

图 5-6 半微量法和微量法测定沸点

5.3 密度

液体化合物的相对密度,一般用瓶式密度计(见图 5-7 和图 5-8)测定;易挥发液体的相对密度,可用韦氏比重秤(见图 5-9)测定。用瓶式密度计测定时,环境(指瓶式密度计和天平的放置环境)温度应略低于 20 ℃或指定的温度。

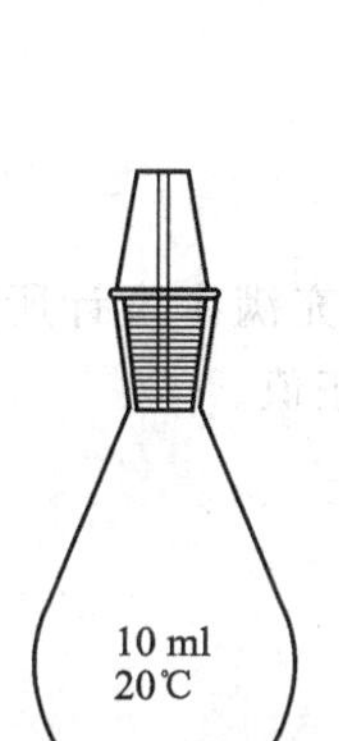

图 5-7　盖氏(Gay-Lussac)瓶式密度计

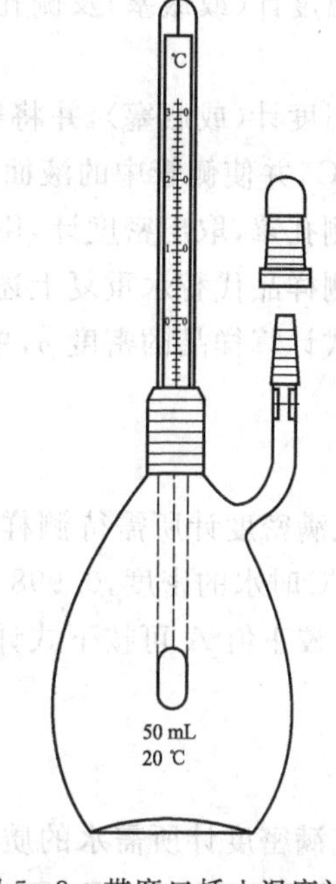

图 5-8　带磨口插入温度计和具毛细支管的瓶式密度计

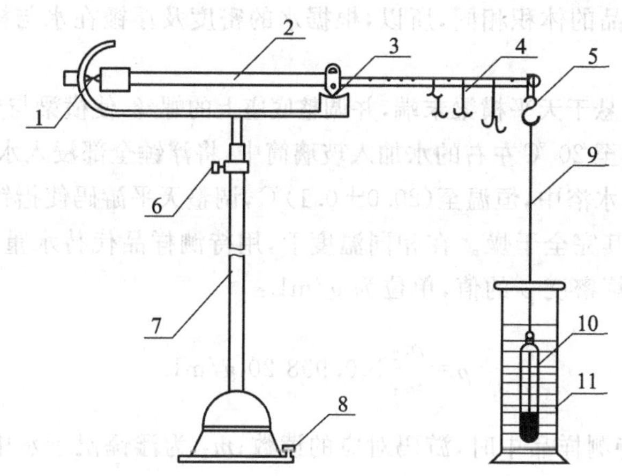

图 5-9　韦氏比重秤

1—指针；2—横梁；3—刀口；4—游码(骑码)；5—小钩；6—调节器；7—支架；8—调节螺丝；9—细铂丝；10—浮锤；11—玻璃筒

液体单位体积内的质量称为密度，单位为 g/mL 或 g/cm^3。相对密度指在特定温度、压力条件下，某物质的密度与水的密度之比。纯物质的相对密度在特定的条件下为常数，如物质的纯度改变，相对密度随之变化。

密度的测定以使用图 5-8 中所示瓶式密度计为例说明。测量时，选用感量为 0.1 mg 的分析天平，选用分度值 0.2 ℃的全浸式水银温度计，恒温水浴的温度可控制在(20.0±0.1)℃。

① 将密度计洗净并干燥，带温度计(或瓶塞)及侧孔罩称量；

② 取下温度计(或瓶塞)及侧孔罩,用新煮沸并冷却至 15 ℃左右的水充满密度计,避免引入气泡。

③ 插入温度计(或瓶塞),并将密度计置于(20.0 ± 0.1)℃的水浴中恒温,至密度计中液体温度达到 20 ℃,并使侧管中的液面与侧管管口齐平。

④ 盖上侧孔罩,取出密度计,用滤纸擦干外壁上的水后称量;

⑤ 用待测样品代替水重复上述操作。

⑥ 按下式计算样品的密度 ρ,单位为 mg/mL。

$$\rho=\frac{m_1+A}{m_2-A}\times\rho_0$$

式中,m_1 为充满密度计所需待测样品的质量,单位为 g;m_2 为充满密度计所需水的质量,单位为 g;ρ_0 为 20 ℃时水的密度,0.998 20 g/mL;A 为空气浮力校正值。

空气浮力校正值 A 可按下式计算获得:

$$A=\rho_a\times\frac{m_2}{\rho_0-\rho_a}$$

式中,m_2 为充满密度计所需水的质量,单位为 g;ρ_0 为 20 ℃时水的密度,0.998 20 g/mL;ρ_a 为干燥空气在 20 ℃及 101.325 kPa 下的密度,约为 0.001 2 g/mL。

韦氏比重秤的原理是,在 20 ℃时,分别测定浮锤在水及样品中的浮力。由于浮锤所排开的水的体积与所排开的样品的体积相同,所以,根据水的密度及浮锤在水与样品中的浮力即可计算出样品的密度。

① 将浮锤用细铂丝悬于天平横梁末端,并调整底座上的螺丝,使横梁与支架的指针尖相互对正;

② 将煮沸后并冷却至 20 ℃左右的水加入玻璃筒中,将浮锤全部浸入水中,并避免引入气泡;

③ 玻璃筒置于恒温水浴中,恒温至(20.0±0.1)℃,调整天平游码使指针重新对正,记录读数;

④ 将浮锤取出,使其完全干燥。在相同温度下,用待测样品代替水重复上述操作;

⑤ 计算:按下式计算密度 ρ 的值,单位为 g/mL:

$$\rho=\frac{m_2}{m_1}\times 0.998\ 20\ \mathrm{g/mL}$$

式中,m_1 为浮锤浸于待测样品中时,游码对应的读数;m_2 为浮锤浸于水中时,游码对应的读数。

5.4 折射率

光线在传输过程中,如传递介质发生变化时,光线的传输速度和方向会改变,这种现象称为折射。介质的折射率 n 等于光在真空中的速度 c 与在介质中的速度 v 之比:

$$n=c/v$$

入射光、折射光与界面法线的夹角,分别叫作入射角、折射角(见图 5-10 中 θ_1 和 θ_2)。如光线在两种介质中折射率分别是 n_1 与 n_2,则存在如下关系:

$$n_1\sin\theta_1=n_2\sin\theta_2$$

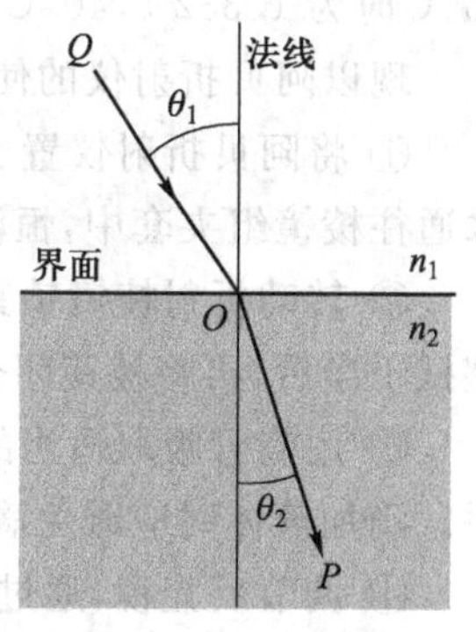

图 5-10 光线的折射

液体的折射率测定使用阿贝(Abbê)折射仪(也叫折射计)进行测定,常用的阿贝折射仪见图 5-11 和图 5-12。

由于折射率与温度有关,测量时一定要调节到 20 ℃或所需的温度。在棱镜的周围有孔道,可以通入恒温水,并有温度计孔用以测温。通常测定 20 ℃的数值。

由于折射率和入射光的波长有关,故在查阅和测定折射率时应注明波长。常选用钠的黄光(波长 $\lambda=589.3$ nm,符号 D)为标准。阿贝折射仪可使用白光为光源,即可见光部分为 400～700 nm 各种波长的混合光,波长不同的光在相同介质的传播速度不同而产生色散现象,即界面出现各种颜色。因此,在观测筒下方装有可调的补偿棱镜,可将色散后的光补偿到钠黄光的位置。阿贝折射仪使用的是白光,但经补偿后仍可得到相当于使用钠黄光时的结果。折射率的符号为 n_D^t,例如,25 ℃时的折射率用 n_D^{25} 表示。

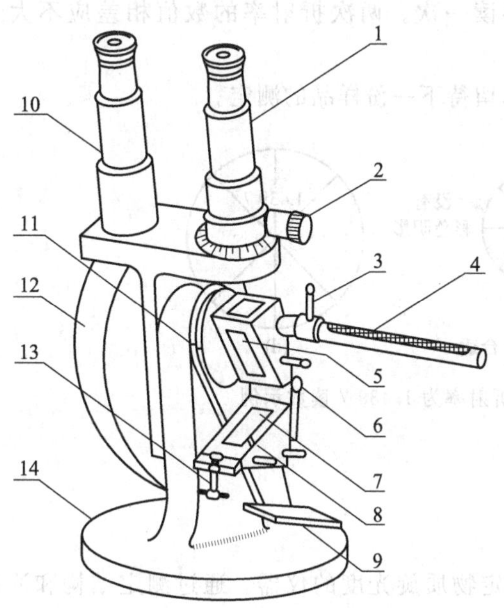

图 5-11 阿贝折射仪

1—观量目镜;2—消色补偿器;3—循环恒温水接头;4—温度计;5—测量棱镜;6—铰链;7—辅助棱镜;8—样品加入孔;9—平面反光镜;10—读数目镜;11—转轴;12—手轮;13—折射棱镜锁紧扳手;14—底座

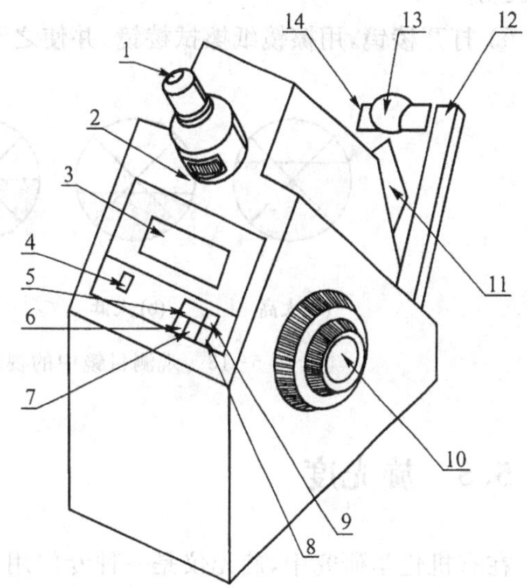

图 5-12 WAY-2S 数字阿贝折射仪

1—目镜;2—色散校正手轮;3—显示窗;4—电源开关;5—“Read”键;6—“BX—TC”键;7—“n_D”键;8—“BRIX”键;9—“TEMP”键;10—调节手轮;11—棱镜(包括上面的进光棱镜和下面的测量棱镜);12—照明灯转臂;13—照明灯;14—聚光镜筒

折射仪的读数应精确至 0.000 1,测量范围在 1.3～1.7。测定折射率时,应在(20±0.5) ℃或其他指定的温度下进行,测量应重复 3 次,3 次读数的平均值即为待测样品的折射率。

测定前,折射仪读数应使用校正用棱镜或水进行校正,水的折射率在 20 ℃时为 1.333 0,

25 ℃时为 1.332 5,40 ℃时为 1.330 5。

现以阿贝折射仪的使用介绍用阿贝折射仪测定折射率的方法：

① 将阿贝折射仪置于明亮处，且避免阳光直接照射。将恒温槽调节到所需温度，并将恒温水通往棱镜组夹套中，恒温。

② 转动折射棱镜锁紧扳手(图 5-11 中的 13，以下同)，向下打开棱镜。用擦镜纸将两棱镜擦拭干净后，再将棱镜闭合，待用。

③ 用滴管吸取适当的待测液体，加入至辅助棱镜上，闭合两棱镜，并旋紧折射棱镜锁紧扳手。滴加液体时应避免滴管底部边缘处划伤棱镜面。

④ 调节反光镜，通过测量目镜观测，使光的强度适中。调节棱镜，注意旋转方向，并转动手轮以转动棱镜组，使明暗界线落于十字交点处[见图 5-13(c)]。

⑤ 由于色散，在明暗界线出现彩色线条，此时可调节消色补偿器旋钮使色散消失，而留下明暗分明的分界线[见图 5-13(c)]。

⑥ 仔细调节棱镜，使明暗界线恰好通过十字线交点。

⑦ 记下此时的折射率的数值；重新调节并再读一次。两次折射率的数值相差应不大于 0.000 2。

⑧ 打开棱镜，用擦镜纸擦拭棱镜，并使之干燥，留待下一份样品的测定。

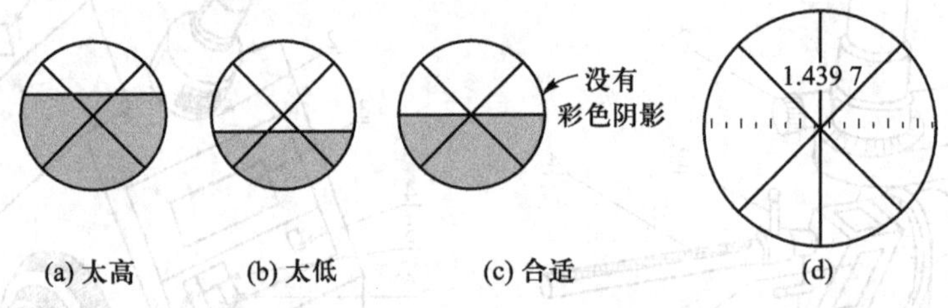

图 5-13 观测目镜中的视场及折射率为 1.439 7 读数示例

5.5 旋光度

在有机化学研究中，旋光仪是一种专门用于测定物质旋光度的仪器。通过测定结构和浓度已知化合物溶液的旋光度便可得知该物质的光学纯度，或计算结构已知的旋光物质溶液的浓度。物质的旋光性是由于结构非对称性造成的，测定已知浓度的纯物质的旋光度可用于推测该有机化合物的结构。

普通单色光(同一波长)在垂直于其传播方向的各个方向上振动，这种光称为自然光；如果使单色光通过一个由方解石制成的尼科尔(Nicol)棱镜，只有沿棱镜晶轴平行的方向上振动的光线才可透过棱镜，透过后的光线只在一个方向上振动，这种光就是平面偏振光。这种尼科尔棱镜称为起偏镜，如图 5-14 所示。

当偏振光通过具有旋光性物质的溶液时，光的振动方向会发生偏转，其偏转的角度称为旋光度，用 α 表示。来自起偏镜的偏振光通过旋光性物质后，面向光源方面观察，如光线向右偏转，则称该物质具有右旋性，把旋光度 α 定为正值；反之，则称该物质为左旋性，α 为负值。

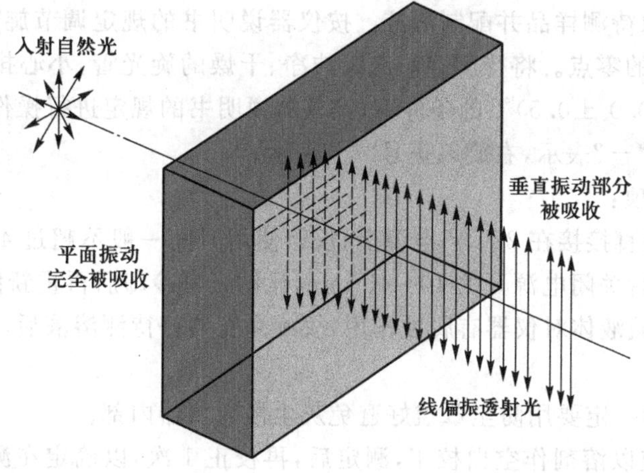

图 5-14 偏振光的产生

物质的旋光度与测定时所用溶液的浓度、光程长度、温度、所用光源的波长及溶剂的性质等因素有关。因此，常用比旋光度[α]来表示物质的旋光性。溶液的比旋光度与旋光度的关系为

$$[\alpha]_{\mathrm{D}}^{t}=\frac{\alpha V}{lm}$$

式中，$[\alpha]_{\mathrm{D}}^{t}$ 称为比旋光度，右上标 t 为实验温度，右下标 D 为光源钠光 D 线的波长(589.3 nm)；α 为旋光度，°；l 为液层厚度，dm；V 为溶液体积，$\mathrm{cm^3}$；m 为溶质的质量，g。

当溶质不同时，$[\alpha]_{\mathrm{D}}^{t}$ 值是衡量物质旋光能力大小的量，一般用 $[\alpha]_{\mathrm{D}}^{20}$ 作为比较标准。同时，旋光度与溶剂有关，如溶剂不是水时，应指明溶剂种类。另外旋光度随温度升高而降低。

由于肉眼判断偏振光在通过旋光物质前后的光强度时，视觉误差较大，为了精确测量旋光度，旋光仪结构(见图 5-15)上采用一种三分视野的设计。当检偏镜主截面与通过石英片后偏振光之偏振面平行时，则出现中间亮而两边暗的现象，如图 5-16(b)所示。其原理见旋光仪说明书或其他专著。测定时，通过测量检偏镜主截面相对于起偏镜的旋转角度，则得旋光度 α。

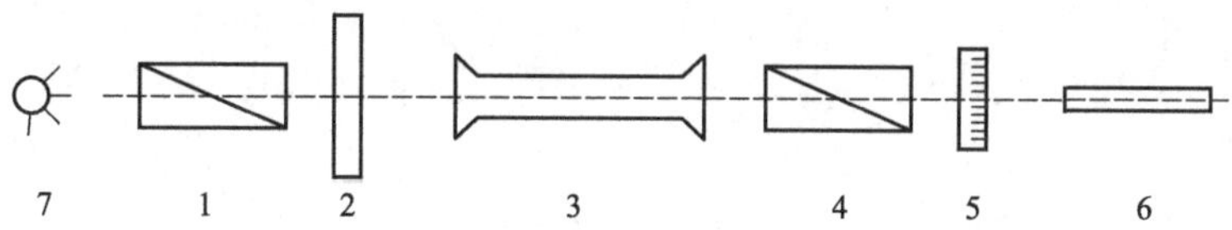

图 5-15 旋光仪光学系统示意图

1—起偏镜；2—石英片；3—旋光管；4—检偏镜；5—刻度盘；6—望远镜；7—钠光源

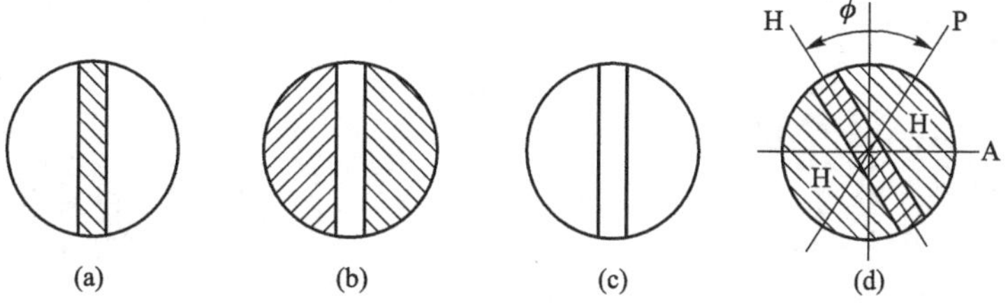

图 5-16 三分视野的明暗示意图

在测定过程中，取待测样品并配制溶液。按仪器说明书的规定调节旋光仪，待仪器稳定后，用纯溶剂校正旋光仪的零点。将待测溶液充满洁净、干燥的旋光管，小心排出气泡，将盖旋紧后放入旋光仪内。在(20.0 ±0.5)℃的条件下，按仪器说明书的规定进行操作并读取旋光角，精确至 0.01°，左旋以负号“－”表示，右旋以正号“＋”表示。

测量时的注意事项：

① 钠光灯泡不能直接接在 220 V 电源上；仪器使用时间一般不超过 4 h；如需长时间使用，则应在连续使用 4 h 后关闭电源开关 10～15 min，让钠光灯冷却后再重新使用。

② 使用时，因弱碱液体对仪器有腐蚀作用，故旋光管装好待测溶液后，应将周围及两端的玻璃擦拭干净。

③ 旋光仪使用后一定要用防尘罩盖好避免灰尘侵入仪器内部。

④ 每次测定前应以溶剂作空白校正，测定后，再校正 1 次，以确定在测定时零点有无变动；如第 2 次校正时发现旋光度差值超过±0.01°时，表明零点有变动，则应重新测定旋光度。

⑤ 配制溶液及测定时，均应调节温度至(20±0.05) ℃(或其他规定的温度)。

⑥ 待测的液体或固体物质的溶液应充分溶解，待测溶液应澄清。

⑦ 物质的旋光度与测定光源波长、溶剂、浓度和温度等因素有关。因此，表示物质的旋光度时应注明测定条件。

⑧ 当已知待测样品具有外消旋作用或旋光转化现象，则应相应地采取措施，对样品制备的时间及将溶液装入旋光管后的测定时间进行规定。

⑨ 在测量时，因测量者对明、暗感觉的差异，故测量对照实验与测量旋光物质时，应由同一人完成。

第六章 仪器分析

6.1 气相色谱

气相色谱(gas chromatography,GC)是用气体作为流动相的色谱。它利用物质在流动相中与固定相中分配系数的差异,当两相做相对运动时,样品组分在两相之间进行反复多次分配,得到分离,并随流动相流出色谱柱得到测定。气相色谱按其原理讲,实质为气液分配色谱,它是一种现代、高效的分离技术,适用于分离挥发性化合物,主要用于化合物含量的分析,特别是定量分析。气相色谱仪由载气源、进样部分、色谱柱、柱温箱、检测器、数据处理系统及控制系统等组成,见图 6-1。

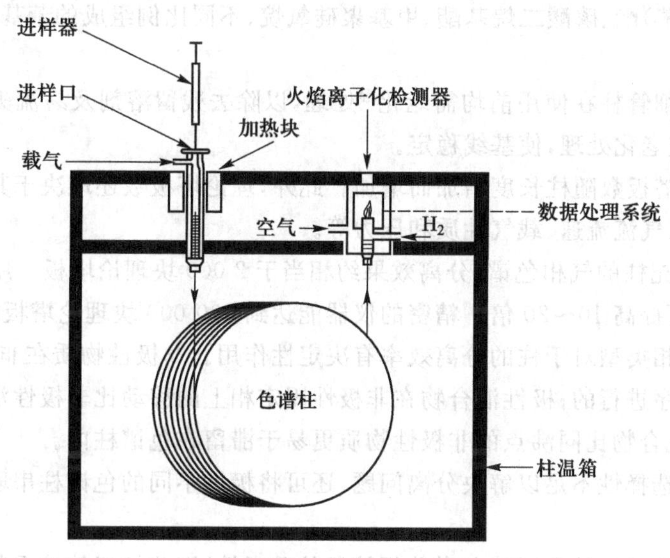

图 6-1 气相色谱仪结构示意图

在气相色谱分析过程中,样品经汽化后,与载气进入色谱柱;样品的各组分在色谱柱中按照其分配系数在被固定的液相及载气之间进行分配,得到分离;分离得到的各组分经检测系统(见图 6-1 中的火焰离子化检测器)得到检测;最后由数据处理系统处理。

6.1.1 气相色谱仪

1. 载气源

气相色谱的流动相为气体,称为载气,氦气、氮气和氢气可用作载气,可由高压钢瓶或高纯度气体发生器提供,经过适当的减压装置,维持柱前压在 0.4～0.6 MPa,并以一定的流速经过进样器和色谱柱;根据样品的性质和检测器种类选择载气,常用载气为氮气。

2. 进样部分

进样部分主要由进样口、加热块、玻璃衬管等组成。进样方式一般可采用溶液直接进样、自动进样或顶空进样。溶液直接进样采用微量注射器，自动进样及顶空进样[1]还需要在色谱仪上加附加装置。

进样时，进样口的温度应保证样品各组分能够汽化，且至少高于柱温 30～50 ℃；进样量应根据色谱柱及涂层厚度确定，一般不超过数微升。色谱柱直径越细，进样量应越少，采用毛细管柱时，一般应对所进样品进行分流，使少量的样品通过色谱柱，减少色谱峰变宽或拖尾的现象产生。

3. 色谱柱

色谱柱可使用填充柱或毛细管柱。填充柱的材质为不锈钢或玻璃，通常为不锈钢柱。填充柱内径为 2～4 mm，柱长为 2～4 m，内装吸附剂、高分子多孔小球或涂渍有固定液的载体，载体粒径规格为 0.18～0.25 mm、0.15～0.18 mm 或 0.125～0.15 mm。常用载体为经酸洗并硅烷化处理的硅藻土或高分子多孔小球。毛细管柱的材质为玻璃或石英，内壁交联固定液，内径规格一般为 0.25 mm、0.32 mm 或 0.53 mm，柱长 5～60 m，固定液膜厚 0.1～5.0 μm。

固定液常使用具有低蒸气压（在工作温度时蒸气压小于 1 mmHg）的有机液体，如石蜡油、硅油、磷酸三（邻甲苯）酯、磷酸二烷基酯、甲基聚硅氧烷、不同比例组成的苯基甲基聚硅氧烷和聚乙二醇等。

新填充柱和毛细管柱在使用前均需老化[2]处理，以除去残留溶剂及易流失的物质；色谱柱如长期未用，使用前应老化处理，使基线稳定。

色谱柱的理论塔板数随柱长度增加而增加。此外，理论塔板数还取决于其他参数，如固定相的类型、数量、柱温、气流流速、载气性质和压力等。

使用 2 m 长填充柱的气相色谱，分离效果约相当于 2 000 块理论塔板。用 30 m 长的毛细管柱时，分离效率还可提高 10～20 倍。精密的仪器能达到 500 000 块理论塔板的分离效果。

正确选择固定相类型对于柱的分离效率有决定性作用。非极性物质在非极性固定液中的分离顺序是按沸点顺序进行的；极性混合物在非极性固定相上的移动比非极性混合物快，随固定相极性的增加，极性化合物比同沸点的非极性物质更易于滞留在色谱柱内。

如果固定液的选择性不足以解决分离问题，还可将极性不同的色谱柱串联使用。

4. 柱温箱

由于柱温箱温度的波动会影响色谱分析结果的重现性，因此柱温箱控温精度应在±1 ℃，且温度波动小于 0.1 ℃/h。温度控制方式分为恒温和程序升温两种。

测试样品时，柱温一般比待测样品的沸点要低 50 ℃左右，样品中如有高沸点物质，则出峰较慢。程序升温可适用于样品中组分间沸点相差较大的情况。柱温箱保持较高的温度，会加速色谱柱固定液的流失，降低色谱柱的寿命，应注意色谱柱对使用温度的要求。一般情况下，色谱柱的使用寿命为两年，注意检测并及时更换。

5. 检测器

适合气相色谱的检测器有火焰离子化检测器（flame ionization detector，FID）、热导检测器（thermal conductivity detector，TCD）、氮磷检测器（NPD）、火焰光度检测器（FPD）、电子捕获检

---

[1] 顶空进样适用于固体和液体样品中挥发性组分的分离和测定。将固态或液态的样品制成样液后，置于密闭小瓶中，在恒温控制的加热室中加热至样品中挥发性组分在液态和气态达到平衡后，由进样器自动吸取一定体积的顶空气注入色谱柱中。

[2] 老化是指色谱柱在高于操作温度下通载气使其稳定的过程。

测器(ECD)和质谱检测器(MS)等。火焰离子化检测器对碳氢化合物响应良好,适合检测大多数的情况;氮磷检测器对含氮、磷元素的化合物灵敏度高;火焰光度检测器对含磷、硫元素的化合物灵敏度高;电子捕获检测器适于含卤素的化合物;质谱检测器还能给出待测未知物某个成分相应的结构信息,可用于结构确证。

气相色谱一般用火焰离子化检测器,氢气为燃气,空气为助燃气。在使用火焰离子化检测器时,检测器温度一般应高于柱温,并不得低于 150 ℃,以免水汽凝结,通常为 250～350 ℃。

6. 数据处理系统及控制系统

数据处理系统有记录仪、积分仪及计算机工作站等形式;控制系统为色谱内部控制使用,使用人员不接触这部分。

6.1.2 色谱常用术语

在使用色谱分析时,常用的术语如下所示:

① 保留时间(t_R):组分从进样到出现色谱峰最大值所需的时间。

② 死时间(t_M):不被固定相滞留的组分,从进样到出现色谱峰最大值所需的时间。

③ 调整保留时间(t'_R):减去死时间后的保留时间。

④ 峰宽(W):在峰两侧拐点(见图 6-2 中的点 F、G)处作切线,与峰底相关两点之间的距离,即图 6-2 中 KL 之间距离。

⑤ 半高峰宽($W_{h/2}$):指通过峰高的中点作平行于峰底的直线,直线与峰两侧相交两点之间的距离,即图 6-2 中 HJ 之间距离。

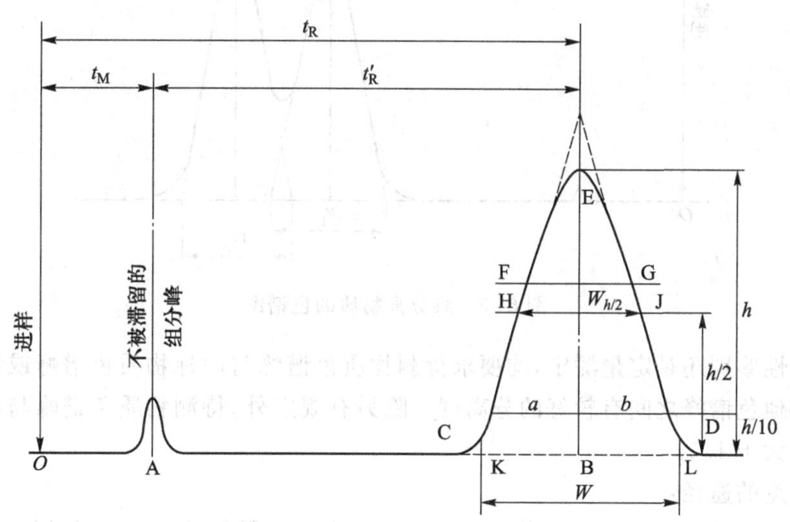

图 6-2 色谱峰示意图

⑥ 校正因子(f):进入检测器中组分的量与检测器产生的相应峰值的比值。组分 i 的量和峰值分别用质量和峰面积表示,校正因子的表达式为 $f_i = m_i / A_i$。

⑦ 相对校正因子($f_{s,i}$):组分 i 与内标物质校正因子的比值称为该物质的相对校正因子。物质分别以质量、体积及物质的量表示时,分别有相对质量校正因子(f_m)、相对体积校正因子

(f_V)、相时摩尔校正因子(f_M)，峰值用峰面积的相对校正因子的表达式为 $f_{s,i}=\dfrac{m_i/A_i}{m_{st}/A_{st}}$，相对(质量)校正因子与相对响应值互为倒数关系。

⑧ 检测限(D)：样品中被测物质能被检出的最低浓度或量，此时被检物质产生的信号应大于等于基线噪声的2倍。

⑨ 灵敏度：评价色谱系统检测微量物质的能力，通常以信噪比(S/N)来表示。定量测定时，信噪比应不小于10；定性测定时，信噪比应不小于3。

⑩ 分离度(R)：又称分辨率，表示相邻两峰的分离程度，以两个组分保留时间之差与其平均峰宽值之比表示：

$$R=\frac{2(t_{R_2}-t_{R_1})}{W_1+W_2}$$

当$R=1$时，称为4σ[1]分离，两峰基本分离，裸露峰面积为95.4%，内侧峰基重叠约2%；$R=1.5$时，称为6σ分离，裸露峰面积为99.7%；$R\geqslant1.5$称为完全分离。

难分离物质的色谱图如图6-3所示。

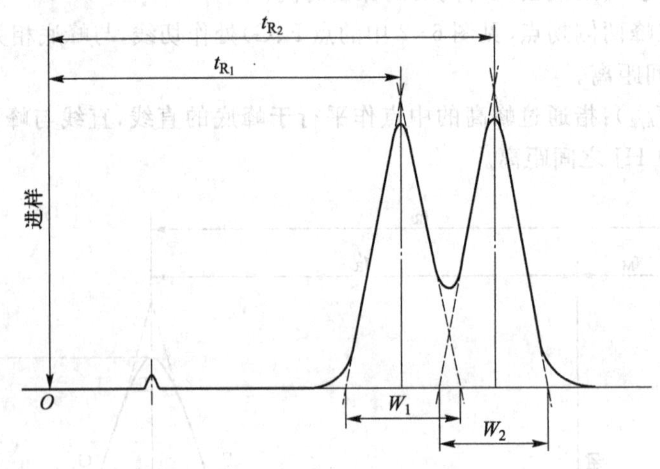

图6-3　难分离物质的色谱图

无论是定性鉴别还是定量测定，均要求待测物质色谱峰与内标物质色谱峰或特定的杂质对照色谱峰及其他色谱峰之间有较好的分离度。除另有规定外，待测物质色谱峰与相邻色谱峰之间的分离度应大于1.5。

提高分离度的途径：

(a) 增加塔板数。方法之一是增加柱长，但这样会延长保留时间、增加柱压。更好的方法是降低塔板高度，提高柱效。

(b) 增加选择性。当$\alpha=1$时，$R=0$，无论柱效有多高，组分也不可能分离。一般可以采取以下措施来改变选择性：改变柱温或改变色谱柱类型。

---

[1] 选择性因子(selectivity factor，α)：相邻两组分的分配系数或容量因子之比，又称为相对保留时间。

⑪ 拖尾因子(T):用于评价色谱峰的对称性。拖尾因子计算公式为

$$T=\frac{W_{0.05h}}{2d_1}$$

式中,$W_{0.05h}$ 为 5%峰高处的峰宽;d_1 为峰顶在 5%峰高处横坐标平行线的投影点至峰前沿与此平行线交点的距离(见图 6-4)。

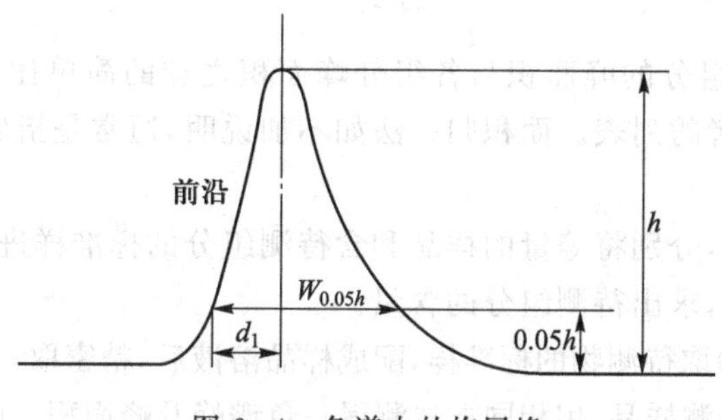

图 6-4 色谱中的拖尾峰

以峰面积作定量参数时,一般的峰拖尾或前伸不会影响峰面积积分,但严重拖尾会影响基线和色谱峰起止的判断和峰面积积分的准确性。

另外,在实验条件不变情况下,理论塔板数与色谱峰存在以下关系:

$$n=5.54\left(\frac{t_R}{W_{h/2}}\right)^2=16\left(\frac{t_R'}{W}\right)^2$$

式中,n 为理论塔板数,t_R 为保留时间,$W_{h/2}$ 为半高峰宽,t_R' 为调整保留时间,W 为峰宽。

⑫ 对称因子(A_s):在测得的色谱峰图 6-2 中取 b 和 a,按下式计算色谱峰的对称因子:

$$A_s=\frac{b}{a}$$

式中,a,b 分别为通过 $h/10$ 峰高处、平行于峰底的直线被峰两侧及峰高截取的两线段的长度。

6.1.3 分析方法

气相色谱可用于有机混合物的定性和定量分析:物质的鉴定与纯度的检验。检验纯度时,至少需用两种极性不同的固定相进行分析,若两种情况下,结果相似,一般即可认为该样品是单一的物质。

鉴定时,需要有待鉴定物的已知标准样。在相同的条件下,若样品与标准样的保留时间一致,则可认为样品与标准样相同。

定量分析时,由于不同的化合物对检测器的灵敏度不一样,即相同量的不同化合物,会有不同色谱峰值,经常需要使用校正因子。定量分析时,常用的是面积归一法、外标法和内标法。

1. 面积归一法

面积归一法是将样品中除溶剂峰外,所有组分含量之和确定为 100%,计算其中某一组分含量百分数的定量方法。组分各自的峰值要用相对定量校正因子校准。

$$X_i = \frac{f_i \cdot A_i}{\sum (f_i \cdot A_i)} \times 100\%$$

式中，X_i 为样品中组分 i 的含量，%；f_i 为组分 i 的校正因子；A_i 为组分 i 的峰面积，cm^2。

当组分复杂、无法得到校正因子时，可认为各校正因子为 1，上式变为

$$X_i = \frac{A_i}{\sum A_i} \times 100\%$$

此时，组分的含量为组分的峰面积与各组分峰面积之和的简单比值，色谱仪进行数据处理后，给出的数据往往是后者的列表。面积归一法如不加说明，通常是指后一种方法。

2. 外标法

在相同的操作条件下，分别将等量的样品和含待测组分的标准样进行色谱分析，比较样品与标准样中待测组分的峰值，求出待测组分的含量。

测量时，先精密称(量)取待测物的标准样，配成样品溶液后，精密取一定量进样，得一色谱峰及峰面积；再精密称(量)取待测样品，用相同方法测得一色谱峰及峰面积。此时，按下式计算：

$$X_i = E_i \times \frac{A_i}{A_E}$$

式中，X_i 为样品中组分 i 的含量，%；E_i 为标准品中组分 i 的含量；A_i 为组分 i 的峰面积，cm^2；A_E 为标准品中组分 i 的峰面积，cm^2。

由于气相色谱的进样量一般仅为数微升，为减小进样误差，尤其当采用手工进样时，由于留针时间和室温等对进样量也有影响，故外标法测量时的精密度及准确度重复性较差。该方法使用自动进样时可提高结果的重复性。

3. 内标法

在已知量的样品中加入能与所有组分完全分离的已知量的内标物，用相应的校正因子校准待测组分的峰值并与内标物质的峰值进行比较，求出待测组分的含量的方法。

测量时，首先选取内标物。内标物应与待测样及各种杂质组分均有良好的分离度，同时应满足纯度高、便宜和易得等条件；先精密称(量)取内标物及待测物的标准品，配成混合溶液后进样，然后计算相对校正因子；再精密称(量)取内标物及待测物，配成混合溶液后进样；最后按下式进行含量的计算：

$$X_i = \frac{m_s \cdot A_i \cdot f_{s,i}}{m \cdot A_s} \times 100\%$$

式中，X_i 为样品中组分 i 的含量，%；m 为样品的质量，g；m_s 为加入内标物质的质量，g；A_i 为组分 i 的峰面积，cm^2；A_s 为内标物质的峰面积，cm^2；$f_{s,i}$ 为组分 i 与内标物质相比的校正因子。

6.2 高效液相色谱

高效液相色谱(high performance liquid chromatography，HPLC)是在经典液相色谱的基础上，引入气相色谱的理论发展而来的。其色谱柱使用的填料颗粒小且均匀，小颗粒填充柱具有高柱效，

但会引起高阻力,需用高压输送流动相,又称高压液相色谱(high pressure liquid chromatography)。

液相色谱仪(以下简称仪器)是由输液系统、进样系统、分离系统、检测系统和数据处理系统等部分组成的分析仪器,图 6-5 是其组成示意图。液相色谱仪根据样品中各组分在色谱柱内固定相和流动相间分配或吸附等特性的差异,由流动相将样品带入色谱柱中进行分离,经检测器检测并通过数据处理系统记录色谱图,依据各组分的保留时间和响应值(峰面积或峰高)进行定性和定量分析。它具有进样量小、死体积低和检测灵敏度高的特点。

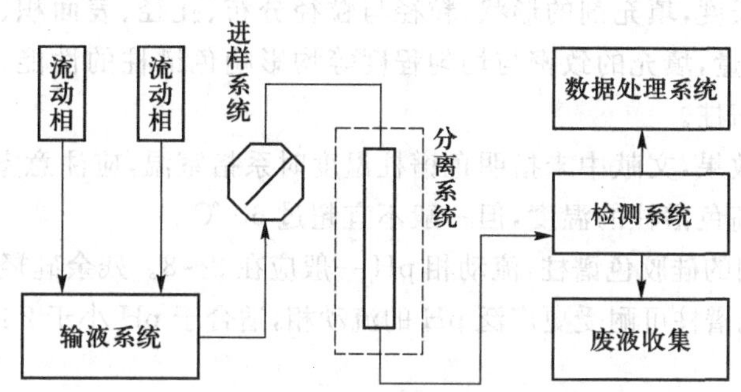

图 6-5 高效液相色谱仪组成示意图

1. 输液系统

输液泵是 HPLC 系统中最重要的部件之一。输液泵的性能好坏直接影响整个系统的质量和分析结果的可靠性。输液泵应具备如下性能:① 流量稳定,这对定性定量的准确性至关重要;② 流量范围宽,分析型 HPLC 的流量应在 0.1~10 mL/min 内连续可调,制备型 HPLC 的流量应能达到 100 mL/min;③ 输出压力高,一般应能达到 150~300 kg/cm^2;④ 液缸容积小;⑤ 密封性能好,耐腐蚀。

输液泵的种类很多,按输液性质可分为恒压泵和恒流泵。恒流泵按结构又可分为螺旋注射泵、柱塞往复泵和隔膜往复泵。目前应用最多的是柱塞往复泵,它的液缸容积小,可至 0.1 mL,易于清洗和更换流动相,特别适用于再循环和梯度洗脱。其主要缺点是输出的脉冲性较大,现多采用双泵系统来克服,一般并联使用。

2. 流动相

反相色谱系统的流动相常用甲醇-水体系和乙腈-水体系。流动相中应尽可能不用缓冲溶液,如需用时,应尽可能使用低浓度缓冲溶液。用十八烷基硅烷键合硅胶色谱柱时,流动相中有机溶剂含量一般不低于 5%,否则易导致柱效下降、色谱系统不稳定。正相色谱系统的流动相常用两种或两种以上的有机溶剂,如二氯甲烷和正己烷等。

3. 进样系统

一般常用六通进样阀,其特点是耐高压(35~40 MPa),进样量准确,重复性好,操作方便。

4. 色谱柱

HPLC 使用的色谱柱的长度一般为 5~25 cm,直径 2~5 mm,材质通常为不锈钢,柱效一般在 1 000~100 000 理论塔板数。根据分析样品的不同,可使用不同类型的色谱柱。

① 反相色谱柱:以键合非极性基团的载体为填充剂填充而成的色谱柱。常用的填充剂有十八烷基硅烷键合硅胶、辛基硅烷键合硅胶和苯基键合硅胶等。

② 正相色谱柱：用硅胶填充剂或键合极性基团的硅胶填充而成的色谱柱。常见的填充剂有硅胶、氨基键合硅胶和氰基键合硅胶等。氨基键合硅胶和氰基键合硅胶也可用于填充反相色谱柱。

③ 离子交换色谱柱：用离子交换填充剂填充而成的色谱柱，有阳离子交换色谱柱和阴离子交换色谱柱。

④ 手性分离色谱柱：用手性填充剂填充而成的色谱柱。

色谱柱的内径与长度，填充剂的形状、粒径与粒径分布、孔径、表面积、键合基团的表面覆盖度、载体表面基团残留量，填充的致密与均匀程度等均影响色谱柱的性能，应根据被分离物质的性质来选择合适的色谱柱。

温度会影响分离效果，文献中未指明色谱柱温度时系指室温，应注意室温变化的影响。为改善分离效果可适当提高色谱柱的温度，但一般不宜超过 60 ℃。

残余硅羟基未封闭的硅胶色谱柱，流动相 pH 一般应在 2～8。残余硅羟基已封闭的硅胶、聚合物复合硅胶或聚合物色谱柱可耐受更广泛 pH 的流动相，适合于 pH 小于 2 或大于 8 的流动相。

5. 检测系统

最常用的检测器为紫外－可见分光检测器，包括二极管阵列检测器，其他常见的检测器有荧光检测器、蒸发光散射检测器、示差折射检测器、电化学检测器和质谱检测器等。

紫外－可见分光检测器、荧光检测器、电化学检测器为选择性检测器，其响应值不仅与被测物质的量有关，还与其结构有关；蒸发光散射检测器和示差折射检测器为通用检测器，对所有物质均有响应，结构相似的物质在蒸发光散射检测器的响应值几乎仅与被测物质的量有关。

紫外－可见分光检测器、荧光检测器、电化学检测器和示差折射检测器的响应值与被测物质的量在一定范围内呈线性关系，但蒸发光散射检测器的响应值与被测物质的量通常呈指数关系，一般需经对数转换。

不同的检测器，对流动相的要求不同。采用低波长检测时，还应考虑有机溶剂的截止使用波长，并选用色谱级有机溶剂。蒸发光散射检测器和质谱检测器不得使用含不挥发性盐的流动相。

高效液相色谱分析方法及术语基本与气相色谱相同，具体内容见 6.1.2 及 6.1.3 的相关内容。

6.3 核磁共振波谱

6.3.1 基本原理

在有机化合物的结构测定中，核磁共振波谱（NMR）是最常用的方法，能从 NMR 谱图中得到分子中原子的类型、数目、相互连接方式、周围化学环境乃至空间排列等信息。核磁共振波谱为磁性核在磁场中的吸收波谱，大约半数元素的原子核都具有这种性质，一般的 NMR 仪器可进行 ^{1}H NMR、^{13}C NMR 的测试，有的仪器还配备 ^{19}F、^{31}P、^{15}N、^{29}Si 等探头，可进行相应的 NMR 测试。篇幅所限，本书主要介绍 ^{1}H NMR。

磁性核由于自旋形成的核磁矩可以看作小磁体，当置于外加磁场中时，将按照磁场方向进行自动取向，并且原子核会在自旋的同时围绕外磁场的方向，与外加磁场的方向成一夹角进行回旋，发生类似于陀螺的进动，这种运动称为拉摩尔进动（Lamor procession）。核的进动频率 ω＝

$\gamma B_0/2\pi$,其中 γ 为磁旋比,是原子核的基本属性之一。不同原子核的 γ 不同,其值越大,核的磁性越强,在核磁共振中越容易被检测。如果在垂直于外加磁场的平面上通过振荡线圈产生的电磁波照射磁性核,其频率 ν 与核的进动频率 ω 相等,即 $\nu=\gamma B_0/2\pi$,那么原子核就能吸收电磁波的能量,发生能级跃迁,产生核磁共振现象。

^{1}H 核被其周围的电子云屏蔽,电子密度随着化学环境的不同而变化,从而引起^{1}H 核发生磁共振的吸收频率的不同。吸收频率的差异数值很小,因此用化学位移 δ 来表示:

$$\delta=(\nu_{样品}-\nu_{标准})/\nu_0$$

式中,$\nu_{样品}$ 及 $\nu_{标准}$ 分别为样品及标准物的共振频率;ν_0 为操作仪器选用的频率。通常采用四甲基硅烷(TMS,Me_4Si)作标准物,规定其 $\delta=0$,大部分^{1}H 核的吸收峰在其左侧(即低场一侧),数值为正(δ 量纲为 1)。

选取 TMS 为标准物是因为它具有以下几个优点:化学惰性,不易与待测物质或溶剂发生反应,与样品分子也不易发生缔合;易溶于有机溶剂中;信号处在高场,为一个尖锐的单峰,与绝大多数有机化合物的信号峰之间不会互相重叠干扰;沸点很低(27 ℃),容易除去,有利于样品回收。由于其水溶性差,当用水或 D_2O 作溶剂时,可将 TMS 的 CCl_4 溶液密封于毛细管内并浸于溶液中。当用 D_2O 作溶剂测试强极性样品时,还可用 3-三甲基硅基丙磺酸钠(DSS,$Me_3SiCH_2CH_2CH_2SO_3Na$)或 3-三甲基硅基丙酸钠(TSP,$Me_3SiCH_2CH_2CO_2Na$)作标准物,二者甲基上质子的化学位移非常接近于零。应注意的是,DSS 或 TSP 的亚甲基上质子的信号在 0.5~3.0,与待测样品的信号峰可能会有重叠或干扰。

由于原子核被其周围的电子云屏蔽,因此凡是影响原子核外电子密度的因素,均可使其化学位移发生变化。若电子密度降低,则屏蔽效应变弱,谱峰的位置会移向低场,化学位移变大;反之,则屏蔽作用变强,会使峰的位置移向高场。影响^{1}H 核化学位移的因素主要有以下几点:

① 电负性的影响:由于诱导效应,取代基电负性越强,与取代基连于同一碳原子上^{1}H 核的共振峰越移向低场,化学位移变大,反之亦然。例如,在$(CH_3)_4Si$、CH_3CH_3、CH_3Br、CH_3OH、CH_3F 等化合物中,甲基上质子的化学位移分别为 0、0.88、2.68、3.40、4.26,随着与甲基碳原子直接相连的原子的电负性增加(分别为 1.8、2.5、2.8、3.5、4.0)而变大。取代基的诱导效应可沿碳链延伸,对 α-碳原子上的^{1}H 核影响明显,对 β-碳原子上的^{1}H 核也有一定的影响,而对 γ 位以后的碳原子上的^{1}H 核影响微弱。与氢原子相连的碳原子从 sp^3 杂化变为 sp^2 杂化,电负性变大,使^{1}H 核化学位移变大,但磁各向异性效应的影响通常更大。

② 磁各向异性效应:构成化学键的电子,在外加磁场作用下,产生一个各向异性的磁场,使处于化学键不同空间位置上的质子受到不同的屏蔽作用,即磁各向异性。处于屏蔽区域的质子 δ 值减小,处于去屏蔽区域的质子 δ 值增大。例如,苯环上的^{1}H 核在其 π 键环电流产生的感应磁场与外加磁场一致的区域,即去屏蔽区,化学位移较大,为 7~8(见图 6-6)。其他如 C=C,C=O, C≡C 的各向异性效应见图 6-6,"+"代表屏蔽区,"-"代表去屏蔽区。

③ 溶剂的影响:不同溶剂使样品分子所受到的磁感应强度不同,会对核的 δ 值产生影响,因此核磁共振数据或谱图必须标明测试时所用的溶剂。当用 $CDCl_3$ 作溶剂时,有时加入少量氘代苯,利用苯的磁各向异性效应,可使原来相互重叠的峰分开。

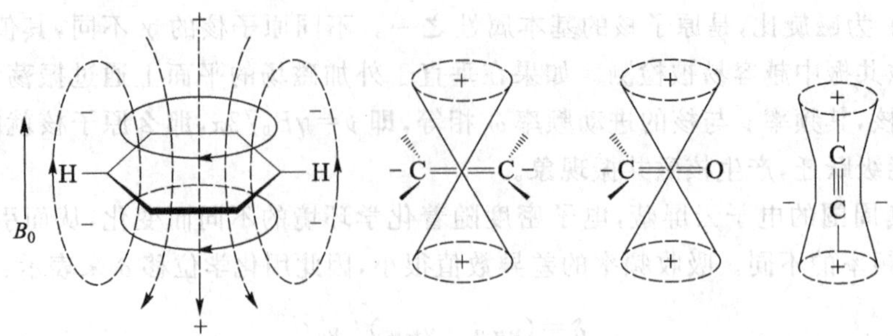

图 6-6 苯环、C═C、C═O、C≡C 的磁各向异性效应

④ 氢键的影响：分子内或分子间氢键的形成一般使相应的^{1}H 核受到去屏蔽作用，δ 值增大。例如，羧酸的羧基中质子的 δ 值常超过 10，比醇羟基中质子的 δ 值大得多，除了羰基的磁各向异性效应与诱导效应外，分子间氢键的形成也是一个重要因素。

常见不同类型质子的化学位移值见表 6-1。

表 6-1 常见不同类型质子的化学位移

质子类型	化学位移	质子类型	化学位移
RCH_3	0.9	$ArCH_3$	2.3
R_2CH_2	1.2	$RCH=CH_2$	4.5～5.0
R_3CH	1.5	$R_2C=CH_2$	4.6～5.0
R_2NCH_3	2.2	$R_2C=CHR$	5.0～5.7
RCH_2I	3.2	ArH	6.5～8.5
RCH_2Br	3.5	RCHO	9.5～10.1
RCH_2Cl	3.7	RC≡CH	2～3
RCH_2F	4.4	RCOOH，RSO_3H	10～13
$ROCH_3$	3.4	ArOH	4.5～16
RCH_2OH，RCH_2OR	3.6	ROH	0.5～5.5
$RCOOCH_3$	3.7	RNH_2，R_2NH	0.6～5.0
$RCOCH_3$，$R_2C=CRCH_3$	2.1	$RCONH_2$	5.0～9.4

在氯乙烷的核磁共振谱图（见图 6-7）中，甲基（—CH_3）、亚甲基（—CH_2—）的信号峰都不是单峰，而分别为三重峰和四重峰。这种现象是由于甲基和亚甲基上的质子核自旋产生微弱的感应磁场引起的，这种化学环境不同的邻近原子核之间相互作用的现象叫作自旋偶合，由于自旋偶合引起的谱线增多的现象叫作自旋裂分。

在氯乙烷的^{1}H NMR 谱图中，甲基的质子裂分为三重峰，强度比近似为 1∶2∶1；亚甲基的质子裂分为四重峰，强度比近似为 1∶3∶3∶1。两组峰都出现内侧峰高于外侧峰的现象，且各组峰的谱线间距相等，这是判断两组峰所代表的质子之间是否存在自旋偶合的重要依据。在一级谱图中，自旋裂分所产生谱线的间距称为偶合常数，一般用 J 表示，单位为 Hz。

在 NMR 谱图中，化学环境相同的核具有相同的化学位移，这种化学环境相同的核称为化学等同核。例如，在氯乙烷分子中，甲基的三个质子是化学等同核，亚甲基的两个质子也是如此。

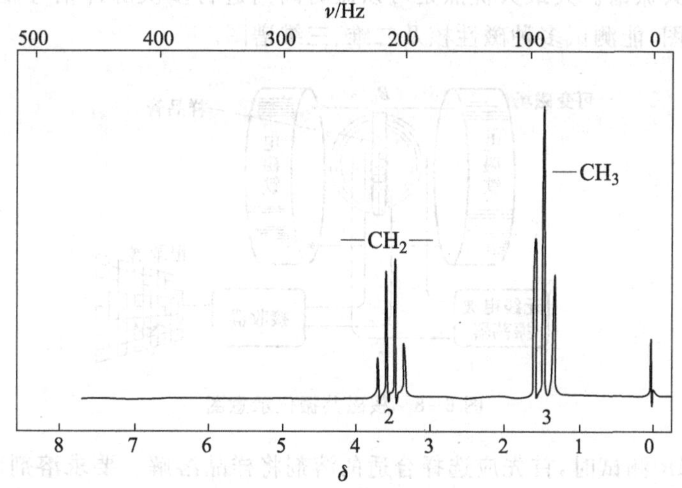

图 6-7　氯乙烷的[1]H NMR 谱图

分子中的一组核，若化学等同，且对组外任一核的偶合常数也都相同，则这组核称为磁等同核。如 CH_2F_2 中的两个质子为磁等同核，因为它们不但化学等同，两个质子对每个 F 原子的偶合常数也相等。而

$$\begin{array}{ccc} H_a & & F_a \\ & C{=}C & \\ H_b & & F_b \end{array}$$

中的两个质子 ${}^3J_{H_aF_a} \neq {}^3J_{H_bF_a}$，$H_a$ 与 H_b 为磁不等同核。磁等同核之间的偶合作用不产生峰的裂分，而磁不等同核之间的偶合将会产生峰的裂分。1,1-二氟乙烯的两个质子是化学等同核，但不是磁等同核，因而裂分情况比较复杂。

当两组或几组磁等同质子的频率差 $\Delta\nu$ 与其偶合常数 J 之比大于 6(即 $\Delta\nu/J>6$，这里 $\Delta\nu$ 和 J 的单位都是 Hz)时，相互之间偶合较简单，呈现一级谱图。一级谱图特征如下：① 偶合裂分峰的数目符合 $n+1$ 规律，n 为相邻的磁等同质子的数目；② 各峰强度比符合二项式展开系数之比；③ 每组峰中心为该组质子的化学位移；④ 各裂分峰等距，裂距即为偶合常数 J。

6.3.2　仪器与测试

核磁共振仪主要由强的电磁铁、电磁波发生器、样品管和信号接收器等组成，其示意图见图 6-8。现代仪器中，记录器被一台功能较强的计算机所代替，可进行数据的存储与处理，尤其是可通过它来控制仪器进行测试。样品管在气流的吹拂下悬浮在电磁铁之间并不停旋转，使样品均匀受到磁场的作用。核磁共振仪可选配自动进样装置，减少了手动进样的不便。

进行核磁共振谱测试时，可以固定磁场改变频率，也可以固定频率改变磁场。这两种方式均为连续扫描方式，其相应仪器称为连续波核磁共振谱仪。连续波核磁共振谱仪扫描时间长、灵敏度低，现在已基本被脉冲傅里叶变换核磁共振谱仪所替代。后者在测试时固定磁场，用能够覆盖所有磁性核的短脉冲无线电波照射样品，使所有磁性核同时发生跃迁，信号经计算机处理得到脉

冲傅里叶变换核磁共振谱。其最大优点是可以短时间内进行多次脉冲信号叠加，使用更少样品可以得到更清晰谱图，能测试多种磁性核及二维、三维谱图。

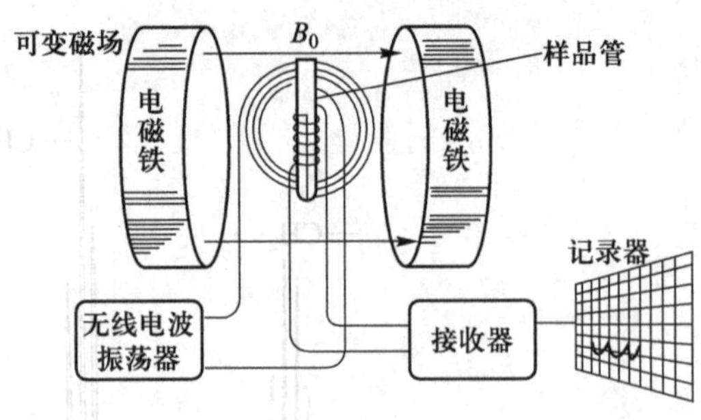

图 6－8　核磁共振仪示意图

在进行^{1}H NMR 测试时，首先应选择合适的溶剂将样品溶解。要求溶剂对待测样品有较好的溶解度，且不能与待测的物质发生化学反应。理想的溶剂还应黏度小、沸点低（使样品易回收）、价格便宜等。因为在现代的脉冲傅里叶变换 NMR 中需要用氘代溶剂来锁定磁场，因此氘代溶剂一般是必需的，应尽量使用高氘代度、高纯度的溶剂。若因实验需要，不能用氘代溶剂，则需加入装有氘代试剂的封闭毛细管，以保证锁定磁场信号。为方便，可选择加入少量 TMS 作内标的氘代溶剂；若使用的是不含 TMS 的氘代溶剂，在样品管内加完溶液后，可滴入一滴或更少量的 TMS。在较早的 NMR 仪器中，黏度不大的液体样品可直接进行测试，固体样品可溶解在 CCl_4、CS_2 等不含氢的溶剂中测试。

根据样品的溶解性，选用 $CDCl_3$、DMSO－d_6、D_2O、CD_3OD、CD_3COCD_3、C_6D_6 或 DMF－d_7。应先用非氘代的普通溶剂尝试样品的溶解性，其溶解度一般与相应氘代溶剂中的相近。其中氘代氯仿最常用，只要样品溶解度尚可，就可用 $CDCl_3$。注意：不可能得到 100％氘代的溶剂，其中总是残留少量未氘代的溶剂，在谱图上就会出现溶剂峰，另外在氘代溶剂中还常常有少量水分。例如，$CDCl_3$ 中所含的少量氯仿在 δ7.26 处有一个溶剂峰（单峰），在 δ1.56 处出现水峰（单峰）。在配制溶液前可预先查阅文献，确定待测化合物中各种质子的化学位移。若无法查到文献数据，可查看 SciFinder 等数据库中的模拟谱图，或可用相应的公式或软件估算待测样品的出峰位置。若出峰位置与 $CDCl_3$ 的残余溶剂峰与水峰重合，可配制较浓的溶液，这样可减小这两个峰的影响，或可换用其他的氘代溶剂进行测试。

配制溶液时，根据不同核的灵敏度取不同量的样品溶于 0.5～0.6 mL 氘代溶剂中，配成适当浓度的溶液。对于^{1}H NMR，一般取 5～10 mg 样品，溶于 0.5～0.6 mL 溶剂中。一般样品浓度不超过 0.3 mol·L^{-1}，若样品过浓，可能会导致测试时调谐困难，信号峰变宽，甚至出现一些峰包。进行^{13}C NMR 测试时，经常取更多样品，配制尽量浓的样品溶液，这样就能减少扫描次数，加快测试速度。

用注射器或细口长滴管将样品溶液小心地加入到直径为 5 mm、长约为 18 cm 的样品管中，一般至少注入 5 cm 高。通常 NMR 仪器室准备了一个小配件（可称为量规），上面标出合适的样品溶液高度（范围），可用其进行比对。在微探头中，可以使用外径分别为 1.0 mm、2.5 mm、3 mm 的样品管来提高灵敏度。对于混浊或存在微小悬浮颗粒的样品溶液，应通过前端带脱脂棉或玻璃纤维的注射器或滴管加入样品管中。微量的铁磁性杂质会使信号峰急剧加宽，因此除经过滤除去铁磁性悬浮物外，在制备样品过程中应尽量少用铁制容器或钢勺。如果固体或液体样品容易添加到样品管中，且其溶解性也很好，也可直接将样品加到样品管中，然后加入溶剂振摇，使其样品溶解并混合均匀。

在样品管中加入样品溶液后，立即盖好管帽。管帽一般为普通的聚合物材料，其中以聚四氟乙烯为佳。应尽量避免管帽与待测溶液接触，因为溶剂可能会溶解核磁管帽中的某些物质。在制备待测样品及配制溶液的过程中，也要尽量避免用塑料制品，因为其中常含有油脂、增塑剂或抗氧剂。在用 $CDCl_3$ 作溶剂时，常见油脂的信号峰位于 δ 0.86(多重峰)和 δ 1.26(宽的单峰)；邻苯二甲酸二辛酯(DOP，常用的增塑剂)的信号峰位于 δ 0.91(多重峰)、δ 1.27～1.49(多重峰)、δ 1.63(多重峰)、δ 4.22(双重峰)和 δ 7.52～7.70(多重峰)；2,6-二甲基-4-叔丁基苯酚(BHT)的峰出现在 δ 1.43(单峰)、δ 2.27(单峰)、δ 5.01(单峰)和 δ 6.98(单峰)等处。对氧气或水分敏感的物质，可将其在 Schlenk 线上装入特制的样品管中，其顶端为带气体阀门和支管的密封管帽。若样品在室温下不稳定，则将其保存在小液氮罐或盛有适当冷却剂的杜瓦瓶中，在测试前再将其取出。

实验人员在进行测试前必须要经过专门的仪器培训。注意：培训合格后方可进入 NMR 仪器室自行测试！某型号培训合格后只能进行对应仪器的操作，不能操作其他型号或频率的仪器！

在测试时一般应注意以下几个方面：

① 标记装有样品溶液的样品管，可用标签纸写明样品名称和所用溶剂，一般将标签纸转圈贴到样品管上部，并注意各个部位应厚度一致，以保证样品管的自由旋转不受影响；还应使标签纸与转子夹持位置错开，以方便样品管的取放，并避免标签纸粘到转子上。另外也可在样品管上套一个小纸片，上面标记样品名称和所用溶剂，在将样品管放入仪器前，将小纸片取下，测试后再放回。

② 在设置测试软件时，务必选对测试核与所用溶剂，然后放入样品管。需要注意的是，在一些 300 M 和 400 M 仪器上进行手动进样时，务必在软件提示可进样后，尤其是要确认听到气流声音后，方可将带有转子的样品管放入磁体中。注意：应在明显感受到气流对转子和样品管的浮力后方可松手，否则会导致样品管掉下而破碎，甚至会损坏核磁共振仪。

③ 有些仪器，为管理方便，已经设置好测试程序，测试者无须自行设置。但多数仪器仍需要自行设置，经过锁场和匀场后，必须调试仪器，达到最佳的测试状态。还可调节扫描次数，对低浓度样品可适当增加扫描次数。若初步得到的谱图出峰不理想，如峰过宽、噪声太大、峰的对称性很差、出现倒峰等，则应分析原因，重新设置参数进行数据收集与处理。

6.3.3 谱图解析

在解析 ^{1}H NMR 谱图以前，应当知道样品制备与提纯的有关信息，列出在这些过程中所用的溶剂及其出峰位置，尤其是对制备过程中的副反应进行分析，写出可能含有的杂质。红外光谱和高分辨质谱等测试结果对 NMR 谱图的解析也会提供很大的帮助。

^{1}H NMR 谱图能给出四种重要的结构信息：化学位移、峰的积分面积、自旋裂分及偶合常数。通常在谱图解析时遵循下面的步骤。

首先从谱图上找出并去掉氘代溶剂的信号峰，如果有可能，再找到样品制备与提纯过程中残余的溶剂信号峰并去掉，剩余的为样品(可能含副产物和残余原料)的信号峰。先分析有几组峰，对应有几种质子。有时在较强的信号峰左右两侧出现两对互相对称的小峰（有时仅明显观察到一对），这称为旋转边峰，在仪器调节不理想时经常会出现。有时一些质子的信号峰会出现重叠，需要结合积分面积和偶合裂分进行分析。还应注意活泼质子的峰可能为峰包，甚至会观察不到。

然后分析峰的积分面积，每组峰积分面积之比代表了所对应的质子个数的比例。注意：在积分时不要将氘代溶剂及残余溶剂的信号峰包含在内。根据质子个数比及分子式，可初步写出化合物各种可能的结构。

再分析每组峰的化学位移。估算可能的化合物结构中质子的化学位移，与谱图中实际的化学位移进行比较。在估算化学位移时，可参考类似已知化合物中质子的化学位移，或用经验公式来进行估算，也可用核磁软件或 ChemDraw（或 ChemBioDraw）等软件进行估算，也可检索 SciFinder 等数据库找到模拟谱图或数据。注意：在用这些辅助手段时，一定要结合影响化学位移的因素，自行分析估算所得数据的合理性。

另外对偶合裂分情况进行分析。需要算出每组峰的偶合常数，以此为依据来确定哪两组峰代表的质子间存在偶合关系。若峰为一级谱，则根据峰裂分数目可确定与其相邻碳原子上质子的个数，这样能够确定不同质子间的相对位置。若峰不为一级谱，则可查阅有关核磁共振波谱的书籍进行分析，也可用核磁共振谱图处理软件辅助进行解析。还可观察峰的形状，两种互相偶合的质子信号峰之间存在“内部增高”的现象，即靠内侧的信号峰高度比外侧的高，这有助于判断互相偶合的两组质子峰。

通过化学位移与偶合裂分、偶合常数，一般能将不合理的结构进行排除，得到正确的结果。如果还不能确定，则应分析其^{13}C NMR 谱图，或借助红外光谱和高分辨质谱，一般能排除错误的结构。若仍不能确定，可考虑用其他的手段。如对于有活泼质子的样品，可在样品的溶液中加入D_2O，使活泼质子发生 H－D 交换从而使其信号峰消失。也可用双照射法，使某信号峰不裂分，从而确定相近质子间的偶合关系；还可使用核 Overhause 效应（NOE）及二维 NMR 技术（如^{1}H－^{1}H 相关、^{1}H－^{13}C 相关）进行判断。

对于含有副产物或原料的样品，对属于这些物质的信号峰要分别进行分析。对于原料，通常有标准谱图或已测得的谱图作为对照，不难将其分析出来。对于可能含有的副产物，则需对反应机理进行细致的分析，对可能出现的副产物逐一列出进行排除。可通过分析峰积分面积比，每种物质，不管是样品还是副产物或原料，其质子都应符合其对应结构中每种质子的个数比。由此也可推算出所含副产物或原料的百分比。

6.3.4 ^{13}C 核磁共振谱简介

^{13}C 的自然丰度仅为 1.1%，其磁矩也比^{1}H 小，因此^{13}C 的信号峰较弱，在连续波核磁共振谱仪上不易测试，而在脉冲傅里叶变换核磁共振谱仪仪器上，^{13}C NMR 测试很方便，易于完成，且 NMR 仪器普遍配有^{13}C 探头，能进行^{13}C NMR 测试。随着宽带去偶（或称噪声去偶）、DEPT 及^{1}H－^{13}C 相关等技术的成熟，^{13}C NMR 谱测试日趋完善，已成为化合物结构测试的常用方法。

宽带去偶是一种最常用的去偶技术，可消除所有^{1}H 对^{13}C 的偶合，使每种碳原子都表现为单峰（与其他磁性核相连或相邻的^{13}C 核仍会产生裂分）。在^{13}C 核数目相同的情况下，其信号强弱一般为伯碳>仲碳>叔碳>季碳，因此不能用峰积分面积比（即峰的高度比）来确定^{13}C核的个数比。与^{1}H NMR谱显著不同的是，^{13}C信号峰的化学位移出现在很宽的区域内（δ 0～240，见表6-2），因此很少出现谱峰重叠的现象。

表6-2 常见碳原子的^{13}C NMR化学位移

碳原子类型	化学位移	碳原子类型	化学位移
RCH_3	0～35	RCH_2Br	20～40
R_2CH_2	15～40	RCH_2Cl	25～50
R_3CH	25～50	RCH_2NH_2	35～50
R_4C	30～40	RCH_2OH 和 RCH_2OR	50～65
$RC \equiv CR$	65～90	$RC \equiv N$	110～125
$R_2C = CR_2$	100～150	RCO_2H 和 RCO_2R	160～185
(苯环)	110～175	RCHO 和 RCOR	190～220

6.4 红外光谱

6.4.1 基本原理

当红外光照射化合物分子时，部分红外光被吸收，并引起化合物分子化学键振动和转动能级跃迁而形成的分子吸收光谱称为红外光谱。每一种化合物都有特征的红外光谱，就像人的指纹一样，利用测定的红外谱图与标准谱图（如Sadtlar或Aldrich标准谱图）对比可进行结构鉴定；在确认化合物中存在的官能团和官能团周围环境方面，红外光谱优于其他的分析手段。气态、液态、固态样品均可进行红外光谱测试，且每种化合物都具有红外吸收。此外，由于价格便宜、操作简单、迅速准确和所需样品少等优点，红外光谱仪已成为实验室的常规仪器，因此红外光谱分析也成为实验室中有机化合物的常规分析手段。

样品分子所吸收红外光的频率与波长及波数的关系为

$$\nu=\frac{c}{\lambda}=c\sigma$$

式中，ν代表频率（单位：Hz）；c代表光速（3×10^{10} cm·s^{-1}）；λ代表波长（单位：cm）；σ代表波数（单位：cm^{-1}），表示1 cm长度中波的数目。常见的红外光谱仪频率一般用波数表示，其范围为4 000～400 cm^{-1}（波长为2.5～25 μm），属于中红外区。

化学键类型不同，其振动能级跃迁所吸收光的能量不同，在特定波长或频率会产生特征的红外吸收。由于在化学键振动能级跃迁的同时，伴随着转动能级跃迁，因此其红外吸收峰是宽的谱带而不是尖锐的谱线。红外光谱一般以波长λ或波数σ为横坐标，表示吸收峰的位置；以透过率

T(或称透射比,以百分数表示)或吸光度 A 为纵坐标,表示吸收强度。吸收强度越大,透过率 T 就越小,吸光度 A 就越大。

分子中化学键的振动方式分为伸缩振动和弯曲振动两种。伸缩振动是指原子沿键轴方向做周期性的伸缩运动,键长变化而键角不变。弯曲振动为原子垂直于化学键振动,键角改变而键长不变,可以是一个原子上各化学键间键角的变化,也可以是一些基团相对于分子的其余部分的振动。以亚甲基为例,几种振动方式如图 6-9 所示。

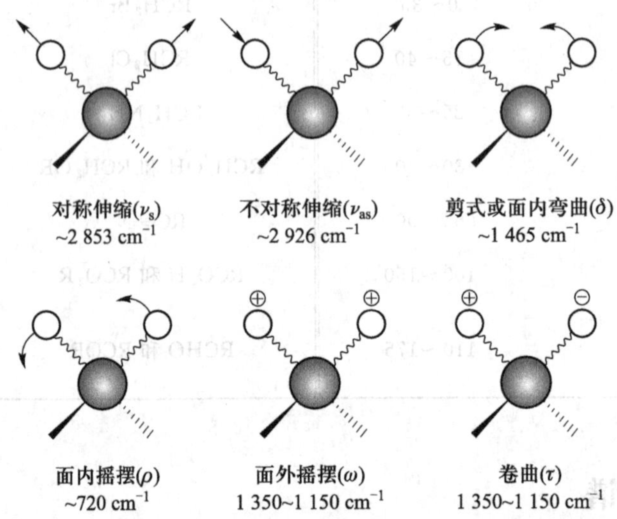

图 6-9 亚甲基的振动方式(+和-表示垂直于纸面的振动)

对于两个成键原子间的伸缩振动,可近似看成用弹簧连接的两个小球的简谐振动,其振动频率遵循 Hooke 定律:

$$\nu=\frac{1}{2\pi}\sqrt{k\left(\frac{1}{m_1}+\frac{1}{m_2}\right)}$$

式中,m_1 和 m_2 代表成键原子的质量;k 为化学键的力常数,化学键越强,k 越大。由上式可见,键的振动频率取决于化学键力常数和成键原子的质量,力常数越大,成键原子质量越小,键的振动频率越高。同一类型化学键,由于其在分子内部及外部所处环境(电子效应、氢键、空间效应、溶剂极性、聚集状态)不同,力常数并不完全相同,导致吸收峰的位置也不尽相同。

需要注意的是,只有引起分子偶极矩发生变化的振动方式才会出现红外吸收峰。对称炔烃的 C≡C 和反式对称烯烃的 C=C 的伸缩振动无偶极矩变化,无红外吸收峰。例如,1-戊炔在 2 120 cm^{-1}处有吸收峰,而 2-丁炔在 2 200～2 100 cm^{-1}没有吸收峰;顺-3-已烯在 1 666 cm^{-1}处有吸收峰,而反-3-已烯在 1 680～1 620 cm^{-1}没有吸收峰。

红外吸收强度取决于振动时偶极矩变化的大小。化学键极性越强,振动时偶极矩变化越大,吸收峰越强。例如,两端取代基差别不大的碳碳单键,其伸缩振动吸收峰很弱。峰的吸收强度常用很强(vs)、强(s)、中等(m)和弱(w)表示。

常见有机化合物基团的特征频率(以波数表示)见表 6-3。

表 6-3 常见有机化合物基团红外吸收的特征频率(以波数表示)

振动方式	化学键类型	特征频率/cm^{-1}(化合物类型)	化学键类型	特征频率/cm^{-1}(化合物类型)
伸缩振动	—O—H	3 600～3 200(醇、酚) 3 600～2 500(羧酸)	C═C	1 680～1 620(烯烃)
	—N—H	3 500～3 300(胺、亚胺,伯胺为双峰) 3 350～3 180(伯酰胺,双峰) 3 320～3 060(仲酰胺)	C═O	1 750～1 710(醛、酮) 1 725～1 700(羧酸) 1 850～1 800,1790～1740(酸酐) 1 815～1 770(酰卤) 1 750～1 730(酯) 1 700～1 630(酰胺)
	sp C—H	3 320～3 310(炔烃)		
	sp^2 C—H	3 100～3 000(烯烃、芳烃)	C═N	1 690～1 640(亚胺、肟)
	sp^3C—H	2 950～2 850(烷烃)		
	sp^2 C—O	1 250～1 200(酚、酸、烯醚)	—NO_2	1 550～1 535,1 370～1 345(硝基化合物)
	sp^3C—O	1 250～1 150(叔醇、仲烷基醚) 1 125～1 100(仲醇、伯烷基醚) 1 080～1 030(伯醇)	— C≡C — — C≡N	2 200～2 100(不对称炔烃) 2 280～2 240(腈)
弯曲振动	sp^3C—H 弯曲振动	1 470～1 430,1 380～1 360(CH_3) 1 485～1 445(CH_2)	Ar—H 面外弯曲振动	770～730,710～680(五个相邻氢) 770～730(四个相邻氢) 810～760(三个相邻氢) 840～790(两个相邻氢) 900～860(隔离氢)
	=C—H 面外弯曲振动	995～985,915～905(单取代烯) 980～960(反式二取代烯) 690(顺式二取代烯) 910～890(同碳二取代烯) 840～790(三取代烯)	≡C —H 弯曲振动	660～630(端位炔烃)

6.4.2 仪器及测试

红外光谱仪通常由光源、单色器、检测器和计算机处理系统组成。根据分光装置的不同,分为色散型和干涉型。色散型通常采用光栅扫描,目前已较少使用;干涉型采用迈克尔逊干涉仪扫描,即傅里叶变换红外光谱,目前被广泛使用。

光栅扫描是利用分光镜将检测光(红外光)分成两束,一束作为参考光,一束作为探测光照射样品,再利用光栅和单色仪将红外光的波长分开,扫描并检测逐个波长的强度,最后整合成一张谱图。对色散型双光路光学零位平衡红外分光光度计而言，当样品吸收了一定频率的红外辐射后，分子的振动能级发生跃迁，透过的光束中相应频率的光被减弱，造成参比光路与样品光路相应辐射的强度差，从而得到所测样品的红外光谱。

傅里叶变换红外光谱(简写为 FT−IR)是利用迈克尔逊干涉仪将检测光(红外光)分成两束，在动镜和定镜上反射回分束器上，这两束光是宽带的相干光，会发生干涉。相干的红外光照射到样品上，经检测器采集，获得含有样品信息的红外干涉图数据，经过计算机对数据进行傅里叶变换后，得到样品的红外光谱图。现在的一些 FT−IR 仪器采用单束干涉光，仪器体积变小，便于携带。傅里叶变换红外光谱测量速度快、灵敏度和分辨率高、可重复性好，只需很少的样品就可得到良好的谱图，也容易与其他测试仪器进行联用。图 6−10 为 FT−IR 仪器示意图。

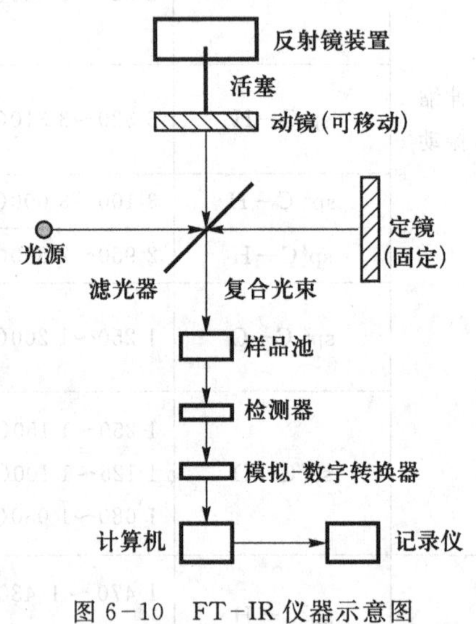

图 6−10 FT−IR 仪器示意图

为了方便谱图解析，一般用纯的样品进行测试，样品应尽量干燥。固体、液体和气体都可进行 FT−IR 测试。固体样品可用压片法、研糊法或薄膜法进行测试。对于一般的固体有机化合物样品，可采用溴化钾压片法，这是最常用的方法。压片法一般是取 2～3 mg 干燥的固体样品与 100～200 mg 干燥的溴化钾(或氯化钠)加入到玛瑙研钵中，进行充分研磨、混合均匀，一般要求将固体粉碎至直径 2 μm 以下，也可使用球磨机进行研磨。然后将其装入特制的模具(一般为压片机或压片器)中，轻轻振动模具，使混合物在模具中分布均匀，再压制成透明的圆薄片。压片法得到的样品光谱图可能在 σ3 440 cm^{-1} 和 1 640 cm^{-1} 附近出现由水分引起的红外吸收峰。对于难以压片的样品如无机粉末、颜料、染料等，可采用漫反射附件进行分析；固体薄膜如果透明效果较好，可直接采用透射法进行测定，如透明效果不好，可采用 HATR 附件进行测定；对于无法粉碎的样品如固体的表面涂层等，可采用 30°反射附件测定。

研糊法是取 3～5 mg 固体与 2～3 滴研糊油在玛瑙研钵中充分研磨，一般也使固体颗粒直径在 2 μm 以下，研磨完成后将液糊涂在两块 KBr 晶体之间，或涂在一片 KBr 压片表面进行测试。高沸点的石蜡油(nujol)经常用作研糊油，它本身在 2 918 cm^{-1}、1 458 cm^{-1}、1 378 cm^{-1}、720 cm^{-1} 处有饱和烃的吸收峰，当其吸收峰干扰样品的吸收峰时，可用 flouroloube(一种全氟氯代烃)进行研糊。

薄膜法主要用于树脂、塑料等高分子化合物的测试。可使样品从溶液中沉积到玻璃表面形成透明薄膜，也可加热熔融样品或将样品溶解在低沸点的易挥发溶剂中，然后涂在 KBr 晶体片上成膜。使用薄膜法应注意将溶剂除尽，可采用抽真空或缓慢加热的方法。IR 测试中采用的溶剂应在测定波长范围内有很好的透光度。常用 CCl_4 和 CS_2 作溶剂，CCl_4 在高于 1 333 cm^{-1} 时基本没有吸收，CS_2 则在 1 333 cm^{-1} 以下基本无吸收。选取溶剂时应注意溶剂与待测物不能发生化学反应。

对于液体样品，可用其纯液体或溶液进行测试。沸点高的样品，可取 1～10 mg，将其加到两片 KBr 或 NaCl 晶体间形成液膜进行测试；也可将少量液体涂在一个 KBr 或 NaCl 压片上测试，但此时液膜厚度可能会不均匀。对于沸点低的样品或溶液，需要用封闭的薄液体池来进行测试。

对于气体样品或低沸点液体样品，可加热样品，使其蒸气进入到已抽真空的气体池中进行测试。气体池应具有气密性，其两端一般用红外透光的 KBr 或 NaCl 片作为窗体。

在制样时要调整样品浓度和厚度，一般使最强峰的透过率为 1%～10%，基线在 90%以上，大多数吸收峰的透过率在 10%～80%。样品准备好后即可进行测试。FT-IR 一般采用计算机控制和数据处理，在扫描结束后显示器上会出现 IR 谱图，一般数据处理软件可允许选择透过率 T 或吸光度 A 为纵坐标，并对谱图进行平滑处理，且对峰的吸收频率进行标注或去标注。需要注意的是，在测试结束后务必将数据文件命名，保存至专门的文件夹中，以防丢失。

6.4.3 红外光谱图的解析

在解析红外光谱图前，首先需要确认以下几点：① 谱图要有足够的分辨率和强度，这主要与仪器状况、样品浓度及样品本身结构有关。如果样品浓度很小，则透过率很高，吸收弱，样品的吸收峰易被干扰；如果样品浓度很大，透过率很低，吸收很强，则有时某些相邻吸收峰会发生重叠，造成分辨率下降。② 样品应为纯化合物，否则需弄清杂质的主要成分，这通常也要借助其他波谱分析手段，如 NMR 和 MS。有时在 3 700～3 440 cm^{-1}出现水的吸收峰，在 2 350 cm^{-1}附近出现二氧化碳的吸收峰，这些要进行排除，若这些吸收峰较明显时应重新测试。③ 光谱仪要经过校正，使吸收峰频率的数据准确。常用聚苯乙烯薄膜作标准品来进行校正。④ 应说明样品处理方法。例如，用石蜡油研糊法需要除去石蜡油的吸收峰，另外若使用了溶剂，也要标注溶剂名称、样品浓度等。

解析红外光谱图时，先通过特征峰来判断一些官能团是否存在。可首先分析 4 000～1 300 cm^{-1}和 1 000～650 cm^{-1}这两个范围。前者为特征频率区，一些重要的官能团，如 O—H、N—H 和 C═O 的伸缩振动频率出现在这一区域。若 1 000～650 cm^{-1}内没有强的吸收峰，说明该化合物可能没有芳香性结构，也不是端位炔烃或烯烃(四取代烯烃除外)。

具体来讲，通过观察 3 000 cm^{-1}以上是否有吸收峰来判断是否含有—OH、—NH_2，还可判断是否为烯烃、炔烃等不饱和化合物，其 C—H 伸缩振动吸收峰在 3 000 cm^{-1}以上，而饱和烃 C—H 的吸收峰在 3 000 cm^{-1}以下。需要注意的是，在气态或极稀的非极性溶剂中，醇、酚和羧酸会出现游离的 O-H 伸缩振动吸收峰，在 3 700～3 500 cm^{-1}出现尖锐的强峰(醇、酚中若羟基周围空间位阻大，因不易形成分子间氢键，也常出现游离的 O—H 伸缩振动吸收峰)；但在其他情况下，羟基为缔合状态，在 3 500～2 500 cm^{-1}出现宽而强的吸收峰。缔合羧酸在 3 000～2 500 cm^{-1}出现羟基宽而强的吸收峰，与烃类化合物的 C—H 伸缩振动吸收峰出现重叠，解析谱图时需要注意。2 500～2 000 cm^{-1}为三键和累积双键的区域，包括 C≡C 、C≡N 、C═C═O 等基团的伸缩振动(但累积二烯烃中 C═C 的伸缩振动通常在 1 950～1 930 cm^{-1})。2 000～1 300 cm^{-1}为双键伸缩振动区域，包括 C═O、C═N、C═C、N═O 等双键的伸缩振动。1 300～1 000 cm^{-1}区域包含了 C—C、C—O、C—N、C—F 等单键的伸缩振动和 C═S、S═O、P═O 等双键的伸缩振动。1 000～600 cm^{-1}区域主要包含 C—H 的弯曲振动吸收峰及卤代烷中 C—X(X 为 Cl、Br、I)的伸缩振动吸收。还可用 1 000～600 cm^{-1}区域的吸收峰来判断苯环上及烯烃的不同取代情况(见表 6-3)。

在解析红外光谱图时，需要注意同一官能团因振动方式不同而产生的不同位置的相关峰。

另外，根据频率值的变化推测相邻的基团及连接方式，氢键、共轭效应、诱导效应都可使基团的特征频率发生变化，据此可推测基团的相对关系。

对于所推测的结构应当与标准谱图进行对照，谱图中吸收峰的位置、数目、形状及相对强度都需与标准谱图一致，才可确定为相同化合物。若无标准谱图，则应结合 NMR、MS 等分析手段共同确定样品结构。

第七章　有机化合物的制备实验

7.1　烃的制备

实验一　环己烯

一、实验目的

① 掌握浓硫酸催化环己醇脱水制备环己烯的原理和方法；

② 学习分馏原理及分馏柱的使用方法。

二、实验原理

实验室中，环己烯通常可用浓硫酸或浓磷酸催化环己醇脱水制备。本实验使用浓硫酸作催化剂，为避免生成的烯烃进一步发生其他副反应，最好不断地将生成的烯烃与水形成的二元共沸物(沸点 70.8 ℃，含水 10%)从反应体系中蒸出。由于原料环己醇也能和水形成二元共沸物(沸点 97.8 ℃，含水 80%)，为减少环己醇的损失，应使用分馏装置，并控制柱顶温度不超过 90 ℃。

主反应式：

$$\text{环己醇 (OH)} \xrightarrow[130\sim140\ ^\circ C]{H_2SO_4} \text{环己烯} + H_2O$$

一般认为，该反应为 E1 机理，反应机理如下：

$$\text{环己醇 (OH)} \xrightleftharpoons{H_2SO_4,-HSO_4^-} \text{(}\overset{+}{O}H_2\text{)} \xrightleftharpoons{-H_2O} \text{碳正离子 (}^{+}\text{, H, H)} \xrightleftharpoons{HSO_4^-,-H_2SO_4} \text{环己烯}$$

三、仪器和药品

仪器(装置图见图 7-1)：磁力搅拌电热套、圆底烧瓶、分馏柱、蒸馏头、直形冷凝管、接引管、锥形瓶、温度计。

药品：环己醇(9.6 g，10 mL，0.096 mol)、浓硫酸(1 mL)、氯化钠、无水氯化钙、10%碳酸钠水溶液。

四、实验步骤

在 50 mL 干燥的圆底烧瓶中，加入 10 mL 环己醇及 1 枚磁子，在搅拌下[1]加入 1 mL 浓硫酸[2]，装好分馏装置(见图 7-1)。在搅拌下加热至沸，调节电压，缓慢蒸出环己烯及水的混合混浊液体，控制蒸馏头处温度计读数不要超过 90 ℃[3]。当无液体馏出时，可适当加大电压，当蒸馏头有白雾状物质生成或剩有少量残余液体时停止加热。

将馏出液用氯化钠饱和后，用 10%碳酸钠溶液中和体系中微量的酸，转移到分液漏斗中分液。粗产物倒入干燥的锥形瓶中，加入无水氯化钙干燥。待液体清亮后，将干燥后的产物滤入干燥的圆底烧瓶中，加入沸石后常压蒸馏，收集 80～84 ℃的馏分。

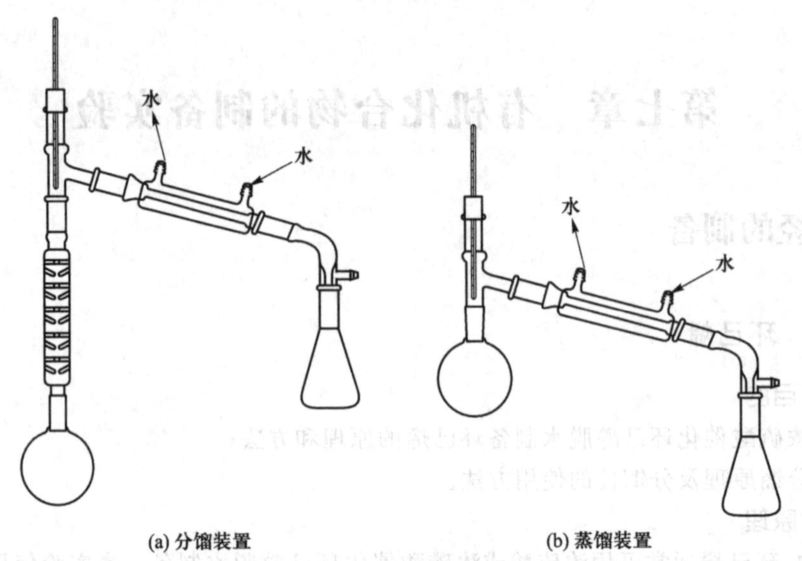

图 7-1 实验装置图

纯环己烯沸点为 82.98 ℃，$d_4^{20}=1.447$，$n_D^{20}=0.810$。

五、检验与测试

① 溴的四氯化碳溶液实验：在试管内放入 1 mL 5%溴的四氯化碳溶液，然后一滴一滴地滴加上述产品，并随时摇动试管，观察颜色变化。

② 高锰酸钾溶液实验：将 5 滴上述产品和 2 mL 水加入试管，滴加 0.1%高锰酸钾溶液，并随时摇动试管，观察颜色变化。

③ 测试产品的红外光谱图和核磁共振氢谱，并与标准谱图对照。

六、注释

① 环己醇在室温下是黏稠状液体，与浓硫酸应充分混合，以防止局部炭化。

② 也可以用 85%的磷酸作催化剂，用量为 5 mL。磷酸不具备氧化能力，可避免氧化副反应的发生。

③ 反应过程中不仅环己烯与水形成共沸物，而且环己醇与水之间也能形成共沸物，所以分馏速度不可过快，分馏柱顶部温度不可过高，以避免将未反应的环己醇蒸出。

七、思考题

① 在粗制的环己烯中，加入氯化钠使水层饱和的目的何在？

② 在反应终止前，出现的白雾状物质是什么？

③ 在本实验中用氯化钙作干燥剂，除了能吸收水分外，还有什么作用？

④ 在本实验中生成的环己烯如不尽快蒸出，会发生什么副反应？写出其反应式。

实验二 乙苯

一、实验目的

① 掌握回流、蒸馏、干燥等操作；

② 学习黄鸣龙改进的 Wolff-Kishner 还原法的原理与操作要点。

二、实验原理

Wolff-Kishner还原法是在碱性条件下将醛或酮中的羰基还原成亚甲基的一种重要方法，此法先使醛或酮与纯肼作用变成腙，然后将腙分离出来，与乙醇钠及无水乙醇在高压釜中加热到180 ℃左右，使腙发生分解得到还原产物。

$$\mathrm{R(R')HC{=}O} \xrightarrow{NH_2NH_2} \mathrm{R(R')HC{=}NNH_2} \xrightarrow{NaOC_2H_5} \mathrm{R(R')HCH_2} + N_2\uparrow$$

我国化学家黄鸣龙在反应条件方面做了改进。先将醛或酮、氢氧化钾(或氢氧化钠)、水合肼和一个高沸点的水溶性溶剂(如二甘醇、三甘醇)一起加热，使醛、酮变成腙，再蒸出水和未反应的肼，待温度达到腙的分解温度(180～200 ℃)时，反应产物逐渐生成，继续回流至反应完成。这种改进的方法称为黄鸣龙改进的Wolff-Kishner还原法或Wolff-Kishner-黄鸣龙还原法。与传统的Wolff-Kishner还原法相比，改进的还原法有以下优点：① 腙不必分离；② 反应时间大幅缩短；③ 反应在常压下进行，可进行工业放大；④ 产率通常较高。

在本实验中苯乙酮与水合肼反应生成苯乙酮腙，在蒸出水和未反应的肼后，反应体系的温度达到175～180 ℃时腙发生分解，乙苯生成后即从体系中蒸馏出来。反应式如下：

$$C_6H_5COCH_3 \xrightarrow[\text{三甘醇}]{NH_2NH_2\cdot H_2O,KOH} C_6H_5CH_2CH_3 + N_2\uparrow$$

一般认为，该反应的机理为

$$C_6H_5C(=O)CH_3 + \ddot{N}H_2NH_2 \rightleftharpoons C_6H_5C(O^-)(\overset{+}{N}H_2NH_2)CH_3 \overset{\text{质子转移}}{\rightleftharpoons} C_6H_5C(OH)(NHNH_2)CH_3 \overset{-H_2O}{\rightleftharpoons} C_6H_5C(=N-NH_2)CH_3$$

$$\overset{\text{互变异构}}{\rightleftharpoons} C_6H_5CH(N{=}NH)CH_3 \overset{HO^-,-H_2O}{\rightleftharpoons} C_6H_5CH(N{=}\bar{N})CH_3 \xrightarrow{-N_2} C_6H_5\bar{C}HCH_3 \xrightarrow[-HO^-]{H_2O} C_6H_5CH_2CH_3$$

三、仪器和药品

仪器(装置图见图7-2)：磁力搅拌电热套、250 mL二口(或三口)圆底烧瓶、球形冷凝管、温度计及螺口接头、蒸馏头、直形冷凝管、接引管、锥形瓶、分液漏斗、50 mL圆底烧瓶、漏斗。

药品：苯乙酮(7.2 g，0.06 mol)、80%水合肼(7 mL)、氢氧化钾(8 g)、三甘醇(50 mL)、乙醚、无水硫酸镁。

四、实验步骤

在250 mL二口(或三口)圆底烧瓶的中间磨口上安装球形冷凝管，从侧口中加入7.2 g苯乙酮、50 mL三甘醇、8 g氢氧化钾[①]和7 mL水合肼(80%)[②]，在侧口上安装温度计，使其末端浸入液面以下并尽量靠近烧瓶底部(见图 7-2)。开启磁力搅拌,加热回流 1 h。稍冷,将回流装置改为蒸馏装置,逐渐加热升温蒸出水、过量的水合肼和生成的乙苯,直至烧瓶中温度计读数达到 175～180 ℃,且馏出液变慢为止。将馏出液加到分液漏斗中,分出有机层(上层),用无水硫酸镁进行干燥。在干燥的 50 mL 圆底烧瓶上安装一套干燥的蒸馏装置,将干燥好的液体通过漏斗加入到烧瓶中进行蒸馏[③],收集 130～137 ℃的馏分。称量,计算产率。

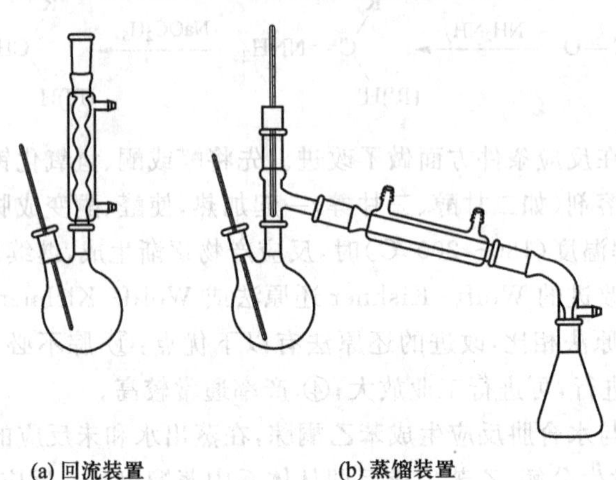

(a) 回流装置　　(b) 蒸馏装置

图 7-2　实验装置图

纯乙苯的沸点为 136.2 ℃,$d_4^{20}=1.495$,$n_D^{20}=0.867$。

五、检验与测试

测产品的折射率、红外光谱图或核磁共振氢谱,并与标准谱图或数据进行对照。

六、注释

① 氢氧化钾能腐蚀并粘住磨口,所以要用加料漏斗加料。

② 水合肼有腐蚀性,且有毒。应戴手套取用,如粘在手上需尽快用水冲洗。

③ 可在蒸馏头的上口放置塞有一小团脱脂棉的漏斗,将液体滤入烧瓶中。

七、思考题

① 如何用红外光谱判断产物乙苯中不含苯乙酮?

② 本实验中的中间体腙是否存在顺反异构现象?写出其结构式并命名。

实验三　反-1,2-二苯乙烯

一、实验目的

① 掌握 Wittig 反应原理和制备二苯乙烯的方法;

② 掌握季鏻盐的制备方法;

③ 掌握半微量实验的操作方法。

二、实验原理

三苯基膦与苄基氯反应生成季鏻盐:

$$Ph_3P + Cl\text{—}CH_2\text{—}Ph \longrightarrow Ph_3P^{+}\text{—}CH_2\text{—}Ph\ \ Cl^{-}$$

季鏻盐在强碱作用下失去一分子卤化氢形成稳定的磷叶立德(ylide),其中碳的 p 轨道与磷的 3d 轨道交盖,形成具有很强极性的 pd$-\pi$ 键,碳上带有部分负电荷。因此磷叶立德是一种较强的亲核试剂,可与醛、酮的羰基发生亲核加成反应,最后消除三苯基氧膦生成烯烃。此反应称为 Wittig 反应,是一种很重要的生成碳碳双键的方法。

$$Ph_3P^{+}CH_2Ph\ Cl^{-} \xrightarrow[-NaCl,\,-C_2H_5OH]{NaOC_2H_5} Ph_3P^{+}-\overset{-}{C}HPh \longleftrightarrow Ph_3P=CHPh$$

$$Ph_3P=CH-C_6H_5 + O=CHPh \longrightarrow \text{(Ph}_3\text{P–O 四元环中间体)} \xrightarrow{-Ph_3P=O} PhCH=CHPh\ (\text{反式}) + PhCH=CHPh\ (\text{顺式})$$

Wittig 反应有一定立体选择性。由于此反应产物中含两个苯基,空间位阻作用较大,所以形成的 1,2-二苯乙烯以反式为主,但仍会有少量的顺式异构体。

三、仪器和药品

仪器:25 mL 圆底烧瓶(2 个)、氯化钙干燥管、直形冷凝管、球形冷凝管、赫氏漏斗、磨口锥形瓶、滴管、量筒、磁力搅拌电热套。

药品:三苯基膦(0.39 g,1.5 mmol)、氯化苄(0.3 mol/L 二甲苯溶液,5 mL,1.5 mmol)、苯甲醛(0.75 mol/L 无水乙醇溶液,2 mL,1.5 mmol)、金属钠、无水氯化钙、二甲苯、无水乙醇。

四、实验步骤

1. 季鏻盐的制备

在 25 mL 圆底烧瓶中加入 0.39 g 三苯基膦[①]和 5 mL 0.3 mol/L 氯化苄[②]的二甲苯溶液,装上带氯化钙干燥管的球形冷凝管,搅拌加热回流 40 min。冷至室温,烧瓶中析出白色固体。将反应混合物转移到铺有滤纸的赫氏漏斗上进行抽滤,分别用 2 mL 二甲苯洗涤两次,收集此季鏻盐到预先干燥并称量的 25 mL 圆底烧瓶中,记录产品质量,然后进行下一步反应。

2. 反-1,2-二苯乙烯的制备

在已装有季鏻盐的 25 mL 圆底烧瓶中,用干燥的滴管加入 1 mL 新制备的 1.5 mol/L 乙醇钠溶液[③],搅拌下加入 2 mL 0.75 mol/L 苯甲醛的无水乙醇溶液,然后立即装上氯化钙干燥管,室温下搅拌 20 min。加入 2 mL 水,此时会有白色固体析出[④]。通过赫氏漏斗抽滤,收集白色固体并称量,即得反-1,2-二苯乙烯。

纯反-1,2-二苯乙烯为白色固体,熔点为 123～125 ℃。

五、注释

① 三苯基膦有毒,如与皮肤接触应立即用肥皂和水充分洗净。

② 氯化苄对眼睛有强烈刺激作用,操作时勿靠近面部。如沾在皮肤上应立即用肥皂和水充分洗净。

③ 乙醇钠溶液可以统一制备。在 100 mL 的圆底烧瓶中加入 50 mL 的无水乙醇和 1.75 g 切成小块的金属钠,装上氯化钙干燥管,直到金属钠完全消失,即得乙醇钠溶液。

④ 反-1,2-二苯乙烯在水中溶解度小。在 60%乙醇溶液中三苯氧膦可溶解,不会析出,而

反-1,2-二苯乙烯大部分能析出,在溶液中还有一部分顺-1,2-二苯乙烯。

六、思考题

① 用 Wittig 反应制备烯烃有哪些特点?

② 由醛、酮制备烯烃还可通过哪些途径?写出反应式。

实验四 内型5-二环[2.2.1]庚烯-2,3-二酸酐

一、实验目的

① 熟悉 Diels-Alder 反应;

② 掌握重结晶的原理与操作要点,巩固分馏等基本操作。

二、实验原理

内型5-二环[2.2.1]庚烯-2,3-二酸酐(又称降冰片烯二酸酐,endic anhydride)为白色晶体,对皮肤、黏膜有刺激性,广泛用做环氧树脂的固化剂,还可用于生产聚酯树脂、醇酸树脂、增塑剂、稳定剂和杀虫剂的原料。其可经 Diels-Alder 反应制备:

内型(endo) 主产物 外型(exo) 副产物,很少

此反应为共轭二烯烃及其衍生物(双烯体)与含碳碳双键、碳碳三键等的化合物(亲双烯体)进行的协同1,4-环加成反应,也称[4+2]环加成反应。反应为周环反应,是一步完成的,只经过一个环状过渡态形成环状产物,没有活性中间体:

反应特点:共轭二烯烃以 *s*-顺式参加反应,若不能形成 *s*-顺式,则反应不能进行;双烯体与亲双烯体的立体化学构型保持;产物主要是内型(endo)而不是外型(exo)。

环戊二烯在室温下会发生 Diels-Alder 反应,二聚生成二聚环戊二烯,因此环戊二烯在制备后应尽快使用。纯的二聚环戊二烯熔点为32 ℃,沸点为170 ℃,因此环戊二烯在放置过程中会逐渐二聚变成固体。环戊二烯可由二聚环戊二烯的逆 Diels-Alder 反应解聚制备:

170~200 ℃

将生成的环戊二烯从反应体系中分馏出去,能使平衡向右移动,使解聚反应更彻底。

三、仪器和药品

仪器(装置图见图7-3):磁力搅拌电热套、100 mL 二口圆底烧瓶、球形冷凝管、维氏分馏柱、温度计及螺口接头、蒸馏头、直形冷凝管、接引管、锥形瓶、分液漏斗、50 mL 二口圆底烧瓶、漏斗。

药品:二聚环戊二烯(10 g,0.076 mol)、顺丁烯二酸酐(2 g,0.02 mol)、无水氯化钙、乙酸乙酯、石油醚。

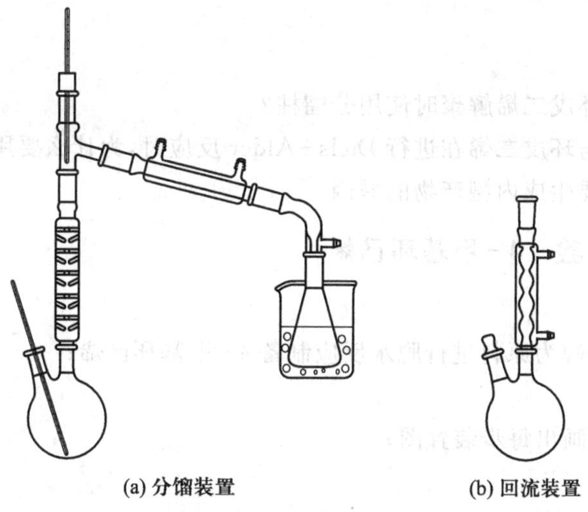
(a) 分馏装置　　(b) 回流装置

图 7-3　实验装置图

四、实验步骤

在 100 mL 二口圆底烧瓶中加入 10 g 二聚环戊二烯，安装一根 30 cm 长的维氏分馏柱，装好分馏装置(见图 7-3)，调节电热套电压，尽快加热烧瓶使固体熔融并升温至 170 ℃以上①。控制蒸馏头上温度计的读数不超过 45 ℃进行分馏，蒸出环戊二烯，接收瓶中加入无水氯化钙并用冰水浴冷却，收集 40～45 ℃的馏分备用②。

在 50 mL 干燥的二口圆底烧瓶中加入 2 g 顺丁烯二酸酐、7 mL 乙酸乙酯、7 mL 石油醚(沸程为 60～90 ℃)③和一枚磁子，安装球形冷凝管，搅拌加热使固体全部溶解。稍冷，从烧瓶一个支口中加入 2 mL 新蒸的环戊二烯，反应开始并放热。搅拌反应 30 min，冰水浴冷却析出固体。抽滤，得内型 5-二环[2.2.1]庚烯-2,3-二酸酐白色固体④。为得到更纯的产品，可进行重结晶：将固体加入到 7 mL 乙酸乙酯和 7 mL 石油醚的混合溶剂中，用电热套加热使固体溶解。撤去电热套，静置自然冷却，抽滤，得白色针状晶体产物。

纯环戊二烯的沸点为 41～42 ℃，$d_4^{20}=0.805$；纯内型 5-二环[2.2.1]庚烯-2,3-二酸酐的熔点为 164～165 ℃。

五、检验与测试

可用高锰酸钾溶液或溴的四氯化碳溶液检测环戊二烯及环加成产物，均会发生褪色。还可测产品的红外光谱或核磁共振氢谱，并与标准谱图或数据对照。

六、注释

① 二聚环戊二烯解聚时会起泡，注意调节电热套的电压，使蒸馏头上温度计的读数不超过 45 ℃。环戊二烯有刺激性气味，应在通风橱中操作。

② 环戊二烯能供 2～4 人进行下步反应。若有剩余，可在冰箱冷冻室内短期保存。

③ 加入石油醚后应无固体。若有固体，则应加热使其溶解后再加环戊二烯。

④ 此酸酐产物很容易水解为二羧酸：将产物加到 30 mL 水中，加热沸腾，必要时补加少量水，使固体和油状物刚好全部溶解。静置自然冷却；若冷却后无晶体析出，可用玻璃棒摩擦容器壁促其结晶。待结晶完全析出后，抽滤，晾干，得白色棱柱状晶体，为内型 5-二环[2.2.1]庚

烯-2,3-二甲酸。

七、思考题

① 为什么在二聚环戊二烯解聚时使用分馏柱？

② 顺丁烯二酸酐与环戊二烯在进行 Diels-Alder 反应时，为什么要用干燥的仪器？

③ 试解释反应主要生成内型产物的原因。

实验五 设计实验 4-甲基环己烯

实验要求

① 以4-甲基环己醇为原料进行脱水反应制备4-甲基环己烯；

② 写出实验原理；

③ 列出仪器药品，画出每步装置图；

④ 写出实验步骤；

⑤ 制定检验鉴定方法。

基准量：0.08 mol 原料。

7.2 卤代烃的制备

实验六 1-溴丁烷

一、实验目的

① 掌握丁醇经过溴化制备1-溴丁烷的方法；

② 加深对酸催化下 S_N2 反应的理解。

二、实验原理

溴化钠与硫酸反应生成氢溴酸，丁醇在硫酸催化下和氢溴酸作用可以生成1-溴丁烷。

主反应：

$$CH_3CH_2CH_2CH_2OH + NaBr + H_2SO_4 \longrightarrow CH_3CH_2CH_2CH_2Br + NaHSO_4 + H_2O$$

副反应：

$$CH_3CH_2CH_2CH_2OH \xrightarrow{H_2SO_4} CH_3CH_2CH{=}CH_2 + H_2O$$

$$2\,CH_3CH_2CH_2CH_2OH \xrightarrow{H_2SO_4} CH_3CH_2CH_2CH_2{-}O{-}CH_2CH_2CH_2CH_3 + H_2O$$

$$HBr + H_2SO_4 \longrightarrow Br_2 + SO_2 + H_2O$$

本实验属于 S_N2 反应，提高反应速率的措施是足够的酸度和高浓度的 Br^-。本实验用 NaBr 作亲核试剂源，H_2SO_4 为催化剂；此外，H_2SO_4 还起到脱水作用。反应中，为防止反应物醇被蒸出，采用了回流装置。此外，NaBr 也会和 H_2SO_4 作用生成 HBr。由于 HBr 有毒害，为防止 HBr 逸出，污染环境，需安装气体吸收装置。回流后再进行粗蒸馏，一方面使生成的产品1-溴丁烷分离出来，便于后面的洗涤操作；另一方面，粗蒸过程可进一步使醇反应完全。

粗产品中含有未反应的醇和副反应生成的醚，用浓 H_2SO_4 洗涤可将它们除去。因为二者能与浓 H_2SO_4 形成锌盐：

$$CH_3CH_2CH_2CH_2-OH \xrightarrow{H_2SO_4} CH_3CH_2CH_2CH_2-\overset{+}{\underset{H}{O}}-H \quad {}^{-}OSO_3H$$

$$CH_3CH_2CH_2CH_2-O-CH_2CH_2CH_2CH_3 \xrightarrow{H_2SO_4} CH_3CH_2CH_2CH_2-\overset{+}{\underset{H}{O}}-CH_2CH_2CH_2CH_3 \quad {}^{-}OSO_3H$$

如果 1－溴丁烷中含有正丁醇，蒸馏时会形成沸点较低的前馏分（1－溴丁烷和正丁醇的共沸混合物沸点为 98.6 ℃，含正丁醇 13%），而导致精制品产率降低。

三、仪器和药品

仪器（装置图见图 7－4）：100 mL 圆底烧瓶、球形冷凝管、漏斗、烧杯、分液漏斗、蒸馏头、温度计及螺口接口、直形冷凝管、接引管、锥形瓶。

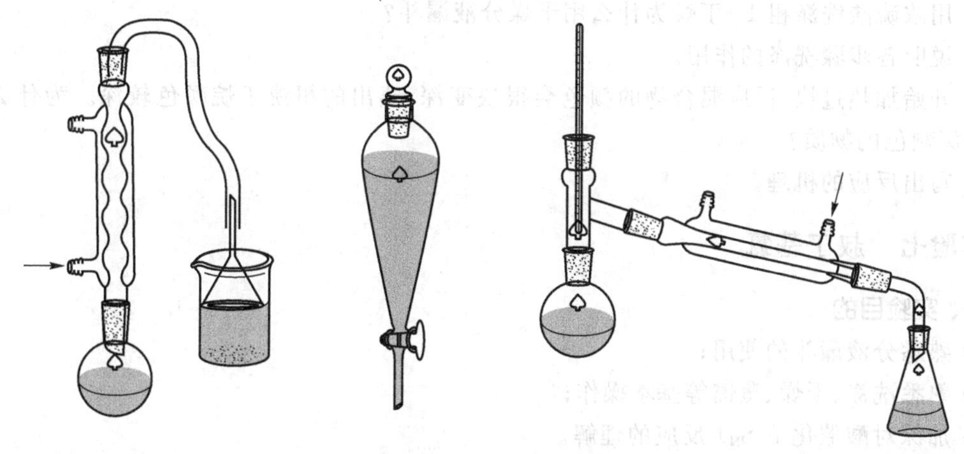

图 7－4　实验装置图

药品：正丁醇（5.0 g，6.2 mL，0.068 mol）、无水溴化钠（9.0 g，0.086 mol）、浓硫酸（10 mL，0.188 mol）、碳酸钠溶液（10%）、无水氯化钙。

四、实验步骤

在 100 mL 圆底烧瓶中加入 10 mL 水和一枚磁子，开动搅拌并慢慢加入 10 mL 浓硫酸，水浴冷至室温。再依次加入 6.2 mL 正丁醇、9.0 g 研细的无水溴化钠①，安装球形冷凝管，上口接一气体吸收装置（见图 7－4），用水作吸收液。调节电压缓慢加热②，保持缓慢回流 30 min。

反应完成后，稍冷，卸下回流冷凝管，改为蒸馏装置，蒸出 1－溴丁烷粗产品，仔细观察馏出液，直到无油滴蒸出为止③。

将馏出液转入分液漏斗中，将油层从下口放入一个干燥的小锥形瓶中，分两次加入 3～4 mL 浓硫酸，充分摇匀，如果混合物发热，可用冷水浴冷却。

将混合物转入干燥分液漏斗中，静置分层，放出下层的浓硫酸。有机相依次用等体积的水、10%的碳酸钠溶液、水洗涤后，将下层粗 1－溴丁烷转入干燥的锥形瓶中，加入 2 g 左右的粒状无水氯化钙干燥，间歇摇动锥形瓶，至溶液澄清。

将干燥好的粗 1－溴丁烷转入干燥蒸馏装置中蒸馏，收集 99～102 ℃的馏分。

纯 1－溴丁烷为无色液体，沸点 101.6 ℃，$d_4^{20}=1.275$，$n_D^{20}=1.439$。

五、检验与测试

可通过折射率、气相色谱、红外光谱、核磁共振氢谱来检测溴丁烷。

六、注释

① 如用含有结晶水的 NaBr，应将含水量扣除并相应减少加水量；如果溴化钠粘在瓶口，要擦拭干净，以防回流过程中溴化氢和溴丁烷挥发。

② 开始加热时，不要加热过快，否则部分 HBr 生成后来不及反应就会逸出，另外反应混合物的颜色也会很快变深。

③ 用装一定水的烧杯接收几滴馏液，如无油珠，表明应该结束蒸馏。

七、思考题

① 如果加料顺序为先加溴化钠与浓硫酸，再加其他原料，可以吗？为什么？

② 用浓硫酸洗涤粗 1－丁烷为什么用干燥分液漏斗？

③ 说明各步骤洗涤的作用。

④ 开始加热过快，反应混合物的颜色会很快变深，蒸出的粗溴丁烷颜色较深。为什么？如何除去深颜色的物质？

⑤ 写出反应的机理。

实验七　叔丁基氯

一、实验目的

① 熟悉分液漏斗的使用；

② 熟悉洗涤、干燥、蒸馏等基本操作；

③ 加深对酸催化下 S_N1 反应的理解。

二、实验原理

$$(CH_3)_3C\text{—}OH \xrightarrow{HCl} (CH_3)_3C\text{—}Cl$$

本实验是叔碳原子上亲核取代反应的典型代表之一。叔醇与浓盐酸经 S_N1 反应生成叔丁基氯：

$$(CH_3)_3C\text{—}OH \xrightarrow{H^+} (CH_3)_3C\text{—}\overset{+}{O}H_2 \xrightarrow{-H_2O} (CH_3)_3C^+ \xrightarrow{Cl^-} (CH_3)_3C\text{—}Cl$$

三、仪器和药品

仪器：磁力搅拌电热套、50 mL 圆底烧瓶、蒸馏头、直形冷凝管、接引管、锥形瓶、温度计。

药品：叔丁醇（3 g，0. 040 mol）、浓盐酸（36％～38％，10 mL）、碳酸氢钠溶液（5％）。

四、实验步骤

在 50 mL 圆底烧瓶中加入 3 g 叔丁醇①、10 mL 浓盐酸和一枚磁子，搅拌反应 20 min。将混合液转移到分液漏斗中，静置使液体分层②。分液，将上层油层依次用 3 mL 水、2 mL5％碳酸氢钠溶液③、3 mL 水洗涤④，直至其 pH 约为 7，将粗产物转移到锥形瓶中，加入 0. 5～1 g 无水氯化钙干燥至液体澄清。将液体用电热套低电压加热进行蒸馏，收集 49～52 ℃的馏分。

纯叔丁基氯沸点 51～52 ℃，$d_4^{20}=0.842\ 0$，$n_D^{20}=1.385\ 7$。

五、注释

① 叔丁醇熔点为 25 ℃，沸点为 82.3 ℃，在室温下一般是黏稠状液体。若室温较低，叔丁醇凝固，可用温水浴或吹风机加热试剂瓶，使叔丁醇熔融后使用。

② 为判断分液漏斗中哪层为油层，可由漏斗下口小心地向一支盛有 10 mL 水的小试管中滴入 2～3 滴液体，振荡试管后静置，观察试管内液体是否分层。

③ 用碳酸氢钠溶液洗涤时会产生大量气体，应先不塞分液漏斗的塞子小心地振摇，直至不再产生大量气体时再塞上塞子按正常方法洗涤，仍需注意及时放气。

④ 每步洗涤后均应进行分液。

六、思考题

① 正丁基氯能用类似条件制备吗？为什么？

② 洗涤时能用氢氧化钠溶液吗？为什么？

③ 在本实验中用氯化钙作干燥剂，除了能吸收水分外，氯化钙还有什么作用？

实验八 3-溴环己烯

一、实验目的

① 掌握烯烃 α-氢原子溴化的方法；

② 熟悉回流、蒸馏、减压蒸馏等基本操作；

③ 了解自由基取代反应机理。

二、实验原理

本次实验用环己烯与 *N*-溴代丁二酰亚胺（NBS）在过氧化苯甲酰的引发下制备 3-溴环己烯。反应式如下：

$$\text{环己烯} + \text{NBS} \xrightarrow[CCl_4]{(PhCOO)_2} \text{3-溴环己烯(—Br)} + \text{丁二酰亚胺(NH)}$$

烯烃 α 位容易发生自由基卤化反应，可使用 NBS 或溴单质对烯烃进行 α-溴化。反应可由紫外光或过氧化苯甲酰引发。以 NBS 为溴化试剂时，通常认为 NBS 中含有微量（或痕量）的 Br_2，在光照下或过氧化苯甲酰的引发下，Br_2 与环己烯发生自由基溴化反应，反应机理如下：

链引发：

$$Br_2 \xrightarrow{\text{光}} 2\ Br\cdot$$

或

$$(PhCOO)_2 \xrightarrow{\triangle} 2\ PhCOO\cdot$$

$$PhCOO \xrightarrow{\triangle} Ph\cdot + CO_2$$

$$Ph\cdot + Br_2 \longrightarrow PhBr + Br\cdot$$

链增长：

$$Br\cdot + \text{环己烯} \longrightarrow HBr + \text{环己烯基自由基}\cdot$$

$$\text{NBr}+\text{HBr} \longrightarrow \text{NH}+\text{Br}_2$$

$$\cdot+\text{Br}_2 \longrightarrow -\text{Br}+\text{Br}\cdot$$

作为溴源，NBS 就像一个储存溴的仓库，在反应过程中逐渐消耗，缓慢释放出 Br_2。因此溴始终保持低浓度，有利于 α-溴化，抑制环己烯与溴的加成反应。

三、仪器和药品

仪器：磁力搅拌电热套、50 mL 分液漏斗、圆底烧瓶、蒸馏头、克氏蒸馏头、直形冷凝管、接引管、双叉接引管、锥形瓶、温度计。

药品：环己烯（9.8 g，0.12 mol）、*N*-溴代丁二酰亚胺（NBS，7.9 g，0.044 mol）、过氧化苯甲酰（0.1 g）、四氯化碳。

四、实验步骤

在 100 mL 干燥的圆底烧瓶中加入 9.8 g 环己烯、7.9 g *N*-溴代丁二酰亚胺（NBS）①、30 mL 四氯化碳、0.1 g 过氧化苯甲酰②，将混合物搅拌加热回流 1～1.5 h③。待反应混合物冷却后抽滤，用少量四氯化碳洗涤滤饼。将滤液合并，先常压蒸馏，蒸出过量的环己烯和四氯化碳，待烧瓶冷却后再减压蒸馏④，收集 72～77 ℃/4.7 kPa 的馏分。

五、检验与测试

可用硝酸银乙醇溶液进行检测。取 0.5 mL 硝酸银乙醇溶液，放入干净的试管中，加入 2 滴新制的 3-溴环己烯样品，观察有无溴化银沉淀生成。此外，还可通过折射率、红外光谱或核磁共振氢谱来进行检测。

六、注释

① 本实验需要在性能良好的通风橱中进行。

② 过氧化苯甲酰中的水分可用两张滤纸挤压吸去。注意：不能用烘箱或红外灯烘干，不可进行敲打和研磨，否则有爆炸的危险。

③ 可用滴管吸取 1～2 滴反应混合液，将其滴到淀粉-碘化钾试纸上，若试纸不变色，说明反应到达终点。还可通过观察烧瓶中固体物质的变化来判断反应是否到达终点，停止搅拌后，若沉在下部的黄色固体全部转变为漂浮在液面的白色固体，则反应已到达终点。

④ 若没有冷却直接进行减压蒸馏会导致暴沸。

七、思考题

① 为什么反应需要在干燥的仪器中进行？

② 反应结束后生成的白色固体是什么？

实验九　7,7-二氯二环[4.1.0]庚烷

一、实验目的

① 理解卡宾的生成与反应原理；

② 熟悉机械搅拌、回流、滴加等基本操作。

二、实验原理

本次实验采用氯仿与氢氧化钠反应制备二氯卡宾，后者与环己烯反应得到7,7-二氯二环[4.1.0]庚烷，反应采用氯化三乙基苄铵为相转移催化剂。反应式为

$$\text{环己烯} + HCCl_3 \xrightarrow[PhCH_2\overset{+}{N}Et_3Cl^-]{50\%\ NaOH} \text{7,7-二氯二环[4.1.0]庚烷}$$

卡宾(carbene)又称为碳烯，通式可用 R_2C：表示。卡宾是一类高活性的反应中间体，存在的时间很短，在反应过程中一经生成很快就进行下一步反应。由于卡宾的碳原子周围只有六个价电子，是缺电子的，具有亲电性。二氯卡宾(Cl_2C：)是一种常见的取代卡宾，它的基态是单线态，可与烯烃发生亲电协同加成反应，生成环丙烷衍生物。反应机理如下：

$$HCCl_3 \xrightarrow[-HCl]{NaOH} Cl_2C: \xrightarrow{\text{环己烯}} \text{7,7-二氯二环[4.1.0]庚烷}$$

通常是在无水叔丁醇中，由氯仿和叔丁醇钾作用，生成的二氯卡宾与烯烃进行反应。但此反应所需时间长，叔丁醇钾价格较高，且要求叔丁醇为无水。而在相转移催化剂(phase transfer catalyst，简称PTC)存在下，在氢氧化钠水溶液中即可产生二氯卡宾，反应时间短，成本较低，且加成产物产率高。

对于反应物之间互不相溶而构成两相(即非均相)的反应，反应物之间接触概率较小，反应较难进行，甚至在搅拌很长时间后都不能充分反应。若加入一种催化剂，使反应物之一由原来所在的一相穿过两相之间的界面，转移到另一个(或多于一个)反应物所在的另一相中，使两种反应物在均相中反应，从而使反应较易进行，这种催化反应称为相转移催化反应。相转移催化反应广泛应用于亲核取代、消除、加成、氧化还原和缩合等类型的反应中。在非均相反应中，能将反应物由一相转移到另一相的催化剂称为相转移催化剂。除季铵盐外，季鏻盐、冠醚、非环多醚类化合物也是常见的相转移催化剂。

在本反应中，环己烯溶于氯仿构成有机相，氢氧化钠溶于水构成水相，反应物形成不互溶的两相。由于这是非均相体系，氢氧化钠与氯仿分子间很难接触，因此即使剧烈搅拌且长时间加热，反应也很难进行。加入季铵盐类化合物氯化三乙基苄铵(triethylbenzylammonium chloride，简称为TEBA)作PTC，其中的正离子($PhCH_2\overset{+}{N}Et_3$)与NaOH中的 HO^- 因静电吸引形成较稳定的离子对(以下用 Q^+HO^- 表示)，它在两相中均可溶解，使负离子(HO^-)穿过两相之间的界面由水相转移到有机相中，然后与有机相中的反应物($CHCl_3$)反应，生成的二氯卡宾与环己烯加成得到产物。反应过程如下：

有机相：$[Q^+Cl^-]+:CCl_2+H_2O \longleftarrow [Q^+HO^-]+HCCl_3$（均为离子对）；$:CCl_2$ 与环己烯加成 → 7,7-二氯二环[4.1.0]庚烷

界面

水相：$Q^+Cl^-+NaOH \rightleftharpoons Q^+HO^-+Na^+Cl^-$（均为自由离子）

三、仪器和药品

仪器：机械搅拌器、磁力搅拌电热套、100 mL 四口圆底烧瓶、球形冷凝管、温度计及螺口接头、恒压滴液漏斗、分液漏斗、圆底烧瓶、蒸馏头、克氏蒸馏头、直形冷凝管、接引管、双叉接引管、锥形瓶。

药品：环己烯(5.1 mL，4.2 g，0.05 mol)、氯仿(15 mL，22 g，0.185 mol)、氯化三乙基苄铵(0.25 g)、氢氧化钠、石油醚(60～90 ℃)、盐酸(2 mol·L^{-1})、无水硫酸镁。

四、实验步骤

在一个 100 mL 四口圆底烧瓶上，装配机械搅拌器(要求密封良好)、球形冷凝管及温度计。将 5.1 mL 新蒸馏过的环己烯、15 mL 氯仿①、0.25 g 氯化三乙基苄铵②加入烧瓶中，在此侧口上安装一个恒压滴液漏斗。开动搅拌，在强烈搅拌下约于 15 min 内经恒压滴液漏斗滴加氢氧化钠溶液(9 g 氢氧化钠溶于 13.5 mL 水中)。反应混合物形成橙黄色乳浊液，其温度缓慢地自行上升到 50～55 ℃③，保持此温度反应 1 h④。反应物颜色由灰白色变为黄棕色。将反应混合物冷至室温，加入 25 mL 水稀释后转入分液漏斗，静置分层。分离，收集下面的氯仿层。水层用 30 mL 石油醚(60～90 ℃)萃取。合并石油醚萃取液和氯仿层，用 25 mL 2 mol·L^{-1} 盐酸洗涤，再用水(每次 25 mL)洗涤两次，用无水硫酸镁干燥。

将干燥后的有机相倒入 100 mL 烧瓶，于常压下加热蒸出石油醚及氯仿。然后减压蒸馏，收集 95～97 ℃/4.67 kPa(35 mmHg)或 78～80 ℃/2 kPa(15 mmHg)的馏分。纯 7,7-二氯二环[4.1.0]庚烷为无色液体，沸点 197～198 ℃。

五、检验与测试

可用硝酸银乙醇溶液进行检测。取 0.5 mL 硝酸银乙醇溶液，放入干净的试管中，加入 2 滴新制的 7,7-二氯二环[4.1.0]庚烷样品，观察有无氯化银沉淀生成。可在水浴中温热加速沉淀生成。此外，还可通过折射率、红外光谱或核磁共振氢谱进行检测。

六、注释

① 应当使用无乙醇的氯仿。为防止氯仿分解而产生有毒的光气，一般在氯仿中加入少量乙醇作为稳定剂，在使用时必须除去。除去乙醇的方法是用等体积的水洗涤氯仿 2～3 次，用无水氯化钙干燥数小时后进行蒸馏。也可用 4A 分子筛浸泡过夜。

② 也可用其他相转移催化剂，如$(C_2H_5)_4N^+Cl^-$、$(CH_3CH_2CH_2CH_2)_4N^+Cl^-$等。

③ 若反应温度不能自行上升到 50～55 ℃，可在水浴上加热反应物，维持反应温度在 55～60 ℃ 1 h。

④ 增加反应时间，可以提高产率。

七、思考题

① 相转移催化的原理是什么？

② 为什么要用无乙醇的氯仿？

③ 从角张力角度考虑，环丙基正离子应该很不稳定，本实验中 7,7-二氯二环[4.1.0]庚烷为什么能与硝酸银反应产生氯化银沉淀？预测反应产物并写出合理的机理。

实验十 2-甲基-4-溴苯甲醚

一、实验目的

① 掌握富电子芳烃溴化的方法；

② 加深对绿色化学反应的认识。

二、实验原理

芳香族卤代物是指卤素直接和苯环相连接的化合物，它的制法和卤代烷不同，一般是用卤素（氯或溴）在三卤化铁或铁粉催化下与芳香族化合物作用，通过芳香族化合物的亲电取代反应将卤原子直接引入芳环。当使用铁粉时，铁粉先和卤素作用生成三卤化铁，所以真正的催化剂仍然是三卤化铁。以苯的溴化为例，反应机理如下：

$$2\,Fe + 3\,Br_2 \longrightarrow 2\,FeBr_3$$

$$FeBr_3 + Br_2 \rightleftharpoons Br^+[FeBr_4]^-$$

$$C_6H_6 + Br^+ \rightleftharpoons [C_6H_6Br]^+ \xrightarrow{FeBr_4^-} C_6H_5Br + H^+[FeBr_4]^-$$

$$H^+[FeBr_4]^- \longrightarrow FeBr_3 + HBr$$

溴单质对皮肤的腐蚀性极强，取溴时必须做好充足的防护，在操作时不能吸入溴蒸气，也不能粘到皮肤上，因此使用溴单质进行溴化反应时操作不便。本实验使用溴化钠和溴酸钠的混合物代替溴单质，利用 Br^- 与 BrO_3^-（+5 价溴）在酸性条件下反应生成低浓度的 Br_2，新生成的 Br_2 与富电子芳烃发生亲电取代反应，得到溴化产物和 HBr。HBr 被 BrO_3^- 氧化后继续参与反应。

$$4\,NaBr + 2\,NaBrO_3 + 3\,H_2SO_4 + 6\,\text{(2-甲基苯甲醚)} \xrightarrow[H_2O]{25\ ℃} 6\,\text{(2-甲基-4-溴苯甲醚)} + 3\,Na_2SO_4 + 6\,H_2O$$

该反应具有如下特点：价格较高的溴元素得到全部利用；控制好酸的滴加速度，溴分子边生成边参与反应，溴始终处于低浓度下，溴化反应选择性高，主要发生在甲氧基对位；反应在水中进行，副产物只有硫酸钠，绿色环保。

三、仪器和药品

仪器：电动搅拌器、三口圆底烧瓶、蒸馏头、克氏蒸馏头、直形冷凝管、接引管、双叉接引管、锥形瓶、温度计。

药品：溴化钠（2.06 g，0.02 mol）、溴酸钠（1.51 g，0.01 mol）、邻甲基苯甲醚（3.66 g，0.03 mol）、硫酸、乙醇（95%）。

四、实验步骤

在 250 mL 三口圆底烧瓶上安装电动搅拌器，加入 30 mL 水、2.06 g NaBr 和 1.51 g $NaBrO_3$，搅拌至 NaBr 和 $NaBrO_3$ 完全溶解，加入 3.66 g 邻甲基苯甲醚①。在尽量避光条件下，于 1 h 左右缓慢滴加 16.0 g 10%的硫酸②，控制反应温度 20～30 ℃，滴加完毕后，再于室温继续搅拌反应 0.5 h。停止搅拌，抽滤，滤饼用 30 mL 水分三次洗涤，得到粗产品约 5 g。粗产品可用大约 15 mL 95%乙醇重结晶，晾干后即得 4.0 g 较纯的 2-甲基-4-溴苯甲醚产品[③]。

五、检验与测试

粗产品的乙醇溶液可用气相色谱测试，计算出未反应的原料 2-甲基苯甲醚、副产物 2-甲基-4-溴苯甲醚和产品 2-甲基-4-溴苯甲醚的含量，计算出反应转化率和选择性。结晶得到的产品也可以用气相色谱检测纯度，还可测试产品的熔点。

六、注释

① 可由邻甲基苯酚与碘甲烷或硫酸二甲酯作用制得。

② 滴加稀硫酸速度以反应体系为橙红色为宜，如为深红色，表示加酸太快，应停止加硫酸，待颜色变为黄色时再开始加酸。

③ 2-甲基-4-溴苯甲醚的熔点为 68～71 ℃。

七、内容拓展

利用上述方法还可以合成 4-溴苯甲醚、4,4′-二溴二苯醚、4-甲基-2-溴苯甲醚、2-氯-4-溴苯甲醚、4-氯-3-溴苯甲醚、4-溴-1-萘甲醚和 1-溴-2-萘甲醚等，产率 73%～85%。如果产物是液体，可以通过减压分馏进行纯化。

八、思考题

① 反应为什么要在避光条件下进行？如果不避光会生成什么副产物？

② 该反应属于什么反应类型？

③ 为什么不需要 $FeBr_3$ 作催化剂？

④ 溴化为什么不易发生在甲基对位？

九、参考文献

薛明明.水溶液中芳香醚的溴化反应研究.天津：天津大学，2008.

实验十一 设计实验 由己醇制备 1-溴己烷

实验要求

① 以己醇为原料制备 1-溴己烷；

② 写出实验原理；

③ 列出仪器药品，画出每步装置图；

④ 写出实验步骤；

⑤ 制定检验鉴定方法。

基准量：0.05 mol 原料。

7.3 醇和酚的制备

实验十二 二苯甲醇

一、实验目的

① 学习由酮还原制备醇的原理与方法；

② 进一步练习半微量实验；

③ 掌握回流、抽滤、重结晶和熔点测定等操作。

二、实验原理

本实验中,二苯甲醇由二苯甲酮经硼氢化钠还原制备。

$$4\ Ph_2C{=}O + NaBH_4 \xrightarrow{C_2H_5OH} \xrightarrow{H_2O} 4\ Ph_2CH{-}OH$$

醛和酮的还原是制备醇的常用方法,除催化氢化外,常用金属氢化物(如硼氢化钠、硼氢化钾和氢化铝锂)进行还原。硼氢化钠和硼氢化钾比氢化铝锂的反应活性低,因此能够在醇或碱性水溶液中使用,对羰基的还原有很高的选择性,分子中的碳碳不饱和键、卤原子、氰基、硝基、酰氨基和烷氧羰基一般不发生还原。其反应机理为

$$Ph_2C{=}O + H{-}\bar{B}H_3 \longrightarrow Ph_2CH{-}O^- + BH_3 \longrightarrow Ph_2CH{-}O\bar{B}H_3 \xrightarrow{3\ Ph_2C{=}O} \left(Ph_2CH{-}O\right)_4B^-$$

$$\xrightarrow{H_2O} 4\ Ph_2CH{-}OH$$

三、仪器和药品

仪器:磁力搅拌电热套、50 mL 三口圆底烧瓶、球形冷凝管、温度计及螺口接头、恒压滴液漏斗、分液漏斗、蒸馏头、直形冷凝管、接引管、布氏漏斗、抽滤瓶。

药品:二苯甲酮(1.82 g,0.01 mol)、硼氢化钠(0.19 g,0.005 mol)、95%乙醇、5%盐酸,石油醚(60~90 ℃)。

四、实验步骤

在 50 mL 三口圆底烧瓶中依次加入磁子、1.82 g 二苯甲酮和 10 mL 95%乙醇,安装球形冷凝管、温度计和恒压滴液漏斗,搅拌加热使固体物全部溶解。然后将反应混合物冷至室温,在搅拌下加入 0.19 g 硼氢化钠①,此时可观察到有气泡生成且溶液放热。待硼氢化钠加毕,继续搅拌回流 20 min,此过程中有较多气泡放出,冷至室温后,搅拌下通过恒压滴液漏斗加入 10 mL 冷水以分解生成的硼酸酯,然后滴加 5%盐酸 1.5~2.5 mL 用以分解过量的硼氢化钠,直至无气泡放出。换成蒸馏装置,蒸出大部分乙醇。剩余反应液冷却后产品析出,抽滤②,用水洗涤所得固体,干燥后得粗产品。粗产物用石油醚(60~90 ℃)重结晶得二苯甲醇针状结晶。

纯二苯甲醇为白色晶体,熔点为 69 ℃。

五、检验与测试

可通过熔点、红外光谱或核磁共振氢谱进行检测。

六、注释

① 硼氢化钠是强碱性物质,易吸潮,具腐蚀性,开封后需保存在干燥器中。称量时要小心操作,勿与皮肤接触。反应可能有氢气逸出,因此本实验应在通风橱中进行。

② 若无沉淀出现,可在水浴上蒸去大部分乙醇,冷却后将残液倒入 10 g 碎冰和 1 mL 浓盐酸的混合液中,抽滤,用水洗涤所得固体。其余步骤同上。

七、思考题

① 试提出合成二苯甲醇的其他方法。

② 反应完成后为什么要加入5%盐酸？

实验十三 三苯甲醇

一、实验目的

① 学习并了解格利雅(Grignard)试剂的制备及Grignard反应；

② 掌握无水、无氧反应条件的控制。

二、实验原理

卤代烃在无水醚类溶剂中与金属镁作用，生成烃基卤化镁RMgX，即Grignard试剂。Grignard试剂可以与羧酸酯依次进行亲核取代和亲核加成反应，得到烃氧基卤化镁，后者酸化即得叔醇。例如：

$$C_6H_5Br \xrightarrow[\text{无水乙醚}]{Mg} C_6H_5MgBr$$

$$C_6H_5MgBr + C_6H_5COOC_2H_5 \xrightarrow{\text{无水乙醚}} (C_6H_5)_2C(OC_2H_5)-O-MgBr \longrightarrow C_6H_5COC_6H_5$$

$$C_6H_5MgBr + C_6H_5COC_6H_5 \xrightarrow{\text{无水乙醚}} (C_6H_5)_3C-O-MgBr \xrightarrow{NH_4Cl,H_2O} (C_6H_5)_3C-OH$$

三、仪器和药品

仪器(装置图见图7-5)：磁力搅拌电热套、100 mL三口圆底烧瓶、球形冷凝管、恒压滴液漏斗、温度计、分液漏斗、氯化钙干燥管、锥形瓶等。

药品：镁屑(1.5 g,0.062 mol)、溴苯(7 mL, 10.5 g,0.067 mol)、苯甲酸乙酯(4 mL,4.2 g,0.028 mol)、无水乙醚、碘(少量)、氯化铵、80%乙醇。

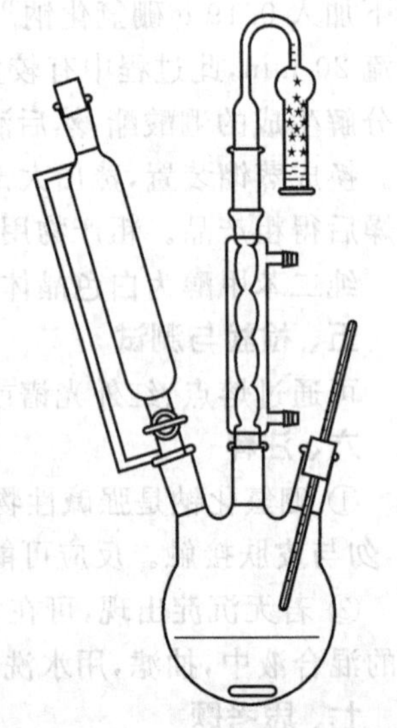

图7-5 三苯甲醇制备装置图

四、实验步骤

在100 mL的三口圆底烧瓶中间口上装回流冷凝管(上方加干燥管)①、一侧口上装恒压滴液漏斗(见图7-5)。在三口圆底烧瓶中加入1.5 g镁屑②和一枚磁子，在恒压滴液漏斗下方加入1～2粒碘(勿搅动)③，装好温度计。取7 mL溴苯溶于20 mL无水乙醚中，加入到恒压滴液漏斗中，恒压滴液漏斗上加一个塞子。先滴加5 mL混合液于三口圆底烧瓶中，片刻即起反应，碘的颜色逐渐消失。如仍不反应，可适当加热促其反应。当反应开始后，开动搅拌，将剩余溴苯的乙醚溶液慢慢滴入，保持反应液微沸④。滴加完毕后，调节加热电压，继续保持微沸直到镁屑消失。

用冰水浴冷却三口圆底烧瓶，搅拌下将 4 mL 苯甲酸乙酯与 10 mL 无水乙醚混合液自恒压滴液漏斗逐滴加入。滴加完毕，加热回流 0.5 h。

稍冷后，通过恒压滴液漏斗向三口圆底烧瓶中慢慢加入 30 mL 饱和氯化铵水溶液⑤。将反应混合物倒入分液漏斗中，分出醚层并加入到 100 mL 圆底烧瓶中，加入 30 mL 水和几粒沸石，进行水蒸气蒸馏，蒸出乙醚、未反应的溴苯和联苯，直到无油状物蒸出。此时圆底烧瓶中三苯甲醇呈固体析出，冷却后，抽滤并用水洗涤固体 2～3 次。粗产物用 80%乙醇重结晶，得到白色棱状三苯甲醇结晶。

纯三苯甲醇的熔点为 164.2 ℃。

五、注释

① 本实验必须无水操作，各反应仪器和试剂必须充分干燥或除水后使用。

② 如使用表面有氧化层的镁屑，可用 5%盐酸溶液作用几分钟，再依次用水、乙醇、无水乙醚洗涤、抽干即可。

③ 由于溴苯与镁反应不易引发，故加入少量碘引发反应。

④ 为防止反应过于激烈及偶联副产物生成，滴加溴苯乙醚溶液不宜过快。

⑤ 饱和氯化铵水溶液由 7.5 g 氯化铵和 32 mL 水配制而成。开始滴加氯化铵水溶液时放热比较剧烈，因此要慢慢滴加以防乙醚冲出。如反应瓶中仍有絮状氢氧化镁没有溶解，可以加入适量稀盐酸使其溶解，但盐酸不宜过量。

六、思考题

① 在制备 Grignard 试剂时溴苯一次加入是否可以？其后果怎样？

② 在制备 Grignard 试剂时有哪些副反应？如何避免？

③ 本实验采用氯化铵溶液分解加成产物，如反应瓶中仍有絮状氢氧化镁没有溶解，可以加入适量稀盐酸使其溶解，但盐酸不宜过量，为什么？

④ 本实验水解前要求试剂、仪器必须干燥原因是什么？应采取什么办法？

⑤ 在制备苯基溴化镁时，采取什么措施引发反应？还可以用什么方法？

⑥ 用混合溶剂进行重结晶时，何时加入活性炭为宜？采用何种溶剂洗涤结晶？

实验十四 反-1,2-环己二醇

一、实验目的

① 熟悉分液漏斗的使用；

② 熟悉洗涤、干燥、蒸馏和重结晶等基本操作。

二、实验原理

环氧化合物易与亲核试剂在酸或碱的催化下发生反应。其中，酸催化剂可用 Brønsted 酸，也可使用 Lewis 酸。本实验用三氯化铋作 Lewis 酸进行催化反应，反应式如下：

$$\text{(环氧环己烷)} + H_2O \xrightarrow{BiCl_3} \text{(反-1,2-环己二醇, OH, OH)} \quad (\pm)$$

三、仪器和药品

仪器：磁力搅拌电热套、100 mL 圆底烧瓶、100 mL 分液漏斗、蒸馏头、直形冷凝管、接引管、锥形瓶、温度计。

药品：1,2－环氧环己烷（1.96 g,20 mmol）、三氯化铋（0.95 g,3 mmol）、氯化钠、乙腈、乙醚、乙酸乙酯。

四、实验步骤

向 100 mL 的圆底烧瓶中加入 30 mL 乙腈①、30 mL 水、1.96 g(20 mmol)1,2－环氧环己烷和一枚磁子，开动搅拌，加入 0.95 g(3 mmol)三氯化铋，室温搅拌 45 min。在反应烧瓶上安装蒸馏装置，用电热套加热蒸馏出乙腈，直到蒸馏头处温度计读数达到 85 ℃②。向烧瓶中剩余的水溶液中加入氯化钠使其饱和，用 20 mL×2 乙醚进行萃取。合并乙醚溶液，用无水硫酸钠干燥后，在磁力搅拌电热套上用低电压小心蒸出乙醚，残余物质在冷却后很快变为固体，用乙酸乙酯进行重结晶，可得到较纯的反－1,2－环己二醇。

纯反－1,2－环己二醇为白色或无色晶体，熔点 102～103 ℃，沸点 128～132 ℃/15 mmHg（或 120～124 ℃/5 mmHg）。

五、检验与测试

可进行红外光谱或核磁共振氢谱检测，与标准谱图进行对照。

六、注释

① 本实验应在通风橱中进行。

② 乙腈和水可形成共沸混合物，共沸点为 76.5 ℃，含乙腈 83.7%、水 16.3%。乙腈沸点为 81.1 ℃。

七、思考题

① 本实验中得到反－1,2－环己二醇，而用四氧化锇催化过氧化氢氧化环己烯可直接得到顺式产物，为什么？

② 为什么要在萃取前先蒸出乙腈？

八、参考文献

Mohammadpoor－Baltork I，Tangestaninejad S，Aliyan H，et al. Synthesis，2000(30)：2365—2374.

实验十五 对叔丁基苯酚

一、实验目的

① 学习 Friedel－Crafts 烷基化反应向芳环引入烷基的方法；

② 掌握气体吸收等基本操作；

③ 掌握重结晶、熔点测定等基本操作。

二、实验原理

通过 Friedel－Crafts 烷基化反应使酚发生烷基化制备烷基取代酚：

$$C_6H_5OH + (CH_3)_3CCl \xrightarrow{AlCl_3} p\text{-}(CH_3)_3C\text{-}C_6H_4OH + HCl$$

因为叔丁基体积大，邻位产物生成很少。另外，羟基氧原子上发生烷基化的产物也很少。

反应机理为

$$(CH_3)_3CCl + AlCl_3 \rightleftharpoons [(CH_3)_3\overset{+}{C}\ \overset{-}{Al}Cl_4]$$

$$C_6H_5OH \xrightarrow{(CH_3)_3\overset{+}{C}} [\text{HO}-C_6H_5(H)C(CH_3)_3]^+ \xrightarrow[-HCl,\ -AlCl_3]{\overset{-}{Al}Cl_4} p\text{-}HOC_6H_4C(CH_3)_3$$

三、仪器和药品

仪器：磁力搅拌器、50 mL 三口圆底烧瓶、球形冷凝管、恒压滴液漏斗、干燥管、漏斗、布氏漏斗、抽滤瓶、50 mL 圆底烧瓶。

药品：叔丁基氯(2.2 mL，1.8 g，19 mmol)、苯酚(1.6 g，17 mmol)、无水三氯化铝(0.2 g，1.5 mmol)、浓盐酸。

四、实验步骤

向干燥[①]的装有恒压滴液漏斗和球形冷凝管（上接氯化钙干燥管和气体吸收装置[②]）的 50 mL 三口圆底烧瓶中加入磁子、2.2 mL 叔丁基氯和 1.6 g 苯酚[③]。搅拌使苯酚溶解，快速称取约 0.2 g 无水三氯化铝[④]，搅拌下分 2～3 次将其加入，很快就有氯化氢气体放出[⑤]，如果反应放热剧烈并产生大量泡沫，可用冷水浴冷却。搅拌反应 15 min，搅拌下向三口圆底烧瓶中加入 8 mL 水及 1 mL 浓盐酸配成的溶液，析出白色固体。将块状物用玻璃棒小心捣碎，搅拌使其成为细小颗粒[⑥]。抽滤并用少量水洗涤，粗产物干燥后用石油醚(60～90 ℃)重结晶，得到白色或淡黄色的对叔丁基苯酚片状固体。

纯叔丁基苯酚熔点为 99～100 ℃。

五、检验与测试

进行熔点、红外光谱或^{1}H NMR 测试，与标准数据或谱图进行比较。

六、注释

① 本实验所用仪器和试剂均应充分干燥。

② 气体吸收装置中的玻璃漏斗应稍倾斜以防止倒吸。

③ 苯酚可能灼伤皮肤，若不慎粘到手上应立即用水冲洗。

④ 无水三氯化铝要研细，称取及投料要迅速。

⑤ 避免反应温度过高、反应太剧烈，否则产生的大量氯化氢气体会将低沸点的叔丁基氯大量带出而使产率降低。

⑥ 玻璃棒捣碎块状物时，要关闭搅拌。若产物呈紫色，可能为一部分苯酚氧化所致，石油醚重结晶后一般紫色变浅。

七、思考题

① 如果反应温度过高，可能会发生什么副反应？

② 除了用熔点来证明得到的产物是对叔丁基苯酚外，还可用什么方法证明产物是对位而不是邻位或间位异构体？

实验十六　间硝基苯酚

一、实验目的

① 学会芳基重氮盐的制备及水解制备酚的原理与方法；

② 熟悉低温反应及滴加、搅拌、抽滤和洗涤等操作。

二、实验原理

利用芳基重氮盐的水解可制备酚类化合物，这是酚的制备方法之一。为避免副反应的发生，一般采用硫酸氢重氮盐，在热的硫酸溶液中进行反应。反应式如下：

$$3\text{-}NO_2C_6H_4NH_2 \xrightarrow[H_2SO_4]{NaNO_2} 3\text{-}NO_2C_6H_4N_2^+HSO_4^- \xrightarrow[\triangle]{40\%\sim60\%\ H_2SO_4} 3\text{-}NO_2C_6H_4OH$$

一般认为反应机理为

$$NaNO_2 + H_2SO_4 \longrightarrow \underset{\text{亚硝酸}}{HNO_2} + NaHSO_4$$

$$\underset{\text{亚硝酸}}{H\ddot{O}-N=O} \underset{}{\overset{H^+}{\rightleftharpoons}} H_2\overset{+}{O}-N=O \overset{-H_2O}{\rightleftharpoons} \underset{\text{亚硝酰正离子}}{\left[\overset{+}{N}=\ddot{O} \longleftrightarrow N\equiv\overset{+}{O}\right]}$$

$$3\text{-}NO_2C_6H_4\ddot{N}H_2 + \overset{+}{N}=O \rightleftharpoons 3\text{-}NO_2C_6H_4\overset{+}{N}H_2-N=O \overset{\text{质子转移}}{\rightleftharpoons} \left[3\text{-}NO_2C_6H_4NH-N=\overset{+}{O}H \longleftrightarrow 3\text{-}NO_2C_6H_4\overset{+}{N}H=N-OH\right]$$

$$\overset{\text{质子转移}}{\rightleftharpoons} 3\text{-}NO_2C_6H_4N=N-\overset{+}{O}H_2 \overset{-H_2O}{\rightleftharpoons} \left[3\text{-}NO_2C_6H_4\ddot{N}=\overset{+}{N}: \longleftrightarrow 3\text{-}NO_2C_6H_4\overset{+}{N}\equiv N:\right] \xrightarrow[-N_2]{\triangle} 3\text{-}NO_2C_6H_4^+$$

$$\xrightarrow{H_2O} 3\text{-}NO_2C_6H_4\overset{+}{O}H_2 \xrightarrow{-H^+} 3\text{-}NO_2C_6H_4OH$$

水解反应需在强酸介质中进行，以避免重氮盐与酚之间的偶联，不同芳胺制得的重氮盐分解温度有差异。

三、仪器和药品

仪器：磁力搅拌电热套、250 mL 三口圆底烧瓶、球形冷凝管、恒压滴液漏斗、布氏漏斗、抽滤瓶、锥形瓶、温度计、烧杯、粗颈玻璃漏斗。

药品：间硝基苯胺（3.5 g，0.025 mol）、亚硝酸钠（1.7 g，0.025 mol）、浓硫酸。

四、实验步骤

1. 重氮盐溶液的制备

在 100 mL 烧杯中加入 9 mL 水，分两次加入 5.5 mL 浓硫酸。搅拌下加入 3.5 g 研细的间硝基苯胺和 10～12 g 碎冰，继续搅拌使其成为糊状。将烧杯放入冰盐浴中冷却至 0～5 ℃，充分搅拌下经恒压滴液漏斗滴加 1.7 g 亚硝酸钠溶于 5 mL 水的溶液。控制滴加速度，使温度始终保持在 5 ℃左右，约 5 min 加完①。为防止温度上升，必要时可向反应液中加入几块碎冰。滴加亚硝酸钠溶液后继续搅拌 10 min。用玻璃棒蘸取反应液至淀粉－碘化钾试纸上，若试纸未变蓝，应补加适量亚硝酸钠溶液直至其呈微蓝色②，且用刚果红试纸检测为蓝色。将烧杯在冰盐浴中放置 5～10 min，部分重氮盐以固体形式析出。

2. 重氮盐的水解

向安装有球形冷凝管的 250 mL 三口圆底烧瓶中加入 12.5 mL 水和一粒磁子，搅拌下分批加入 16.5 mL 浓硫酸，加热至沸。通过一个粗颈的玻璃漏斗分批加入上述重氮盐的固液混合物，控制加入速度，使反应混合物发泡沸腾但不溢出。此时反应液呈深褐色，并有黑色油状物（主要含间硝基苯酚）出现。加完重氮盐后，继续搅拌煮沸 15 min。稍冷，将反应混合物倒入到 200 mL 烧杯中，用玻璃棒搅拌在冰水浴中冷却，得到细小的结晶。抽滤，并用少量冷水洗涤，得到褐色的粗产品。将粗产品加入到 15%的盐酸（每克湿产品需 10～12 mL 溶剂）中加热沸腾使其溶解，稍冷后加入活性炭煮沸 3～5 min，趁热抽滤，滤液静置冷却结晶。抽滤析出的晶体，干燥后得到浅黄色间硝基苯酚结晶。

纯间硝基苯酚为浅黄色针状晶体，熔点 96～97 ℃。

本实验需 5～6 h。

五、检验与测试

进行熔点、红外光谱或^{1}H NMR 测试，与标准数据或谱图进行比较。

六、注释

① 亚硝酸钠的加入速度不宜过慢，以防止重氮盐与未发生反应的间硝基苯胺偶联生成黄色不溶性的重氮氨基化合物。强酸性介质有利于抑制偶联反应的进行。

② 游离的亚硝酸可将碘化钾氧化为单质碘，遇淀粉变蓝。游离亚硝酸的存在表明重氮化反应已完全。重氮化反应通常使用过量 3%～5%的亚硝酸钠，过量的亚硝酸钠易导致重氮基被硝基取代和间硝基苯酚被氧化等副反应的发生。因此补加亚硝酸钠溶液至使淀粉－碘化钾试纸微微变蓝即可。若亚硝酸钠加过量，可用尿素或氨基磺酸钠（NH_2SO_3Na）破坏。

七、思考题

① 本实验中在重氮盐的制备和水解操作中能用盐酸代替硫酸吗？为什么？

② 最终纯间硝基苯酚的产率一般低于 50%，试分析产率不高的原因。

八、参考文献

Coleman G H, Johnstone H F. Org Syn, Coll Vol 1, 1941, 183.

实验十七　设计实验　由二苯甲酮制备三苯甲醇

实验要求

① 以二苯甲酮为原料与 Grignard 试剂反应制备三苯甲醇；

② 写出实验原理；

③ 列出仪器药品，画出每步装置图；

④ 写出实验步骤；

⑤ 制定检验鉴定方法。

基准量：0.05 mol 原料。

实验十八 设计实验 由苯乙酮制备 *α*-苯乙醇

实验要求

① 以苯乙酮为原料制备 α-苯乙醇；

② 写出实验原理；

③ 列出仪器药品，画出每步装置图；

④ 写出实验步骤；

⑤ 制定检验鉴定方法。

基准量：0.05 mol 原料。

7.4 醚的制备

实验十九 *β*-萘乙醚

一、实验目的

① 掌握醚的威廉森(Williamson)合成法及反应原理；

② 巩固固液分离技术和重结晶等基本操作。

二、实验原理

香料是人能嗅出香气或尝出香味的化合物或混合物，具有令人愉快的芳香气味，能用于调配香精。日常生活中使用的香皂、化妆品、香水及许多食品中都含有特定香气的香料。某些香料易挥发，放置时间较长后香气就会消失。这时通常需要加入某种物质，减缓香料的挥发速度，使香气保持长久，这种物质称为定香剂，是一种常用的香料添加剂。

β-萘乙醚又称橙花醚，是一种白色片状晶体，其稀溶液(称为橙花油)具有类似橙花或杨槐花的气味，广泛用做香皂的香料，或作为其他香料(如玫瑰香、薰衣草香、柠檬香)的定香剂使用。

本实验由 β-萘酚与溴乙烷进行 Williamson 反应制备 β-萘乙醚，其反应式为

$$\text{C}_{10}\text{H}_7\text{OH} + C_2H_5Br \xrightarrow{NaOH} \text{C}_{10}\text{H}_7\text{OC}_2\text{H}_5 + HBr$$

反应为 S_N2 机理：

$$\text{C}_{10}\text{H}_7\text{OH} \xrightarrow[-H_2O]{HO^-} \text{C}_{10}\text{H}_7\text{O}^- \xrightarrow[-Br^-]{CH_3CH_2-Br} \text{C}_{10}\text{H}_7\text{O}-CH_2CH_3$$

三、仪器和药品

仪器：磁力搅拌电热套、50 mL 圆底烧瓶、蒸馏头、球形冷凝管、直形冷凝管、接引管、锥形

瓶、温度计、布氏漏斗(热滤漏斗)。

药品:β-萘酚(3.6 g,0.025mol)、溴乙烷(2 mL,2.96 g,0.027 mol)、氢氧化钠(1.1 g)、无水乙醇、95%乙醇、活性炭。

四、实验步骤

在干燥的 50 mL 圆底烧瓶中加入 3.6 g β-萘酚①、20 mL 无水乙醇,1.1 g 氢氧化钠②,2 mL 溴乙烷(2.96 g,0.027 mol),安装回流冷凝管,在搅拌下加热回流 1~1.5 h③。稍冷,将回流装置改为蒸馏装置,蒸出大部分乙醇,然后将反应混合物倒入盛有 40 mL 冷水的烧杯中,冰水浴冷却后,析出固体,抽滤。粗产品用 20 mL 冷水分两次洗涤,抽干水分后,将沉淀移入 50 mL 的圆底烧瓶中,加入 10 mL 的 95%乙醇,装上回流冷凝管,在电热套上加热沸腾。补加乙醇,使固体溶解。撤去电热套,稍冷后,加入 0.5 g 活性炭,加热煮沸 5 min。趁热过滤,滤液在冷却后析出晶体。待全部晶体析出后,抽滤。自然晾干,称量。

纯 β-萘乙醚熔点为 37.5 ℃。

五、注释

① β-萘酚对皮肤、黏膜有刺激作用,要小心称取。若触及皮肤,应立即用肥皂清洗。

② 将氢氧化钠快速研细并称量。用氢氧化钾时所得粗产物熔点常常较低,且难以后处理。

③ 加热温度不宜过高,否则溴乙烷易逸出。

六、思考题

① 在实验室里可否用 β-溴萘和乙醇作为原料来制备 β-萘乙醚? 为什么?

② 反应结束后,为什么要把大部分乙醇蒸出?

实验二十 2-苄氧基四氢吡喃

一、实验目的

① 熟悉醇羟基的四氢吡喃化保护原理与操作;

② 熟悉旋转蒸发(或减压蒸馏)、薄层色谱和柱色谱等基本操作。

二、实验原理

醇和酚的羟基容易被氧化或在碱性条件下与其他底物发生亲核取代、亲核加成等反应,在多步骤有机合成中,为避免羟基的这些转化,需要对羟基进行保护和脱保护,这是多步骤有机合成中很重要的环节。羟基的常用保护方法是将其转变为醚或酯,2,3-二氢吡喃(简称为 DHP)和羟基反应,生成相应的四氢吡喃基(THP)醚,这是一种常用的保护醇和酚羟基的方法。DHP 价格低廉,生成的 THP 醚结构对氧化剂(如 PDC、PCC 等)、强碱性试剂(如醇钠、格氏试剂、有机锂试剂、氢化铝锂、硼氢化钠)、烷基化试剂(如卤代烃、硫酸二烷基酯)、酰基化试剂等均具有较高的稳定性,且反应结束后羟基被保护产物易于分离,并可在温和的条件下脱保护。THP 醚在酸性条件下不稳定,因此常在酸作用下脱保护。

例如,在由炔丙醇制备 4-羟基-2-丁炔酸甲酯的过程中就用到了醇的四氢吡喃化保护和脱保护,其中保护反应使用对甲苯磺酸(TsOH)作催化剂,脱保护反应使用 Dowex 50(H^+)型强酸性离子交换树脂作催化剂(Earl R A,Townsend L B.Org Synth,1981(60):81):

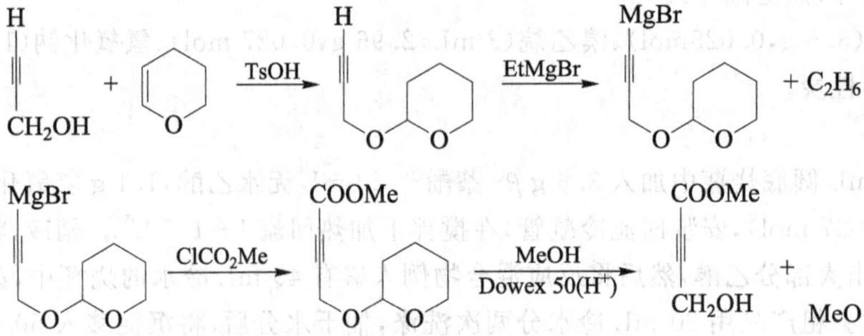

本实验用硅胶(SG)负载的硫酸作催化剂对苄醇的羟基进行保护,在反应溶液中游离硫酸的浓度较低,可省去后续的碱洗等步骤,对设备的腐蚀性也有所降低。反应式为

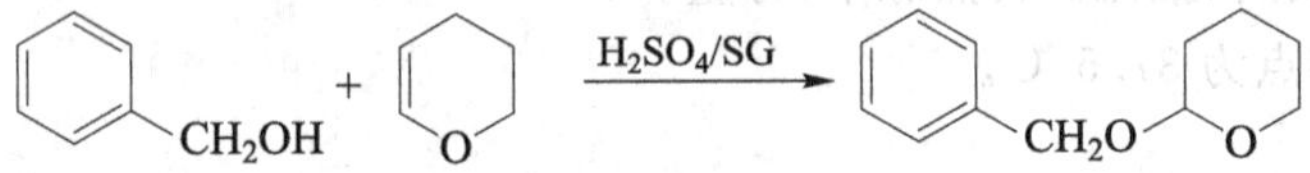

该反应机理如下:

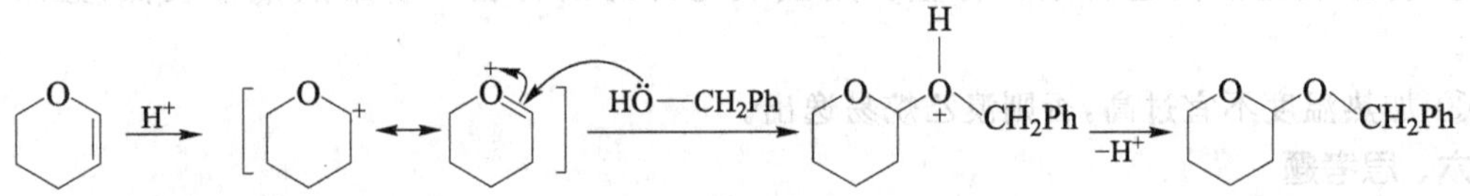

三、仪器和药品

仪器:磁力搅拌电热套、50 mL 圆底烧瓶、蒸馏头、直形冷凝管、接引管、锥形瓶、温度计、漏斗、旋转薄膜蒸发仪、紫外分析仪。

药品:苄醇(1.08 g,1.0 mL,0.01 mol)、2,3-二氢吡喃(1.01 g,0.012 mol)、硫酸/硅胶(0.05 g)、二氯甲烷、乙酸乙酯、石油醚(60~90 ℃)、硅胶 GF_{254} 型薄层色谱板、硅胶(100~200 目)。

四、实验步骤

向 50 mL 圆底烧瓶中加入 20 mL 二氯甲烷、1.08 g 苄醇、1.01 g 2,3-二氢吡喃和一枚磁子,开动搅拌,加入 0.05 g 硫酸/硅胶①,搅拌反应 10 min 后进行薄层色谱(TLC)② 检测,当苄醇的斑点③消失后,停止搅拌。过滤,用 4 mL 二氯甲烷分两次洗涤固体。合并二氯甲烷溶液。在旋转薄膜蒸发仪上蒸去二氯甲烷和过量的二氢吡喃④,得到无色液体,即较纯的 2-苄氧基四氢吡喃。

要得到更纯的产物,可用少量乙酸乙酯-石油醚(体积比 1∶10)溶解产物,在一短的硅胶柱上用乙酸乙酯-石油醚(体积比 1∶10)作洗脱液进行柱色谱分离。

纯 2-苄氧基四氢吡喃沸点 284.6 ℃(105 ℃/4 mmHg),$d_4^{20}=1.04$。

五、检验与测试

可对产品进行红外光谱和核磁共振氢谱测试,并与文献数据进行对比。

六、注释

① 硫酸/硅胶的制备:在 50 mL 圆底烧瓶中加入 10 mL 丙酮和 2 g 硅胶(100~200 目),在冷至室温后,加入 0.1 g 浓硫酸的 1 mL 丙酮溶液,振摇均匀。然后塞住瓶塞,静置 1 h。在旋转

薄膜蒸发仪上蒸去丙酮，得到棕黄色固体。置于干燥器中备用。可供30人使用。

② 进行薄层色谱分析时，展开剂为乙酸乙酯-石油醚(60～90 ℃)，其体积比为1∶5，薄层色谱板用硅胶 GF_{254}型，在紫外分析仪下显色。

③ 进行薄层色谱分析时，用苄醇点样进行对照。因为苄醇在薄层色谱板上可能产生少量杂质斑点(可能是苯甲醛)，所以只要其主斑点消失即可认为反应到达终点。一般需要10～20 min苄醇的斑点全部消失。

④ 也可不用旋转薄膜蒸发仪。先用40～45 ℃的水浴加热普通蒸馏蒸去大部分溶剂，然后换为冷水浴，将接引管的支口连接循环水泵，加热水浴(浴温低于45 ℃)进行减压蒸馏除去溶剂和过量的二氢吡喃。

⑤ 可用硫酸/硅胶催化进行脱保护反应：向50 mL圆底烧瓶中加入15 mL甲醇、0.96 g (5 mmol)2-苄氧基四氢吡喃、0.02 g硫酸/硅胶和一枚磁子，搅拌回流反应15 min后进行薄层色谱(TLC)检测，当2-苄氧基四氢吡喃消失后，停止加热。冷却后过滤，用4 mL甲醇分两次洗涤固体。合并甲醇溶液。在旋转薄膜蒸发仪上蒸去甲醇，得到无色液体。用少量乙酸乙酯-石油醚(体积比1∶10)溶解产物，在一短的硅胶柱上用乙酸乙酯-石油醚(体积比1∶10)作洗脱液进行柱色谱分离，可得到苄醇。纯的苄醇沸点205.3 ℃，$d_4^{20}=1.05$。

七、思考题

① 一种好的官能团保护基团应该有什么特点？

② 用硫酸/硅胶作催化剂的优点是什么？

③ 本实验中用薄层色谱对反应的进程进行监测，其显色方法除用紫外分析仪外，还可用什么方法？

八、参考文献

Heravi M M, Bigdeli M A, Nahid N, et al. Indian J Chem B, 1999(38): 1285—1286.

实验二十一 1,2-环氧环己烷

一、实验目的

① 熟悉用过氧酸使烯烃进行环氧化反应的原理及安全操作。

② 熟悉分液漏斗的使用及洗涤、干燥、蒸馏、减压蒸馏等基本操作。

二、实验原理

烯烃与过氧酸反应生成环氧化合物的反应称为环氧化反应。常用的过氧酸有过氧甲酸、过氧乙酸、过氧苯甲酸、过氧间氯苯甲酸、过氧三氟乙酸等。由于环氧化合物化学性质活泼，容易与多种亲核试剂发生反应，又由于近年来不对称催化环氧化反应不断成熟(如Sharpless环氧化反应)，因此环氧化合物在有机合成中的应用日趋广泛。环氧化反应条件温和，产物容易分离和提纯，产率较高，是制备环氧化合物的一种很好的方法。本次实验采用过氧间氯苯甲酸(mCPBA)作为环氧化试剂：

Cl OOH O NaHCO₃ O Cl ONa O

反应为顺式亲电协同加成，亲电试剂是过氧酸，具有立体专一性。反应机理可表示如下：

三、仪器和药品

仪器：磁力搅拌电热套、50 mL 分液漏斗、圆底烧瓶、蒸馏头、直形冷凝管、接引管、锥形瓶、温度计。

药品：过氧间氯苯甲酸（mCPBA，70%，3.57 g，0.018 mol）、环己烯（分析纯，1.17 g，0.014 mol）、碳酸氢钠（1.56 g，0.014 mol）、10%亚硫酸钠溶液（10 mL）、5%碳酸氢钠溶液、二氯甲烷。

四、实验步骤

向 50 mL 圆底烧瓶中加入 30 mL 二氯甲烷，开动搅拌，然后加入 3.57 g 过氧间氯苯甲酸（mCPBA，70%）① 和 1.56 g 碳酸氢钠，得混合悬浊液。另在 3 mL 二氯甲烷中加入 1.17 g 环己烯得到环己烯溶液，用冰水浴控制反应温度，于 5～10 ℃往上述悬浊液中逐滴加入上述环己烯溶液。滴加完毕后，撤去冰水浴，继续搅拌反应 1 h②。停止搅拌，抽滤，固体用 10 mL 二氯甲烷淋洗。向二氯甲烷溶液中加入 10%亚硫酸钠溶液 10 mL，室温下搅拌 15 min，以除去多余的 mCPBA③。将混合液转移到分液漏斗中，分离出二氯甲烷层。用 16 mL 5%碳酸钠溶液洗涤二氯甲烷层，分液，将二氯甲烷层放到一个干燥的锥形瓶中。用 10 mL×2 二氯甲烷萃取水层，合并二氯甲烷溶液，加入无水硫酸镁干燥。先常压蒸馏蒸出二氯甲烷，再用循环水泵减压蒸馏，得到 1,2-环氧环己烷④。

纯 1,2-环氧环己烷为无色油状物，沸点 131～132 ℃/760 mmHg，54～56 ℃/50 mmHg，$n_D^{20}=1.4525$，$d_4^{20}=0.97$。

五、检验与测试

可对产品进行红外光谱和核磁共振氢谱测试，并与文献数据进行对比。

六、注释

① 市售的过氧间氯苯甲酸为白色固体，为了储存、运输和使用的安全，其中含有约 30%的水。注意：过氧间氯苯甲酸受热或受撞击有爆炸的危险，使用时应注意。

② 为判断反应到达终点，可用硅胶薄层色谱板来监测反应，用高锰酸钾溶液进行显色。

③ 使用淀粉-碘化钾试纸测试判断 mCPBA 已耗尽：用滴管吸取 1～2 滴反应混合液，将其滴到淀粉-碘化钾试纸上，若试纸不变色，说明 mCPBA 已全部除去。

④ 也可旋转蒸发除去溶剂。

七、思考题

① 滴加环己烯溶液过程中悬浊液变得稍显黏稠，为什么？

② 为什么要加入亚硫酸钠溶液？写出反应式。

③ 为什么用 5%碳酸钠溶液洗涤二氯甲烷层？

实验二十二 设计实验 由苯酚和1-溴丁烷制备苯丁醚

实验要求

① 以苯酚和1-溴丁烷为原料制备苯丁醚；

② 写出实验原理；

③ 列出仪器药品，画出每步装置图；

④ 写出实验步骤；

⑤ 制定检验鉴定方法。

基准量：0.05 mol 原料。

7.5 醛和酮的制备

实验二十三 环己酮

一、实验目的

① 熟悉电动搅拌器、恒压滴液漏斗的使用；

② 熟悉分液、干燥和蒸馏等基本操作。

二、实验原理

环己醇经次氯酸钠氧化制备环己酮：

$$\text{环己醇(OH)} + NaClO \longrightarrow \text{环己酮(O)} + H_2O + NaCl$$

仲醇经氧化剂氧化制备酮是脂肪酮的常用制备方法。六价铬化合物是常用的氧化剂，但其价格高，对皮肤和黏膜有腐蚀性，且会污染环境，本实验用次氯酸钠（漂白粉也可，其有效成分为次氯酸钙）作氧化剂可避免这些缺点。

三、仪器和药品

仪器：电动搅拌器、恒压滴液漏斗、球形冷凝管、250 mL 三口圆底烧瓶、分液漏斗、圆底烧瓶、蒸馏头、直形冷凝管、接引管、锥形瓶、温度计。

药品：环己醇（8 mL，7.70 g，0.077 mol）、次氯酸钠溶液、乙酸、饱和亚硫酸氢钠溶液、氢氧化钠、氯化钠、无水硫酸镁。

四、实验步骤

向装有恒压滴液漏斗、球形冷凝管和温度计的 250 mL 三口瓶中加入 8 mL 环己醇、4 mL 乙酸和一枚磁子，在搅拌下，通过恒压滴液漏斗将 115 mL 次氯酸钠溶液（有效氯含量约 5.3%[①]）滴加到烧瓶中，保持反应混合液的温度在 40～45 ℃[②]，在 10～20 min 内滴加完毕。搅拌 5 min，取少量反应混合液用淀粉-碘化钾试纸检测应呈蓝色，否则每次应补加 5 mL 次氯酸钠溶液，直至用淀粉-碘化钾试纸检测呈蓝色。继续搅拌 20 min，加入饱和亚硫酸氢钠溶液至反应液不使淀粉-碘化钾试纸变蓝为止。

向反应混合液中加入 1 mL 溴百里酚蓝溶液，滴加 6 mol·L^{-1} NaOH 溶液直至反应混合液为中性，颜色变为蓝色。取下恒压滴液漏斗，安装一个短分馏柱和蒸馏装置，蒸馏，收集 35～40 mL 馏出物[③]。加入氯化钠使水层饱和[④]，分液。油层用约 1 g 无水硫酸镁干燥。蒸馏，收集 152～155 ℃的馏分。

纯环己酮沸点 155 ℃，$d_4^{20}=0.9624$，$n_D^{20}=1.4641$。

五、检验与测试

对产品进行折射率、红外光谱或核磁共振氢谱测试，与标准数据或谱图进行对比。

六、注释

① 次氯酸钠的浓度可用间接碘量法(GB 19016—2013)测定。

② 温度不超过 45 ℃。若高于 45 ℃，尽快用冷水或冰水冷却。

③ 环己酮与水可生成共沸混合物，共沸点 95 ℃，含环己酮 38%。

④ 环己酮在 100 mL 水中的溶解度为 2.4 g，加入食盐使水层饱和有利于环己酮的分层。

七、思考题

① 本实验的氧化剂能用高锰酸钾吗？为什么？

② 反应结束后为什么要加入亚硫酸氢钠溶液？

③ 如何用红外光谱和核磁共振氢谱区分环己醇和环己酮？

八、参考文献

Mohrig J R, Nienhuis D M, Linck C F, et al.J Chem Educ, 1985, 62(6): 519—512.

实验二十四 对甲基苯乙酮

一、实验目的

① 学习和掌握应用 Friedel-Crafts 酰基化反应制备芳香酮的原理和方法；

② 熟悉分液漏斗的使用，熟悉洗涤、干燥、蒸馏等基本操作。

二、实验原理

本实验是经 Friedel-Crafts 酰基化反应制备芳香酮的典型实例：

$$\text{C}_6\text{H}_5\text{CH}_3 + (\text{CH}_3\text{CO})_2\text{O} \xrightarrow{\text{AlCl}_3} p\text{-CH}_3\text{C}_6\text{H}_4\text{COCH}_3 + \text{CH}_3\text{COOH}$$

Friedel-Crafts 酰基化一般以芳烃或含第一类定位基的芳烃作为底物，以酰氯、酸酐等作为亲电试剂。由于空间位阻，酰化一般主要发生在第一类定位基的对位，邻位产物很少。酸酐比酰氯腐蚀性小，且反应较易控制；但商品化的酸酐试剂种类比酰氯少。

反应机理为

$$(\text{CH}_3\text{CO})_2\text{O} + \text{AlCl}_3 \rightleftharpoons \left[\text{H}_3\text{C}-\overset{+}{\text{C}}=\text{O} \longleftrightarrow \text{H}_3\text{C}-\text{C}\equiv\overset{+}{\text{O}}\right] + \overset{-}{\text{Al}}(\text{OCOCH}_3)\text{Cl}_3$$

$$\text{C}_6\text{H}_5\text{CH}_3 + \text{H}_3\text{C}-\overset{+}{\text{C}}=\text{O} \longrightarrow [\text{CH}_3\text{C}_6\text{H}_5(\text{H})(\text{COCH}_3)]^+ \xrightarrow[-\text{HAl(OCOCH}_3)\text{Cl}_3]{\bar{\text{A}}\text{l(OCOCH}_3)\text{Cl}_3} p\text{-CH}_3\text{C}_6\text{H}_4\text{COCH}_3$$

$$p\text{-CH}_3\text{C}_6\text{H}_4\text{COCH}_3 + \text{AlCl}_3 \longrightarrow p\text{-CH}_3\text{C}_6\text{H}_4\text{C}(\text{H}_3\text{C})=\overset{+}{\text{O}}-\bar{\text{A}}\text{lCl}_3$$

由于三氯化铝与产物对甲基苯乙酮形成络合物，且还与生成的乙酸络合，所以反应中三氯化铝的用量为乙酸酐物质的量的 2 倍以上。

三、仪器和药品

仪器：电动搅拌器、恒压滴液漏斗、球形冷凝管、干燥管、水浴锅、分液漏斗、圆底烧瓶、蒸馏头、直形冷凝管、接引管、锥形瓶、温度计。

药品：甲苯(36 mL，31.2 g，0.34 mol)、乙酸酐(6.8 mL，7.3 g，0.072 mol)、无水三氯化铝(22 g，0.165 mol)、无水氯化钙、浓盐酸、10％氢氧化钠溶液、无水硫酸镁。

四、实验步骤

在 250 mL 三口圆底烧瓶上安装电动搅拌器、恒压滴液漏斗和球形冷凝管，冷凝管的顶端连有氯化钙干燥管[①]和气体吸收装置(将吸收装置末端的漏斗倒置，刚刚浸没到 10％NaOH 溶液中)[②]。迅速称取 22 g(0.165 mol)无水三氯化铝[③]加入到烧瓶中，再加入 30 mL 无水甲苯，开动电动搅拌，通过恒压滴液漏斗将 6.8 mL(约 7.3 g，0.072 mol)乙酸酐[④]和 6 mL 无水甲苯的混合液缓慢滴入三口圆底烧瓶中(需 15～20 min)。滴加完毕后，用 60～70 ℃水浴加热三口圆底烧瓶 30 min。将反应混合物用冰水浴冷却至室温[⑤]，在冰水浴下边搅拌边缓慢滴加 45 mL 浓盐酸和 50 mL 冷水的混合液。待瓶内出现的固体逐渐溶解后，用分液漏斗分出有机层，并依次用水、10％NaOH 溶液、水各 25 mL 洗涤，最后用无水硫酸镁干燥。蒸馏，回收甲苯，当温度计读数达到 150 ℃左右时将直形冷凝管中的冷却水放空(或稍冷后换用空气冷凝管)，收集 220～225 ℃的馏分[⑥]。

纯对甲基苯乙酮沸点 225～226 ℃，$d_4^{20}=1.005\,1$，$n_D^{20}=1.533\,5$。

五、检验与测试

进行红外光谱或核磁共振氢谱测试，与标准谱图或数据进行比较。

六、注释

① 三口圆底烧瓶、恒压滴液漏斗、球形冷凝器、电动搅拌桨及干燥管均为干燥好的仪器。

② 实验中可能放出氯化氢气体，故应在通风良好的通风橱中进行。

③ 应选用新购入的无水三氯化铝，或可将实验室存放的三氯化铝升华后使用。

④ 乙酸酐具有腐蚀性并对眼睛有刺激作用，应小心使用。

⑤ 反应完毕冷却时要防止倒吸。

⑥ 最后也可减压蒸馏出对甲基苯乙酮，收集 93～94 ℃/7 mmHg 的馏分。但需注意在蒸出

甲苯后更换为减压蒸馏装置前，要先将反应混合物冷却。蒸出甲苯后可换用 25 mL 圆底烧瓶进行常压或减压蒸馏。

七、思考题

① 还可如何由甲苯合成对甲基苯乙酮？写出反应式。

② 反应可以用硝基苯作溶剂吗？为什么？

③ 反应结束后为什么要加入盐酸溶液？

实验二十五 4-苯基-2-丁酮及其亚硫酸钠加成物的制备

一、实验目的

① 了解乙酰乙酸乙酯在合成中的应用；

② 掌握乙酰乙酸乙酯烃基化、碱性水解和酸化脱羧的原理及实验操作；

③ 进一步熟练掌握蒸馏、减压蒸馏、萃取、抽滤和重结晶的基本操作。

二、实验原理

4-苯基-2-丁酮存在于烈香杜鹃的挥发油中，具有止咳祛痰的作用。为便于服用和储存，一般将 4-苯基-2-丁酮与亚硫酸氢钾或亚硫酸氢钠反应制成加成物用做药物，其药效不受影响。

本实验使用氯化苄对乙酰乙酸乙酯进行苄基化反应，然后将所得的苄基乙酰乙酸乙酯进行皂化、酸化和加热脱羧制备 4-苯基-2-丁酮。反应式为

$$CH_3\overset{O}{\overset{\|}{C}}CH_2CO_2C_2H_5 \xrightarrow[\text{②}PhCH_2Cl]{\text{①}CH_3ONa} CH_3\overset{O}{\overset{\|}{C}}\underset{\underset{CH_2Ph}{|}}{CH}CO_2C_2H_5 \xrightarrow[\text{②}HCl\ \text{③}\triangle,-CO_2]{\text{①}NaOH} CH_3\overset{O}{\overset{\|}{C}}CH_2CH_2Ph \xrightarrow{NaHSO_3} CH_3\overset{OH}{\overset{|}{\underset{\underset{SO_3Na}{|}}{C}}}CH_2CH_2Ph$$

三、仪器和药品

仪器：磁力搅拌电热套、50 mL 三口圆底烧瓶、球形冷凝管、恒压滴液漏斗、50 mL 分液漏斗、蒸馏头、直形冷凝管、接引管、锥形瓶、温度计。

药品：金属钠(0.53 g，0.023 mol)、乙酰乙酸乙酯(3.0 mL，3.07 g，23.6 mmol)、氯化苄(2.7 mL，2.97 g，23.5 mmol)、亚硫酸氢钠(1.03 g，9.9 mmol)、氢氧化钠、浓盐酸、无水甲醇、乙醚、乙醇、无水硫酸钠、饱和食盐水。

四、实验步骤

1. 4-苯基-2-丁酮的制备

在 50 mL 干燥的三口圆底烧瓶中加入磁子，安装球形冷凝管和空心塞，从另一个侧口中加入 4 mL 无水甲醇，开动搅拌，加入切成薄片(或细丝)的 0.53 g 金属钠[①]。待钠完全溶解后，搅拌下自恒压滴液漏斗滴加 3.0 mL 乙酰乙酸乙酯[②]，滴完后继续搅拌 10 min。再自恒压滴液漏斗缓慢滴加 2.7 mL 氯化苄，然后用 0.5 mL 甲醇冲洗滴液漏斗后也滴加到三口圆底烧瓶中。溶液变为米黄色混浊液，加热回流 30 min。稍冷却后，缓慢加入由 1.2 g 氢氧化钠和 10 mL 水配制的溶液(约需 5 min)，此时溶液的 pH 约为 11。然后加热回流 30 min，待冷却到 40 ℃以下时，慢慢滴加 3 mL 浓盐酸[③]，此时溶液的 pH 为 1～2。加热回流约 30 min，直至无二氧化碳气泡逸出为止，此时溶液分为两层，上层为黄色有机相。

将回流装置改为蒸馏装置，在水浴上将低沸点物蒸出，馏出液体积为 2～4 mL。用分液漏斗

分出上层有机层，水层用 10 mL 乙醚萃取一次。将乙醚溶液与有机层合并，用 20 mL 饱和食盐水分两次洗涤，直至食盐水的 pH 为 6～7。用无水硫酸钠干燥乙醚层。在水浴上蒸出乙醚，然后减压蒸馏，收集 132～140 ℃/5.33 kPa(40 mmHg)的馏分，得到无色透明液体 1.7～2.1 g。

纯 4-苯基-2-丁酮的沸点为 235 ℃，$d_4^{20}=0.985$，$n_D^{20}=1.511$。

2. 4-苯基-2-丁酮亚硫酸钠加成物的制备

向 50 mL 三口圆底烧瓶中加入磁子，安装球形冷凝管、温度计，加入 4.5 mL 水和 1.03 g 亚硫酸氢钠，用空心塞塞好侧口，搅拌加热至 80 ℃，使固体溶解。在 50 mL 锥形瓶中加入 1.33 g (9 mmol)4-苯基-2-丁酮和 6 mL 乙醇，在水浴上加热至 60 ℃。自冷凝管顶端将乙醇溶液慢慢加入，加热回流 15 min，得到透明溶液。冷却后有白色结晶析出。抽滤，用少量乙醇洗涤两次，得到 1.5～1.9 g 粗产品。若想得到更纯的产品，可用 70%乙醇重结晶。

纯 4-苯基-2-丁酮的亚硫酸钠加成物为白色片状晶体。

五、注释

① 钠与甲醇反应会放出氢气，因此该反应需在通风橱中进行。

② 久置的乙酰乙酸乙酯会出现部分分解，使用前需进行减压蒸馏纯化。

③ 在 8～10 min 内将盐酸加入。若加入盐酸过快，可能会有大量二氧化碳气体放出而导致反应混合物冲出。

六、思考题

① 写出各步反应的反应机理。

② 在苄基乙酰乙酸乙酯的制备中，加入碘化钾可加速反应的进行。为什么？

③ 还可由 4-苯基-3-丁烯-2-酮催化加氢来制备 4-苯基-2-丁酮。试设计由苯乙酮出发制备 4-苯基-2-丁酮的详细操作步骤。

④ 试设计由 4-苯基-2-丁酮的亚硫酸钠加成物分解制备较纯的4-苯基-2-丁酮的详细操作步骤。

实验二十六　设计实验　由二苯甲醇制备二苯甲酮

实验要求

① 以二苯甲醇为原料制备二苯甲酮；

② 写出实验原理；

③ 列出仪器药品，画出每步装置图；

④ 写出实验步骤；

⑤ 制定检验鉴定方法。

基准量：0.05 mol 原料。

实验二十七　设计实验　由氯苯制备对氯苯乙酮

实验要求

① 以氯苯及乙酸酐为原料制备对氯苯乙酮；

② 写出实验原理；

③ 列出仪器药品，画出每步装置图；

④ 写出实验步骤；

⑤ 制定检验鉴定方法。

基准量：0.05 mol 原料。

7.6　羧酸及其衍生物

实验二十八　苯甲酸

一、实验目的

① 了解相转移催化剂的催化原理，掌握相转移催化氧化制备苯甲酸的方法；

② 学习机械搅拌装置的安装和使用；

③ 掌握抽滤、重结晶等基本操作。

二、实验原理

烷基苯可以被强氧化剂如高锰酸钾、重铬酸钾/硫酸等氧化为苯甲酸。采用高锰酸钾为氧化剂时，高锰酸钾溶在水相，而烷基苯为有机相，两相互不溶解，反应速率很慢。本实验加入少量二乙二醇二甲醚为相转移催化剂，两分子二乙二醇二甲醚可络合一个钾离子：

$$[K(CH_3OCH_2CH_2OCH_2CH_2OCH_3)_2]^+\ MnO_4^-$$

所形成络离子极性中心在分子内部，分子外部具有亲油性，可以进入有机相。高锰酸根离子通过静电吸引也被拉入有机相进行氧化反应，而后氧化生成的苯甲酸根离子又被带回水相。这样，双(二乙二醇二甲醚)络钾离子就像公交车一样，在两相之间往返，不断把高锰酸根运送到有机相而把生成的苯甲酸根运回水相，把这类能够在水相和有机相之间运送离子从而加速反应的化合物称为相转移催化剂。其他如冠醚、长链季铵盐等化合物也是常用的相转移催化剂。反应式：

$$C_6H_5CH_3 + 2\,KMnO_4 \longrightarrow C_6H_5COOK + 2\,MnO_2 + KOH + H_2O$$

$$C_6H_5COOK + HCl \longrightarrow C_6H_5COOH + KCl$$

苯甲酸有阻止发酵和食物腐败的作用，在国内常被用做食物和饮料的防腐剂(但在有些国家它被认为有毒，禁止用于食品中)。工业上常用甲苯为原料，在钴、锰化合物催化下，通过空气氧化制备苯甲酸。例如：

$$C_6H_5CH_3 + 空气 \xrightarrow[190\sim200\ ℃]{乙酸钴，乙酸锰} C_6H_5COOH\ (96\%)$$

三、仪器和药品

仪器：250 mL 四口圆底烧瓶、恒压滴液漏斗、温度计、球形冷凝管、搅拌装置。

药品：甲苯（2.7 mL，2.3 g，0.025 mol）、高锰酸钾（8 g，0.051 mol）、4%的二乙二醇二甲醚水溶液（4 mL）、浓盐酸（或 50%硫酸）、饱和亚硫酸氢钠溶液。

四、实验步骤

于 250 mL 四口圆底烧瓶上安装机械搅拌、球形冷凝管和温度计。将 8 g 高锰酸钾（勿将其粘在磨口处）、100 mL 水、4 mL 4%的二乙二醇二甲醚水溶液及 2.7 mL 甲苯依次加入四口圆底烧瓶，搅拌回流 1 h。停止加热，稍微冷却。若反应混合物仍呈紫红色，在搅拌下通过恒压滴液漏斗（也可从冷凝管上口）慢慢滴加少量饱和亚硫酸氢钠溶液（约 5 mL）①，使紫红色消失②。趁热抽滤除去二氧化锰沉淀。溶液如仍有颜色，可再加入少量饱和亚硫酸氢钠溶液，使其褪色。无色溶液用浓盐酸或 50%硫酸酸化，析出白色晶体。冷却到室温，抽滤，干燥。若需要得到纯产物，可在水中重结晶③。

纯苯甲酸为无色针状晶体，熔点 122.4 ℃。

五、检验与测试

可以通过测熔点、红外光谱或核磁共振氢谱进行鉴定。

六、注释

① 也可以加入少量甘油，但是甘油反应较激烈，需要特别小心。

② 停止搅拌，将反应混合物静置片刻后。观察上层溶液是否紫色消失。也可以加快搅拌速度使反应混合物溅到瓶壁上进行观察。

③ 苯甲酸的溶解度为

温度/℃	4	18	75
溶解度/[g·(100 g 水)$^{-1}$]	0.18	0.27	2.2

七、思考题

① 反应结束为什么应趁热过滤？

② 反应完毕，反应混合物尚呈紫红色，为什么要加入少量亚硫酸氢钠？

③ 在实验室里，还可以用什么方法制备苯甲酸？

实验二十九 乙酸乙酯

一、实验目的

① 通过乙酸乙酯的制备加深对酯化反应的理解和可逆反应的调控；

② 掌握回流、蒸馏及液体洗涤、分离和干燥的操作方法。

二、实验原理

有机酸和醇在强酸催化下发生可逆的酯化反应生成酯：

$$H_3C-C(=O)-OH + HOC_2H_5 \underset{}{\overset{H^+}{\rightleftharpoons}} H_3C-C(=O)-OC_2H_5 + H_2O$$

对于乙酸和乙醇的酯化反应来讲，其平衡常数约为 4。即用等物质量的乙酸和乙醇进行反应，达到平衡后只有三分之二的原料转变为乙酸乙酯（产率最高只有 66.7%）。为使平衡向右移动，提高产率，生产过程中常采用增加某种价格较低廉的原料（醇或酸）的用量或不断将产物酯或水蒸出的办法。当原料沸点都比水高时，不断蒸出反应生成的水是最佳选择，如乙酸和丁醇酯化制备乙酸丁酯。

常用浓硫酸、氯化氢、对甲苯磺酸等作催化剂。反应按如下机理进行：

$$H_3C-\overset{O}{\overset{\|}{C}}-OH \xrightleftharpoons{H^+} H_3C-\overset{\overset{+}{O}H}{\overset{\|}{C}}-OH \xrightleftharpoons{H\ddot{O}C_2H_5} H_3C-\underset{H-\underset{+}{O}C_2H_5}{\overset{OH}{C}}-OH \xrightleftharpoons{\text{质子转移}} H_3C-\underset{OC_2H_5}{\overset{:OH}{C}}-\overset{+}{O}H_2$$

$$\xrightleftharpoons{-H_2O} H_3C-\overset{\overset{+}{O}H}{\overset{\|}{C}}-OC_2H_5 \xrightleftharpoons{-H^+} H_3C-\overset{O}{\overset{\|}{C}}-OC_2H_5$$

也有用强酸性阳离子交换树脂、硫酸氢钠、杂多酸等固体酸作催化剂，固体酸容易通过过滤分离，可以反复使用，比较绿色环保，而反应速率较慢是其弱点。若用浓硫酸作催化剂，其用量是醇的 0.1%～0.5% 即可。增加氢离子浓度或是升高温度能缩短反应动态平衡建立的时间。本实验使用了较多的浓硫酸，一是为了缩短反应时间，二是浓硫酸在起催化作用同时还吸收反应生成的水，有利于平衡向右移动和酯的生成。

但是因为本实验使用了较多硫酸，易引起以下副反应：

$$2\,CH_3CH_2OH \xrightarrow[-H_2O]{H^+} (CH_3CH_2)_2O$$

$$CH_3CH_2OH \xrightarrow[-H_2O]{H^+} CH_2=CH_2$$

三、仪器和药品

仪器：100 mL 圆底烧瓶、球形冷凝管、电热套、蒸馏头、温度计、直形冷凝管、接引管、分液漏斗、锥形瓶。

药品：冰乙酸（14 mL，14.7 g，0.25 mol）、无水乙醇（23 mL，18.2 g，0.39 mol）、浓 H_2SO_4（3 mL）、饱和 Na_2CO_3 溶液、饱和 NaCl 溶液、饱和 $CaCl_2$ 溶液、无水 $MgSO_4$ 或无水 Na_2SO_4。

四、实验步骤

将 14 mL 冰乙酸、23 mL 无水乙醇及 3 mL 浓 H_2SO_4 依次加入干燥的 100 mL 圆底烧瓶中，再加 2～3 粒沸石。将球形冷凝管安装在圆底烧瓶上，然后用电热套加热至沸，回流 1 h。

稍冷，将回流装置改成蒸馏装置进行蒸馏，直到没有馏出液或蒸馏头处温度计读数达到 90 ℃为止。将馏出液倒入分液漏斗，加入 15 mL 饱和 Na_2CO_3 溶液，小心振荡洗涤，并不时放气。洗好后，将分液漏斗放在铁环上静置，使其中的混合液分层。从分液漏斗下口分出水层。酯层用 pH 试纸检查如仍呈酸性，再重复上述操作（用饱和 Na_2CO_3 溶液洗涤），直到酯层不显酸性为止，分液。同上操作，用 20 mL 饱和 NaCl 溶液洗去残余的 Na_2CO_3 溶液和残余的乙醇，再用 20 mL 饱和 $CaCl_2$ 溶液进一步洗去残余的乙醇①。酯层从分液漏斗上口倒入干燥的锥形瓶中，再加入 2～3 g 无水 $MgSO_4$② 进行干燥。

在 50 mL 干燥的圆底烧瓶中加入 2～3 粒沸石，将干燥好的粗乙酸乙酯通过漏斗加入到烧瓶中[3]。在烧瓶上安装一套干燥的蒸馏装置再次进行蒸馏，收集 73～79 ℃的馏分[4]。

五、检验与测试

乙酸乙酯纯度检测可以通过测试气相色谱，也可以测折射率或IR，并与标准谱图或数据对照。

六、注释

① 由于乙酸乙酯与乙醇等形成共沸物，见表 7-1，因此必须使用饱和 $CaCl_2$ 溶液洗涤，$CaCl_2$ 可以与乙醇形成络合物溶于水中被分出。注意：每步洗涤后要进行分液！必须分离完全再进行下一步洗涤，以防止沉淀析出影响分离。

表 7-1 乙酸乙酯与水或醇形成二元和三元共沸物的组成及沸点

共沸点/℃	质量分数/%		
	乙酸乙酯	乙醇	水
70.2	82.6	8.4	9.0
70.4	91.53		8.47
71.8	69.2	30.8	

② 加入到粗乙酸乙酯中的 $MgSO_4$ 的量视具体情况而定。加入 $MgSO_4$ 后摇动锥形瓶，如果 $MgSO_4$ 变成糊状，说明粗乙酸乙酯中含水量大，仍需继续添加干燥剂；如呈颗粒状，且与加入时的形貌相同，表明其用量已足够。

③ 将粗乙酸乙酯倾泻倒入，为防止干燥剂倒入烧瓶中，可在漏斗中放入一小团脱脂棉。

④ 如果沸点偏低，在排除温度计误差的前提下，表明酯中有残余的醇没有洗去或最后干燥不充分。

七、思考题

① 硫酸在实验中起什么作用？

② 用浓 NaOH 溶液代替饱和 Na_2CO_3 溶液来洗涤馏液可以吗？

③ 酯化反应有什么特点？在实验中如何创造条件促使酯化反应尽量向生成物方向进行？

④ 本实验若采用乙酸过量的做法是否合适？为什么？

⑤ 蒸出的粗乙酸乙酯中主要有哪些杂质？如何除去？

实验三十 乙酰水杨酸

一、实验目的

① 了解乙酰水杨酸(阿司匹林，aspirin)的制备原理和方法；

② 熟悉重结晶、抽滤、熔点测定等基本操作。

二、实验原理

乙酰水杨酸是应用广泛的解热、镇痛和抗炎药。它副作用较小，是少数几种经受住时间考验的药物，在人体内还具有抗血栓的作用，可用于预防心脑血管疾病的发作。

本实验采用邻羟基苯甲酸(水杨酸)与乙酸酐或乙酰氯在乙酸钠催化下制备乙酰水杨酸。反应式为

$$\text{水杨酸(邻羟基苯甲酸)}\xrightarrow[CH_3COONa]{(CH_3CO)_2O\ 或\ CH_3COCl}\text{乙酰水杨酸}(o\text{-}CH_3COO\text{-}C_6H_4\text{-}COOH)$$

乙酸酐法反应机理：

$$\text{水杨酸}\underset{-CH_3COOH}{\overset{CH_3COO^-}{\rightleftharpoons}}\text{水杨酸根(O—H…O}^-)\xrightarrow{CH_3C(=O)—O—C(=O)CH_3}H_3C—C(O^-)(—O—CCH_3(=O))—O—C_6H_4—COOH\xrightarrow{-CH_3COO^-}o\text{-}CH_3C(=O)O—C_6H_4—COOH$$

三、仪器和药品

仪器：磁力搅拌电热套、100 mL 三口圆底烧瓶、球形冷凝管、抽滤瓶、漏斗、磁子、温度计、无水氯化钙干燥管。

药品：

乙酸酐法[装置见图 7-6(a)]：水杨酸(7.0 g，0.05 mol)、新蒸的乙酸酐(8 mL，0.08 mol)、无水乙酸钠(1 g)；

乙酰氯法[装置见图 7-6(b)]：水杨酸(7.0 g，0.05 mol)、无水乙酸钠(5.4 g，0.066 mol)，THF(10 mL)、新蒸的乙酰氯(4.0 mL，0.056 mol)、乙醇水溶液(体积比 1∶1)。

四、实验步骤

1. 乙酰水杨酸的制备

① 乙酸酐法：在装有温度计、球形冷凝管(上接氯化钙干燥管)的 100 mL 三口圆底烧瓶中，加入干燥的水杨酸 7.0 g、1 g 无水乙酸钠①，再加入新蒸的乙酸酐 8 mL。封闭侧口，缓慢开动磁力搅拌②，小心加热，65 ℃时水杨酸逐渐溶解，控制瓶内温度在 70 ℃左右反应 30 min③。稍冷后，在不断搅拌下将反应液倒入 100 mL 冷水中，并用冰水浴冷却 15 min，抽滤，冰水洗涤④，得乙酰水杨酸粗产品。

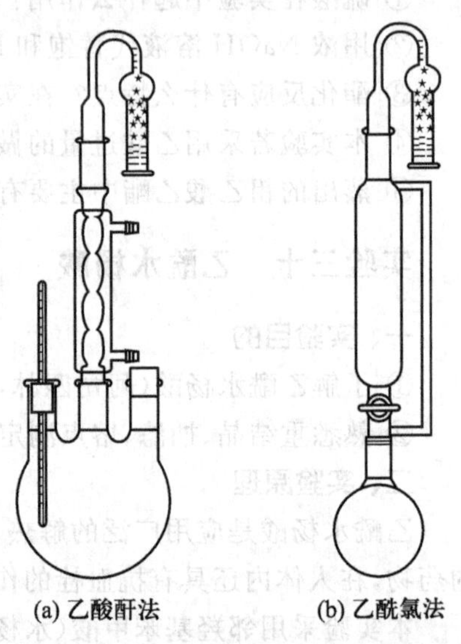

(a) 乙酸酐法　　(b) 乙酰氯法

图 7-6　乙酰水杨酸制备装置图

② 乙酰氯法：在 100 mL 圆底烧瓶中，加入干燥的水杨酸 7.0 g、无水乙酸钠 5.4 g、THF 10 mL 和一枚磁子。上口安装一个恒压滴液漏斗，在其中加入新蒸的乙酰氯 4.0 mL①，上面加一个氯化钙干燥管。缓慢开动磁力搅

拌②，小心滴加乙酰氯，反应放热，固体水杨酸逐渐溶解而反应物变成乳状，约15 min滴加完毕。将恒压滴液漏斗更换为球形冷凝管（上面接氯化钙干燥管），加热回流40 min③。稍冷后，取下圆底烧瓶在水泵减压下旋除 THF 至干，然后在固体物中加入 50 mL 冷水，搅拌使固体变为细小颗粒并使其中无机盐溶解，抽滤，用冷水洗涤④，得乙酰水杨酸粗产品。

2. 重结晶

将上述任何一种方法所得粗产品转至 100 mL 圆底烧瓶中，装好回流装置，向烧瓶内加入 15 mL 乙醇水溶液，加热溶解⑤。然后趁热过滤，热滤液置冰水浴或冰箱中冷却至－5～0 ℃，抽滤。得无色晶体乙酰水杨酸，称量，计算产率（最高能达到 6.4 g），测熔点⑥。

乙酰水杨酸熔点为 136 ℃。

五、检验与测试

① 为了检验产品中是否还有未反应的水杨酸，利用水杨酸属酚类物质可与三氯化铁发生颜色反应的特点，取几粒结晶加入盛有 3 mL 水的试管中，加入 1～2 滴 1% $FeCl_3$溶液，观察有无颜色反应（紫色）。

② 测产品的红外光谱和核磁共振氢谱，并与标准谱图或数据对照。

六、注释

① 仪器要全部干燥，药品使用前经干燥处理。水杨酸预先在真空干燥箱中 100 ℃烘干 2 h，密闭存放，无水乙酸钠预先在真空干燥箱中 125 ℃烘干 2 h，密闭存放，称取要迅速，防止吸潮。乙酸酐或乙酰氯最好使用新蒸馏的。

② 搅拌速度要适当，尽量勿使固体物质溅到烧瓶壁上。

③ 可以用三氯化铁的水溶液测定，当反应物遇到三氯化铁的水溶液时不呈现明显紫色表明反应已经达到终点。

④ 用冰水可以避免乙酰水杨酸水解，并减少溶解损失。

⑤ 溶解时间不宜过长，温度不宜过高，完全溶解即可。产品也可以用约 20 mL 乙酸乙酯重结晶。热过滤时，应该避免明火，以防着火。

⑥ 产品乙酰水杨酸易受热分解，因此熔点不明显，它的分解温度为 128～135 ℃。因此重结晶时不宜长时间加热。产品采取自然晾干。用毛细管测熔点时宜先将外液浴加热至 120 ℃左右，再放入样品管测定。

七、思考题

① 为什么要使用新蒸馏的乙酸酐或乙酰氯？

② 本实验乙酸酐法也可以用硫酸催化，写出硫酸催化的机理。

③ 写出乙酰氯法制备乙酰水杨酸的机理。

④ 为什么乙酸酐法控制反应温度在 70 ℃左右？反应温度过高主要有那些副产物生成？

⑤ 乙酸、苯甲酸、乙酰水杨酸、水杨酸的 pK_a 值分别是 4.75、4.19、3.48、2.97。请解释它们酸性强弱的原因。

八、参考文献

Chakraborti A K，Sharma L，Shivani G R. Tetrahedron，2003，59(39)：7661—7668.

实验三十一 乙酰苯胺

一、实验目的

① 掌握由芳胺和羧酸直接制备酰胺的方法；

② 巩固重结晶、抽滤和热过滤等实验技术；

③ 学会利用分馏装置进行制备反应。

二、实验原理

$$C_6H_5NH_2 + CH_3COOH \xrightarrow[\triangle]{Zn} C_6H_5NHCOCH_3 + H_2O$$

芳胺与脂肪胺均为弱碱性的有机化合物，其中的伯胺和仲胺可与酰化试剂反应，生成酰胺。把伯胺和仲胺转化为酰胺的试剂有酰氯(如乙酰氯)和酸酐(如乙酸酐)。这两种试剂的特点是均可在室温下将胺酰化，产率很高，反应条件温和。而一般的酯在加热条件下只能与脂肪族伯胺反应得到相应的酰胺。将羧酸和胺混合后加热脱水是制备酰胺的一种比较经济的方法，但要求羧酸和酰胺对热稳定。本实验即用此方法合成乙酰苯胺。通过提高反应温度，把生成的水从反应体系中蒸出，使苯胺乙酸盐充分发生脱水反应，生成乙酰苯胺。

三、仪器和药品

仪器：磁力搅拌电热套、50 mL 圆底烧瓶、磁子、维氏分馏柱、蒸馏头、直形冷凝管、温度计、接引管、烧杯。

药品：苯胺(5 mL，5.1 g，0.055 mol)、冰醋酸(8 mL，8.3 g，0.132 mol)、锌粉、活性炭。

四、实验步骤

向 50 mL 干燥的圆底烧瓶中加入 5 mL 新蒸过的苯胺[①]和 8 mL 冰醋酸，再加入少量锌粉[②]，在烧瓶上依次装好维氏分馏柱[③]、蒸馏头、温度计、接引管和锥形瓶。在电热套上加热烧瓶至反应混合液沸腾。控制电压，保持温度计读数在 100 ℃以上且低于 110 ℃，使反应生成的水充分蒸出来而乙酸尽量留在反应体系中。经 40～60 min，当温度计读数发生波动或减小，或容器内出现白雾状时说明反应已达到终点，停止加热。

在搅拌下将反应物缓慢的倒入盛有 100 mL 水的烧杯中，继续搅拌并冷却烧杯，使粗乙酰苯胺完全析出。用布氏漏斗抽滤，固体再用 5～10 mL 冷水洗涤，除去未反应的乙酸。

将粗乙酰苯胺移入烧杯中，加入 100～120 mL 水，加热沸腾。如在下层仍有油珠状物[④]需补充水，直到油珠在沸腾下全部溶解后再加入 5 mL 水[⑤]。稍冷，在搅拌下加入 0.5 g 活性炭[⑥]，再煮沸 3～5 min，如果水挥发较多，需要补水到加活性炭前的液面，趁热进行过滤[⑦]。滤液冷至室温，乙酰苯胺呈片状晶体析出[⑧]。抽滤，尽量用磨口玻璃塞挤压，除去晶体中的水，产品放在表面皿上干燥。

纯乙酰苯胺为白色片状晶体，熔点 114 ℃。

五、检验与测试

可以测试样品的红外光谱或核磁共振氢谱，并与标准谱图对照。

六、注释

① 久置的苯胺易氧化成深色，实验前应用水泵减压蒸馏一次，否则将影响产品的产量和质量。

② 锌粉主要防止苯胺在反应中被氧化。注意：不能加得太多，否则会形成氢氧化锌不利于后处理。

③ 为缩短实验时间，通常在分馏柱外包裹保温材料。

④ 油珠为熔融状态的含水乙酰苯胺。乙酰苯胺在 100 mL 水中的溶解度：25 ℃，0.563 g；80 ℃，3.5 g；100 ℃，5.2 g。

⑤ 为防止溶液过饱和，加入一定量的水有利于热过滤。

⑥ 加入活性炭时，一定要将溶液冷却至沸点以下，以免产生暴沸而溢出烧杯造成损失。

⑦ 进行热过滤时，使用扇形滤纸可以增大母液与滤纸的接触面积，加快过滤速度；短颈热滤漏斗必须先在水浴中充分预热，尽量减少产物在滤纸上结晶析出。用布氏漏斗代替热滤漏斗更方便快捷，产率高。使用前要将布氏漏斗放在热水中浸泡，抽滤时稍微减压即可。最好使用双层滤纸，以防抽破。

⑧ 为得到晶形好的晶体，将热的滤液静置，并让其自然冷却，勿搅拌、振摇，待有较多晶体析出后再水浴冷却。若滤液冷却后无晶体析出，可用玻璃棒摩擦烧杯内壁或加入少量晶种促进结晶。

七、思考题

① 本实验应注意什么才能使反应完全？

② 重结晶操作中，应注意哪些才能使产率提高、质量好？

③ 某同学在将粗乙酰苯胺加热溶解时，发现下层的油珠已全部溶解，但补加好几次水并加热沸腾后，在水面上仍有少量浅黄色油状物不溶解。解释这种现象并提出除去这种油状物的方法。

实验三十二　设计实验　由对叔丁基甲苯制备对叔丁基苯甲酸

实验要求

① 以对叔丁基甲苯为原料制备对叔丁基苯甲酸；

② 写出实验原理；

③ 列出仪器药品，画出每步装置图；

④ 写出实验步骤；

⑤ 制定检验鉴定方法。

基准量：0.05 mol 原料。

实验三十三　设计实验　由苯甲酸和乙醇制备苯甲酸乙酯

实验要求

① 以苯甲酸和乙醇为原料制备苯甲酸乙酯；

② 写出实验原理；

③ 列出仪器药品，画出每步装置图；

④ 写出实验步骤；

⑤ 制定检验鉴定方法。

基准量：0.05 mol 原料。

7.7 硝基化合物、胺、偶氮化合物的制备

实验三十四 苯胺

一、实验目的

① 掌握芳香族硝基化合物还原反应的原理及操作；

② 熟悉水蒸气蒸馏的方法。

二、实验原理

在酸性介质中芳香族硝基化合物可以还原为相应的芳香族伯胺。常用的还原剂有铁－盐酸、铁－乙酸、锡－盐酸、氯化亚锡－盐酸等。本实验采用铁屑为还原剂，在稀盐酸中把硝基苯还原为苯胺，这是实验室制备少量芳胺仍然使用的方法。以前工业上制备苯胺也采用此法，由于在还原过程中会产生大量含苯胺的铁泥（Fe_3O_4），造成严重环境污染。因此目前工业上一般采用催化加氢的方法，常用的催化剂有 Ni、Pt、Pd 等。

反应式：

$$4\,C_6H_5{-}NO_2 + 9\,Fe + 4\,H_2O \longrightarrow 4\,C_6H_5{-}NH_2 + 3\,Fe_3O_4$$

该反应是通过硝基苯及各步中间体不断从 Fe 及其低价离子得到电子，并从水中得到质子进行还原的：

$$Ph{-}\overset{O^-}{\overset{|}{N^+}}{=}O \xrightarrow{e^-} Ph{-}\overset{O^-}{\overset{|}{\dot{N}}}{-}O^- \xrightarrow{H^+} Ph{-}\overset{OH}{\overset{|}{N}}{-}\dot{O} \xrightarrow{e^-} Ph{-}\overset{OH}{\overset{|}{N}}{-}O^- \xrightarrow{H^+} Ph{-}\overset{OH}{\overset{|}{N}}{-}OH \xrightarrow[-H_2O]{}$$

$$Ph{-}N{=}O \xrightarrow{e^-} Ph{-}\dot{N}{-}O^- \xrightarrow{H^+} Ph{-}\dot{N}{-}OH \xrightarrow{e^-} Ph{-}N^-{-}OH \xrightarrow{H^+} Ph{-}\overset{H}{N}{-}OH \xrightarrow[-HO^-]{e^-}$$

$$Ph{-}\dot{N}H \xrightarrow{e^-} Ph{-}\overset{-}{N}H \xrightarrow{H^+} Ph{-}NH_2$$

三、仪器和药品

仪器：250 mL 三口圆底烧瓶、机械搅拌、球形和直形冷凝管、温度计、水蒸气发生装置、接引管、锥形瓶。

药品：硝基苯（5 mL，6.02 g，0.05 mol）、细铁屑（15 g，0.27 mol）、乙酸（1 mL）、食盐、碳酸钠、氢氧化钠。

四、实验步骤

在三口圆底烧瓶中加入 25 mL 水、15 g 细铁屑、1 mL 乙酸[①]及 5 mL 硝基苯[②]，装好机械搅拌、温度计和球形冷凝管，在搅拌下于 5～10 min 内将反应物加热至微沸[③]，当反应开始缓慢回流时撤掉电热套，待反应趋于缓和后，再继续加热回流 30 min。此时反应混合物变成黑色，检测

反应直到完成④。

待反应物冷却，用 10 mL 水将搅拌棒和回流冷凝管上的黏附物冲到三口圆底烧瓶中，一边摇动，一边加入约 1 g 碳酸钠粉末⑤直到反应混合物呈碱性。将装置改为水蒸气蒸馏装置进行水蒸气蒸馏，直到馏出液澄清，停止蒸馏⑥。馏出液用食盐饱和⑦，用分液漏斗分去水层。将苯胺层倒入干燥的锥形瓶中，加入固体氢氧化钠干燥。

将干燥好的粗苯胺倒入 50 mL 干燥的圆底烧瓶中，加入 1～2 粒沸石，装好空气冷凝器，加热蒸馏，收集 182～185 ℃的馏分。

纯苯胺为无色油状液体，沸点 184.4 ℃，$d_4^{20}=1.022$，$n_D^{20}=1.5863$。

五、检验与测试

① 苯胺与溴水反应：在 5 mL 水中加入 1～2 滴所制备出的苯胺，振荡使其溶解，然后滴加饱和溴水溶液，立即有白色浑浊物或沉淀析出。

② 苯胺的碱性：将新制苯胺 2～3 滴加入到 0.5 mL 水中，观察溶解现象，然后滴加 5%盐酸，此时苯胺溶解，溶液变透明。再加入少许固体氢氧化钠，溶液又变浑浊或析出油滴。

③ 根据折射率和红外光谱鉴定：测试其折射率和红外光谱，并与文献结果对照。

六、注释

① 本实验采用乙酸为催化剂，也可以采用浓盐酸或 0.5 g 左右氯化铵代替。

② 苯胺和硝基苯均有毒，尽量避免与皮肤接触或吸入蒸气。如不慎溅到皮肤上，立即用肥皂水清洗。

③ 加热主要是使铁活化，尽快反应，以缩短反应时间。

④ 欲判断反应是否完全，可以吸取少量混合物，滴加到稀盐酸中，看不到油珠表明反应已经完成。

⑤ 碳酸钠粉末分批加入，缓慢摇动反应瓶，防止泡沫溢出。

⑥ 三口圆底烧瓶上黏附的黑褐色物质可用 20%盐酸温热除去。

⑦ 加入食盐的目的是为了使溶于水中的苯胺析出，100 g 馏出液加入 NaCl 20～25 g。

七、思考题

① 在反应过程中为什么要搅拌？

② 在进行水蒸气蒸馏之前为什么要加入碳酸钠使反应混合物呈碱性？

③ 有机化合物必须具备什么性质，才能采用水蒸气蒸馏？本实验为何采用此方法？

④ 如果粗产品中含有硝基苯，如何除掉？

⑤ 精制苯胺时，为何用粒状的氢氧化钠作干燥剂而不用硫酸镁或氯化钙？

实验三十五 1-氨基-2-萘酚盐酸盐

一、实验目的

① 熟悉偶氮化合物的制备及还原方法；

② 熟悉搅拌加热、抽滤、洗涤和重结晶等基本操作。

二、实验原理

偶氮化合物一般具有颜色，很多水溶性的偶氮化合物可用做染料（称为偶氮染料）和指示剂，少数偶氮化合物还被用做食用色素。例如，在酸碱滴定中用到的甲基橙，就是一种偶氮类指示剂，它在酸碱溶液中显示不同颜色，发生了如下的结构变化：

$$^{-}O_3S-C_6H_4-N{=}N-C_6H_4-N(CH_3)_2 \underset{HO^-}{\overset{H^+}{\rightleftharpoons}} {}^{-}O_3S-C_6H_4-NH-N{=}C_6H_4{=}\overset{+}{N}(CH_3)_2$$

pH＞4.4，黄色　　　　pH＜3.1，红色

偶氮化合物通常由重氮盐与酚在弱碱性条件下反应制备，或者是由重氮盐与芳胺在弱酸性条件下制备，这种反应称为偶合反应（或偶联反应）。参加反应的重氮盐叫重氮组分，酚或芳胺等叫偶合组分。这是一个亲电取代反应，反应机理可用下式表示：

$$Ar-\overset{+}{N}_2 + C_6H_5-X \longrightarrow Ar-N{=}N-[C_6H_5(H)^{+}]-X \xrightarrow{-H^+} Ar-N{=}N-C_6H_4-X$$

X=OH，OR，NH_2，NHR，NR_2

重氮正离子中氮原子上的正电荷可以离域到芳环上，是一种很弱的亲电试剂。所以只有被强供电子基团（如—OH，—OR，—NH_2，—NHR，—NR_2等）高度活化的芳环，才能与其发生偶合。2－萘酚在更活泼的1位发生反应。反应式如下：

$$C_6H_5-NH_2 \xrightarrow[HCl]{NaNO_2} C_6H_5-\overset{+}{N}{\equiv}N\ Cl^- \xrightarrow[NaOH]{\text{2-萘酚}} C_6H_5-N{=}N-(\text{2-羟基-1-萘基})$$

重氮盐与酚的偶合通常在弱碱性（pH＝8～10）溶液中进行，而重氮盐与芳胺的偶合通常在弱酸性（pH＝5～7）溶液中进行。

偶氮化合物可以被氯化亚锡或连二亚硫酸钠（$Na_2S_2O_4$）还原，生成相应的胺类化合物。1－苯基偶氮基－2－萘酚可被还原为1－氨基－2－萘酚和苯胺，因此可由偶合－还原反应制备相应的芳胺。由于反应在盐酸中进行，最终可以得到1－氨基－2－萘酚的盐酸盐。反应式如下：

$$C_6H_5-N{=}N-(\text{2-羟基-1-萘基}) \xrightarrow[HCl]{SnCl_2} \left[C_6H_5-NH-NH-(\text{2-羟基-1-萘基})\right] \xrightarrow[HCl]{SnCl_2} C_6H_5-NH_2\cdot HCl + HCl\cdot NH_2-(\text{2-羟基-1-萘基})$$

苯胺盐酸盐在水中溶解，而1－氨基－2－萘酚盐酸盐在水中溶解度较小，因此二者很容易分离。

三、仪器和药品

仪器：磁力搅拌电热套、水浴锅、锥形瓶、漏斗、烧杯、布氏漏斗、抽滤瓶、250 mL三口圆底烧瓶、100 mL三口圆底烧瓶、球形冷凝管、温度计。

药品：苯胺（2.5 mL，2.5 g，0.027 mol）、亚硝酸钠（2 g，0.029 mol）、2－萘酚（3.9 g，0.027 mol）、氯化亚锡（10 g，0.053 mol）、10％氢氧化钠溶液、工业乙醇、浓盐酸。

四、实验步骤

1. 1－苯基偶氮基－2－萘酚的制备

在100 mL三口圆底烧瓶中加入8 mL水、8 mL浓盐酸和一枚磁子，在一个侧口中安装温度

计，使温度计的水银球浸没到液面以下。开动搅拌，加入 2.5 mL 苯胺，用冰浴冷却烧瓶，使混合液的温度降至 5 ℃以下。然后在一个烧杯中加入 10 mL 水和 2 g 亚硝酸钠[①]，旋摇烧杯使固体全部溶解，然后用冰浴使其冷却。在搅拌下分批（每次约 2 mL[②]）将冷却的亚硝酸钠溶液加入烧瓶中[③]，使烧瓶中混合液的温度不超过 10 ℃[④]。亚硝酸钠溶液加完后，搅拌 3 min，取出一滴溶液，用 3～4 滴水稀释，用淀粉－碘化钾试纸检测，如果试纸不能迅速变蓝，补加亚硝酸钠溶液。

在另一个 100 mL 烧杯中加入 23 mL 10%氢氧化钠溶液和 3.9 g 2－萘酚，旋摇烧杯使固体全部溶解，用冰浴使溶液冷却，并在溶液中加入 13 g 碎冰，使其温度降至低于 5 ℃。保持温度低于 10 ℃，在剧烈搅拌下将上述重氮盐溶液缓慢加入，此时反应混合物变为红色，且有红色晶体析出。当全部重氮盐加入后，将反应混合物在冰浴中放置 20 min 并间或搅拌。抽滤，用 15 mL 水分三次洗涤固体，充分抽干水分，得到粗 1－苯基偶氮基－2－萘酚。此粗产物可不经提纯用于下步的还原反应。若要得到纯品，可用乙醇或乙酸进行重结晶。

纯 1－苯基偶氮基－2－萘酚为深红色晶体，熔点 131 ℃。

2. 1－苯基偶氮基－2－萘酚的还原

在 250 mL 三口圆底烧瓶（或两口圆底烧瓶）上安装球形冷凝管，向烧瓶中加入 50 mL 工业乙醇（或 95%乙醇）、上步制备的粗 1－苯基偶氮基－2－萘酚和一枚磁子，将两个侧口用塞子塞住，搅拌加热至微回流，直至固体全部溶解。在 100 mL 烧杯中加入 30 mL 浓盐酸和 10 g 氯化亚锡，旋摇烧杯使固体全部溶解（必要时用水浴加热加快溶解）。将氯化亚锡的浓盐酸溶液从三口圆底烧瓶的侧口分批加入到烧瓶中，再搅拌加热回流 30 min。将灰褐色混合液趁热倒入到一个 250 mL 烧杯中，用冰水浴冷却。抽滤，用 15 mL 稀盐酸（浓盐酸和水体积比 1∶4 配制）分三次洗涤固体，然后用 6 mL 冷水分两次洗涤固体。在干燥器中干燥[⑤]，得 1－氨基－2－萘酚盐酸盐粗产品。若要得到更纯产品，可用水（在其中加入少许氯化亚锡和盐酸）进行重结晶，在干燥器中干燥，得到 1.5～2 g 无色晶体。

本实验约需 7 h。

五、注释

① 亚硝酸钠有毒，使用时若粘到皮肤上后应尽快用水洗去。

② 刚开始每次可加入 2～3 mL 亚硝酸钠溶液，在加最后 5%时每次 1 mL。

③ 也可通过一个恒压滴液漏斗滴加亚硝酸钠溶液（尤其是在大量制备重氮盐时），使恒压滴液漏斗的末端浸没到液面以下，这样可尽量避免亚硝酸在界面处分解为氮氧化物。

④ 若温度高于 10 ℃，可向烧瓶中加入少量碎冰降温。

⑤ 干燥器中可用五氧化二磷、变色硅胶或无水氯化钙作干燥剂。由于 1－氨基－2－萘酚盐酸盐吸潮，不宜自然晾干。

六、思考题

① 为什么重氮化反应和偶合反应都要在低温下进行？

② 在进行偶合反应时能否将 2－萘酚溶液向重氮盐溶液中加？为什么？

③ 为什么要用稀盐酸洗涤 1－氨基－2－萘酚盐酸盐粗产品？

④ 在重结晶 1－氨基－2－萘酚盐酸盐时，为什么要在水中加入少许氯化亚锡和盐酸？

实验三十六　设计实验　由对硝基甲苯制备对甲苯胺

实验要求

① 以对硝基甲苯为原料制备对甲苯胺；

② 写出实验原理；

③ 列出仪器药品，画出每步装置图；

④ 写出实验步骤；

⑤ 制定检验鉴定方法。

基准量：0.05 mol 原料。

7.8　缩合与重排反应

实验三十七　查耳酮

一、实验目的

熟悉由 Claisen－Schmidt 反应制备 α,β－不饱和酮的方法。

二、实验原理

芳醛与含有 α－氢原子的醛、酮在碱性条件下发生交叉 aldol 反应，失水后得到 α,β－不饱和醛或酮的反应称为 Claisen－Schmidt 缩合反应，或称 Claisen 反应。查耳酮（1，3－二苯基－2－丙烯－1－酮）又称苯亚甲基苯乙酮，可由苯甲醛与苯乙酮间的 Claisen－Schmidt 缩合反应制备，主要生成较稳定的反式产物。反应式如下：

$$\mathrm{C_6H_5CHO} + \mathrm{H_3C{-}\overset{O}{\overset{\|}{C}}{-}C_6H_5} \xrightarrow{10\%\ \mathrm{NaOH}} \mathrm{C_6H_5CH{=}CH{-}\overset{O}{\overset{\|}{C}}{-}C_6H_5}$$

该反应的机理为：

$$\mathrm{CH_3{-}\overset{O}{\overset{\|}{C}}{-}Ph} \underset{}{\overset{\mathrm{HO^-}}{\underset{-\mathrm{H_2O}}{\rightleftharpoons}}} \left[\mathrm{\overset{-}{C}H_2{-}\overset{O}{\overset{\|}{C}}{-}Ph} \longleftrightarrow \mathrm{CH_2{=}\overset{O^-}{\overset{|}{C}}{-}Ph}\right] \underset{}{\overset{\mathrm{PhCH{=}O}}{\rightleftharpoons}} \mathrm{Ph\overset{O^-}{\overset{|}{C}}HCH_2\overset{O}{\overset{\|}{C}}Ph}$$

$$\rightleftharpoons \mathrm{Ph\overset{OH}{\overset{|}{C}}H{-}CH\overset{O}{\overset{\|}{C}}Ph} \xrightarrow[-\mathrm{HO^-}]{} \mathrm{Ph{-}CH{=}CH{-}\overset{O}{\overset{\|}{C}}{-}Ph}$$

三、仪器和药品

仪器：50 mL 三口圆底烧瓶、球形冷凝管、恒压滴液漏斗、布氏漏斗、抽滤瓶、锥形瓶、温度计。

药品：苯甲醛（新蒸，2.5 mL，2.65 g，0.025 mol）、苯乙酮（3 mL，3 g，0.025 mol）、10％氢氧化钠溶液、乙醇。

四、实验步骤

在 50 mL 三口圆底烧瓶上安装搅拌器和温度计，开动搅拌，从侧口加入 12.5 mL 10％氢氧化钠溶液、8 mL 乙醇和 3 mL 苯乙酮，在此侧口上安装恒压滴液漏斗，搅拌下滴加 2.5 mL 新蒸的苯甲醛，控制滴加速度使反应温度保持在 25～30 ℃①，必要时用冷水浴冷却。滴加完毕后继续搅拌 1～1.5 h，有固体析出②。然后将烧瓶在冰水浴中冷却 15 min，使结晶完全。

抽滤，用水充分洗涤固体直至洗涤液 pH 约为 7。然后用 2 mL 冷乙醇洗涤，抽干后得到查耳酮粗品③。粗产品用 95%乙醇重结晶（每克查耳酮需 4～5 mL 溶剂），得浅黄色片状结晶约 3 g，熔点 56～57 ℃④。

纯的(*E*)－查耳酮熔点为 58～59 ℃。

本实验约需 6 h。

五、注释

① 反应温度过高或过低，可用水浴冷却或加热。当温度超过 30 ℃时，副产物增多；温度低于 20 ℃时，产物变黏，不易搅拌、过滤和洗涤。

② 为引发结晶较快析出，可事先加入制备好的晶种，一般在室温下搅拌 1 h 左右即可出现晶体。

③ 处理时勿使查耳酮与皮肤接触，因其可导致少数人皮肤过敏。

④ (*E*)－查耳酮存在几种不同的晶形。通常得到片状体，纯净的 α 体熔点为 58～59 ℃；另外还有棱状或针状的 β 体（熔点 56～57 ℃）及 γ 体（熔点 48 ℃）。

六、思考题

① 碱的浓度过大，反应温度过高，可能会发生哪些副反应？在实验中采取了哪些措施来避免副产物的生成？

② 如何用 IR 或 ^1H NMR 鉴定生成的是反式而不是顺式的查耳酮？

实验三十八　肉桂酸

一、实验目的

① 掌握肉桂酸的制备方法，了解 Perkin 反应的原理；

② 熟悉水蒸气蒸馏、脱色和重结晶等有机化学实验的操作技术。

二、实验原理

本实验利用 Perkin 反应合成肉桂酸。在碱（KOAc、NaOAc 或 K_2CO_3）的催化下，苯甲醛与乙酸酐缩合生成乙酸肉桂酸酐，再经水解得到肉桂酸。反应机理如下：

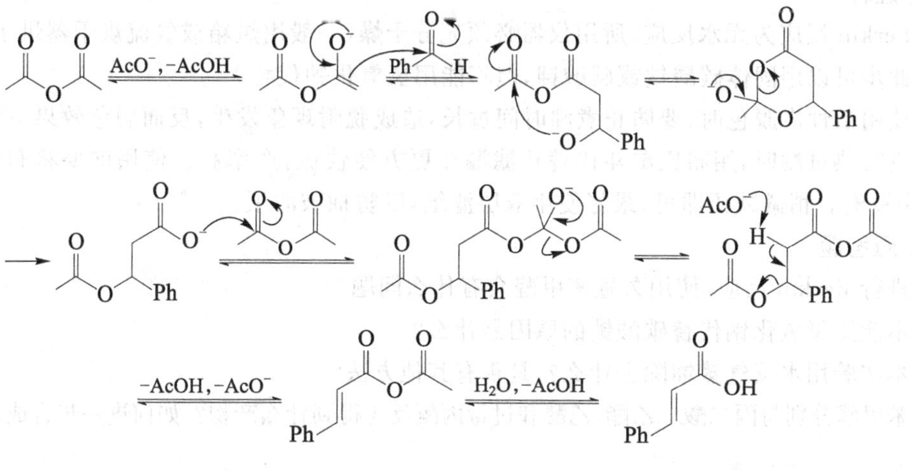

即

$$C_6H_5CHO + (CH_3CO)_2O \xrightarrow[\triangle]{CH_3CO_2K} \xrightarrow{H_2O} C_6H_5CH{=}CHCO_2H + CH_3CO_2H$$

本实验的主要副反应有乙酸酐的水解和苯甲酸在碱性条件下的歧化反应等。

$$(CH_3CO)_2O \xrightarrow{H_2O} 2\ CH_3CO_2H$$

$$C_6H_5CHO \xrightarrow[CH_3CO_2K,\ \triangle]{(CH_3CO)_2O} C_6H_5COOK + C_6H_5CH_2OCOCH_3 + C_6H_5CH_2OCOPh$$

三、仪器和药品

仪器：磁力搅拌电热套、250 mL 三口圆底烧瓶、球形冷凝管、直形冷凝管、水蒸气蒸馏装置、温度计（0～250 ℃或 0～300 ℃）。

药品：苯甲醛（新蒸，3 mL，3.2 g，0.03 mol）、无水乙酸钾（3 g，0.03mol）、乙酸酐（5.5 mL，6.0 g，0.06 mol）、饱和碳酸钠溶液、浓盐酸、活性炭。

四、实验步骤

在装有温度计、球形冷凝管的 250 mL 三口圆底烧瓶中加入一枚磁子、3 g 研细的无水乙酸钾①、3 mL 苯甲醛和 5.5 mL 乙酸酐，侧口用胶塞封紧。小心开动磁力搅拌，调整温度计使水银球大部分在液面下。调节电热套电压，加热回流 1 h，回流过程中维持反应温度在 165～170 ℃。

反应完毕后，降温到 100 ℃以下，加入 20 mL 水，然后缓慢地加入饱和碳酸钠溶液②，直至反应混合物显弱碱性。改装成蒸馏装置，对反应混合物进行水蒸气蒸馏，直至无油状物蒸出为止。稍冷，在残余液中加入少量活性炭，煮沸几分钟③，用预热好的布氏漏斗抽滤④，滤液用 5 mL 浓盐酸酸化至显强酸性为止。冷却，待肉桂酸结晶全部析出后，抽滤，用少量冷水淋洗产品，用玻璃塞挤压出水分，自然干燥得产品。粗产品可用 30％的乙醇水溶液重结晶。

本实验制备的肉桂酸主要为反式异构体。纯的反式肉桂酸为无色晶体，熔点 135.6 ℃。

五、注释

① Perkin 反应为无水反应，所用仪器必须充分干燥（一般用烘箱或气流烘干器烘干）。

② 此步可以用固体碳酸钠或碳酸钾，但不能用氢氧化钠代替。

③ 使用活性炭脱色时，要防止煮沸时间过长，造成脱附现象发生，反而脱色效果不佳。

④ 进行热过滤时，用布氏漏斗代替热滤漏斗更方便快捷，产率高。使用前要将布氏漏斗放在热水中浸泡。稍微减压即可，最好使用双层滤纸，以防抽破滤纸。

六、思考题

① 进行 Perkin 反应，使用久置苯甲醛会有什么问题？

② 不能用氢氧化钠代替碳酸钠的原因是什么？

③ 本实验用水蒸气蒸馏除去什么？是否有其他方法？

④ 苯甲醛分别与丙二酸二乙酯、乙醛和过量丙酮反应得到什么产物？如何进一步合成肉桂酸？

⑤ 写出苯甲醛在乙酸钾存在下歧化反应的机理。

实验三十九 乙酰乙酸乙酯

一、实验目的

① 掌握克莱森(Claisen)酯缩合反应及互变异构现象；

② 掌握无水操作及减压蒸馏等操作。

二、实验原理

含有 α-氢原子的酯在碱性催化剂存在下，能和另一分子酯发生克莱森酯缩合反应生成 β-酮酸酯，乙酰乙酸乙酯就是通过这个反应制备的。其催化剂是乙醇钠，由金属钠和残留在乙酸乙酯中的少量乙醇(少于2%)作用产生。乙酰乙酸乙酯的生成是经过如下一系列平衡反应完成的：

$$CH_3CH_2OH + Na \longrightarrow CH_3CH_2ONa + \frac{1}{2}H_2\uparrow$$

$$CH_3-\overset{O}{\overset{\|}{C}}-O-CH_2CH_3 \xrightleftharpoons[-CH_3CH_2OH]{CH_3CH_2O^-} \overset{-}{C}H_2-\overset{O}{\overset{\|}{C}}-O-CH_2CH_3$$

$$CH_3-\overset{O}{\overset{\|}{C}}-O-CH_2CH_3 + \overset{-}{C}H_2-\overset{O}{\overset{\|}{C}}-O-CH_2CH_3 \rightleftharpoons H_3C-\underset{OCH_2CH_3}{\underset{|}{\overset{O^-}{\overset{|}{C}}}}-CH_2-\overset{O}{\overset{\|}{C}}-O-CH_2CH_3$$

$$\rightleftharpoons H_3C-\overset{O}{\overset{\|}{C}}-CH_2-\overset{O}{\overset{\|}{C}}-O-CH_2CH_3 + CH_3CH_2O^-$$

$$\rightleftharpoons H_3C-\overset{O^-}{\overset{|}{C}}=CH-\overset{O}{\overset{\|}{C}}-O-CH_2CH_3 + CH_3CH_2OH$$

随着反应的进行，不断生成醇，所以反应就能不断地进行下去，直至金属钠消耗完。

本实验要求反应系统是无水的，因为水的存在可造成钠的损失和 NaOH 的产生，后者会使酯发生皂化，降低反应的产率。

通常，在该反应中酯是过量的，其中一部分发生反应成为乙酰乙酸乙酯，一部分作为溶剂。如果钠过量，乙酸乙酯可以被还原并缩合成 3-羟基-2-丁酮：

$$CH_3-\overset{O}{\overset{\|}{C}}-O-CH_2CH_3 + Na \longrightarrow H_3C-\overset{O}{\overset{\|}{C}}-\underset{OH}{\underset{|}{C}HCH_3}$$

金属钠在使用时通常使用钠珠或钠丝，使其与酯的接触面积尽可能大些。本实验将金属钠切成细薄片，也是为了提高反应速率。但注意要动作迅速，防止金属钠被空气氧化。

三、仪器和药品

仪器：磁力搅拌电热套、100 mL 圆底烧瓶、球形冷凝管、直形冷凝管、分液漏斗、磨口锥形瓶、减压蒸馏装置。

药品：乙酸乙酯(25 mL，22.5 g，0.26 mol)、金属钠(1.5 g，0.065 mol)、乙酸溶液(50%)、饱和氯化钠溶液、无水硫酸镁、5%碳酸钠溶液。

四、实验步骤

本实验所用的药品必须是无水的，所用仪器必须是干燥的。

取干燥的 100 mL 圆底烧瓶，加入 25 mL 乙酸乙酯、磁子，迅速加入切成细丝或薄片的 1.5 g 金属钠①并装好球形冷凝管（上口连接一个氯化钙干燥管）。搅拌加热回流。为防止反应过于剧烈，要控制加热电压，保持反应物微沸状态并有缓慢回流。直到金属钠全部作用完后②，停止加热。此时，反应混合物为透明橘红色偶尔有绿色荧光的液体，同时有黄白色沉淀物（均为烯醇盐）析出。待反应混合物稍冷后，在搅拌和冷水浴下，缓慢加入 8 mL 50％乙酸溶液③，加入 20 mL 饱和氯化钠溶液，使反应混合物成弱酸性，且固体沉淀物溶解。

用分液漏斗分出上层酯层，用 10 mL 5％碳酸钠溶液洗涤④，分液，将上层酯层倒入干燥的磨口锥形瓶中。加入无水硫酸镁干燥。将干燥好的粗乙酰乙酸乙酯倒入干燥的 50 mL 圆底烧瓶中，加入 1～2 粒沸石，加热，常压蒸馏蒸出乙酸乙酯，倒入回收瓶中。将常压蒸馏装置改成减压蒸馏装置，用循环水泵进行减压蒸馏⑤。减压蒸馏开始时，应缓慢加热，待残留的低沸物蒸出，再加大电压。待温度计温度基本稳定后，收集乙酰乙酸乙酯⑥。所收集的馏分的沸点可根据表 7-2 所对应的压力而定。

表 7-2　乙酰乙酸乙酯沸点与压力的关系表

压力/kPa	1.67	1.87	2.40	3.87	5.33	6.00	10.67
沸点/℃	71	74	79	88	92	94	100

纯乙酰乙酸乙酯为无色液体，沸点 180.4 ℃。

五、注释

① 金属钠遇水即燃烧、爆炸，所以使用时防止与水接触。在称取及切碎的过程中应当迅速。由于金属钠颗粒的大小直接影响反应的快慢，所以，在切去表面氧化层后，应把金属钠切成细丝薄片，边切边快速移入盛有乙酸乙酯的烧瓶中，尽量缩短金属钠与空气接触的时间。

② 金属钠全部作用完所需时间，取决于钠的颗粒大小，如有少量的钠未反应，则下一步要小心地分批缓慢加入 50％乙酸溶液。

③ 用乙酸酸化时，应避免加入过量，否则会增加酯在水中的溶解度而降低产率。

④ 加入碳酸钠溶液后，可先不塞塞子振摇分液漏斗，待气泡较少时再塞上塞子进行振摇。注意：随时放气，勿使液体喷出。

⑤ 由于乙酰乙酸乙酯在常温下蒸馏时，很容易分解而降低产量，故采取减压蒸馏。

⑥ 本实验最好连续进行。间隔时间过长，会降低产率。

六、思考题

① 为什么本实验要求所用的仪器都应是干燥的？否则，会有何影响？

② 加入 50％乙酸溶液及饱和氯化钠水溶液的目的是什么？

③ 为什么用乙酸酸化，而不用稀盐酸或稀硫酸酸化？为什么要调到弱酸性，而不是中性？

④ 酸化过程开始析出的少量固体是什么？

⑤ 什么要用减压蒸馏的方式纯化乙酰乙酸乙酯？

⑥ 写出乙酸乙酯与过量钠反应生成 3-羟基-2-丁酮的机理。

实验四十 己内酰胺

一、实验目的

① 学习环己酮肟的制备方法；

② 通过环己酮肟的贝克曼(Beckmann)重排，学习己内酰胺的制备方法。

二、实验原理

酮与羟胺作用生成肟：

$$RC(=O)R' + H_2N-OH \longrightarrow RC(=N-OH)R' + H_2O$$

肟在酸性催化剂如硫酸、多聚磷酸和苯磺酰氯等作用下，发生分子内重排生成酰胺的反应称为贝克曼重排反应。反应机理如下：

$$RC(=N-OH)R' \xrightarrow{H^+} RC(=N-\overset{+}{O}H_2)R' \xrightarrow{-H_2O} R-N=\overset{+}{C}-R' \xrightarrow{H_2O} R-N=C(\overset{+}{O}H_2)-R' \xrightarrow[\text{互变异构}]{-H^+} R-NH-C(=O)-R'$$

上面的反应式说明肟重排时，其结果是羟基与处于反位的基团对调位置。贝克曼重排反应不仅可以用来测定酮的结构，而且有一定的应用价值。如环己酮肟重排得到己内酰胺，后者是一种重要的有机化工原料，主要用于制造尼龙-6纤维和尼龙-6工程塑料，也用做医药原料及制备聚己内酰胺树脂等。反应式为

$$\text{环己酮} + H_2N-OH \longrightarrow \text{环己酮肟}(C=N-OH) + H_2O$$

$$\text{环己酮肟} \xrightarrow{85\%\ H_2SO_4} \text{己内酰胺}$$

三、仪器和药品

仪器：磁力搅拌电热套、25 mL圆底烧瓶、烧杯、球形冷凝管、赫氏漏斗、锥形瓶、分液漏斗。

药品：环己酮(0.75 mL，7.2 mmol)、盐酸羟胺(0.7 g，14.4 mmol)、结晶乙酸钠、85%硫酸、20%氨水、二氯甲烷、无水硫酸钠。

四、实验步骤

1. 环己酮肟的制备

在25 mL圆底烧瓶中加入1 g结晶乙酸钠、0.7 g盐酸羟胺、3 mL水和一枚磁子，安装好球形冷凝管，搅拌使固体溶解。用1 mL移液管准确吸取0.75 mL环己酮，从冷凝管上口加入，剧烈搅拌2～3 min[①]。环己酮肟以白色结晶析出。冷却后抽滤，并用少量水洗涤沉淀，抽干。晾干后得0.75～0.78 g产物，产率约95%，熔点为89～90 ℃。

2. 环己酮肟重排制备己内酰胺

在50 mL烧杯[②]中加入0.5 g(4.4 mmol)干燥的环己酮肟，并加入1 mL 85%硫酸。边加热边搅拌至沸，立即移开热源。冷却至室温后再放入冰水浴中冷却。慢慢滴加20%氨水[③](约

7 mL)恰至呈碱性，将反应物转移至 10 mL 分液漏斗中分出有机层，水层用二氯甲烷萃取二次，每次 2 mL，合并有机层，并用等体积水洗涤两次后，用无水硫酸钠干燥，过滤所得滤液用已称量的锥形瓶接收，将锥形瓶在温水浴温热下，在通风柜中浓缩至 1 mL 左右，放置冷却，析出白色结晶。将该锥形瓶放入真空干燥器中干燥。称量，产量 0.2～0.3 g，产率为 40%～50%。已内酰胺可用环己烷或石油醚进行重结晶后，测其熔点，文献值为 69～70 ℃。

五、注释

① 搅拌要剧烈。否则羟胺溶解在水中，而环已酮与水溶液不互溶，致使环已酮与羟胺不能充分接触，因此反应不够彻底。如环已酮肟呈白色小球状，说明反应还未完全，还需搅拌。

② 由于重排反应进行得很剧烈，故需用大烧杯以利于散热，使反应缓和。环已酮肟的纯度对反应有影响。

③ 用氨水进行中和时，开始要加得很慢，因此时溶液较黏稠。控制温度在 12～20 ℃，以免己内酰胺在较高温度下发生水解。

六、思考题

① 制备环已酮肟时，加入乙酸钠的目的是什么？

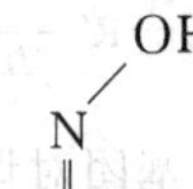

② 反式丁酮肟 $H_3C—C(=N—OH)—C_2H_5$ 经 Beckmann 重排得到什么产物？

③ 某肟发生 Beckmann 重排后得到一化合物 $C_3H_7—C(=O)—NHCH_3$，试推测该肟的结构？

实验四十一 设计实验 3-苯基-1-(4-甲苯基)-2-丙烯-1-酮

实验要求

① 以苯甲醛和自制的对甲基苯乙酮为原料制备 3-苯基-1-(4-甲苯基)-2-丙烯-1-酮；

② 写出实验原理；

③ 列出仪器和药品，画出每步装置图；

④ 写出实验步骤；

⑤ 制定检验鉴定方法。

基准量：以 0.05 mol 对甲基苯乙酮的量作基准。

7.9 含硫化合物

实验四十二 对甲基苯磺酸钠

一、实验目的

① 了解芳香族化合物磺化的基本原理、方法及温度对反应的影响；

② 了解盐析的原理和同离子效应的概念。

③ 进一步巩固回流、抽滤、重结晶等基本操作。

二、实验原理

烷基苯在磺化剂作用下进行磺化是一个可逆反应。甲苯在低温下磺化主要得到约1：1的邻位和对位磺化产物的混合物，属动力学控制；于较高的温度进行磺化反应，由于空间效应，主要得到热力学稳定的对位产物。磺化产物与氢氧化钠形成磺酸钠盐。利用同离子效应，通过补加氯化钠进行盐析，使生成的对甲苯磺酸钠从水溶液中析出。

主反应：

CH_3 $+ H_2SO_4 \rightleftharpoons$ CH_3 / SO_3H $+ H_2O$

CH_3 / SO_3H $+ NaOH \rightleftharpoons$ CH_3 / SO_3Na $+ H_2O$

副反应：

CH_3 $\xrightarrow{H_2SO_4}$ CH_3 / SO_3H + CH_3 / SO_3H

CH_3 $\xrightarrow{2H_2SO_4}$ CH_3 / SO_3H / SO_3H

同离子效应是指在某种盐溶液中加入另外一种廉价的，且与前者有相同离子的盐，可以减小前者的溶解度并使其从溶液中析出的现象。例如，在吡啶盐酸盐溶液中加入氯化钠可以使吡啶盐酸盐析出（相同离子都是氯离子）；又如，高级脂肪酸钠的水溶液中加入氯化钠，也可以促使前者析出（相同离子是钠离子）。

盐析一般是指在水溶液中加入无机盐类，增加溶剂的极性，降低某种溶质的溶解度而使其析出的过程。例如，在制备乙酸乙酯的后处理过程中采用饱和碳酸钠溶液、饱和氯化钠溶液和饱和氯化钙溶液都是为了降低乙酸乙酯在水中的溶解度，减少后处理过程的损失。又如，向某些蛋白质溶液中加入某些无机盐溶液后，可以使蛋白质凝聚而从溶液中析出。

三、仪器和药品

仪器：磁力搅拌电热套、50 mL 圆底烧瓶、球形冷凝管、烧杯、布氏漏斗、抽滤瓶。

药品：甲苯（5 mL，4.3 g，0.047 mol）、浓硫酸（4 mL，7.4 g，0.075 mol）、氢氧化钠（4 g，0.1 mol）、氯化钠、活性炭。

四、实验步骤

向 50 mL 圆底烧瓶中加入 5 mL 甲苯、4 mL 浓硫酸和一枚磁子，搅拌并加热至沸，保持在微沸状态下进行反应[①]。反应约 1 h 后，甲苯几乎消失；当冷凝管中的回流液滴也很少时，可以停止加热[②]。在 250 mL 烧杯中，将 4 g 氢氧化钠和 50 mL 水配制成溶液，将上述反应混合物搅拌下倒入氢氧化钠溶液中。加入 1 g 活性炭，加热煮沸 5 min，趁热抽滤。在滤液中加入 13 g 氯化钠，加热沸腾，间或用玻璃棒搅拌至固体完全溶解。如有固体杂质，可趁热抽滤。将滤液静置冷至室温，抽滤，干燥得白色对甲苯磺酸钠晶体。若想得到更纯的产品，可按下述步骤进行重结晶：将粗产品加入 50 mL 水中，加热使其完全溶解。若溶液有色，则可加入约 0.5 g 活性炭脱色，趁热抽滤。然后加入 13 g 氯化钠，重新加热至沸，使盐完全溶解。冷却，对甲苯磺酸钠晶体析出后，抽滤，干燥得产物。

五、注释

① 磺化反应是可逆的。磺化反应温度不同，生成的主要产物也不同。低温(0 ℃)时，属于动力学控制，生成邻位和对位异构体的含量接近 1∶1。在微沸状态下反应很容易达成热力学平衡，主要生成热力学稳定的对位异构体。更高温度，则生成更加稳定的间甲基苯磺酸和二次磺化产物。

② 在回流时注意勿使加热电压过高，否则可能会暴沸喷出造成危险。

六、思考题

① 为什么在反应过程中需要搅拌？

② 本实验加入氯化钠过多或过少，对实验有什么影响？

实验四十三　对氨基苯磺酰胺

一、实验目的

① 熟悉氯磺化反应的原理及操作。

② 熟悉抽滤、洗涤和重结晶等基本操作。

二、实验原理

对氨基苯磺酰胺(磺胺)是磺胺类药物的基本结构，这类药物是对氨基苯磺酰胺及其衍生物的总称，共包括几十种，能用于预防和治疗细菌感染性疾病。例如，新诺明(SMZ)和磺胺嘧啶，其构造式分别为

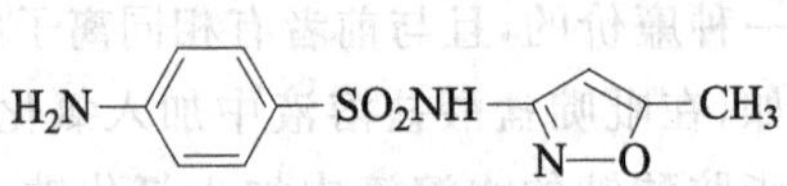

新诺明 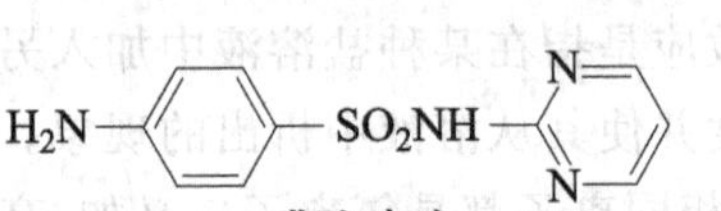　　　　磺胺嘧啶

磺胺类药物的抑菌作用是由于磺胺类药物中能分解出对氨基苯磺酰胺。细菌在生长过程中需要叶酸，对氨基苯磺酰胺的分子大小和形状与组成叶酸中的对氨基苯甲酸相近，化学性质也类似。由于细菌对二者缺乏选择性，大量的对氨基苯磺酰胺替代了对氨基苯甲酸而被细菌吸收。由此使得叶酸的合成受阻，从而导致细菌死亡。

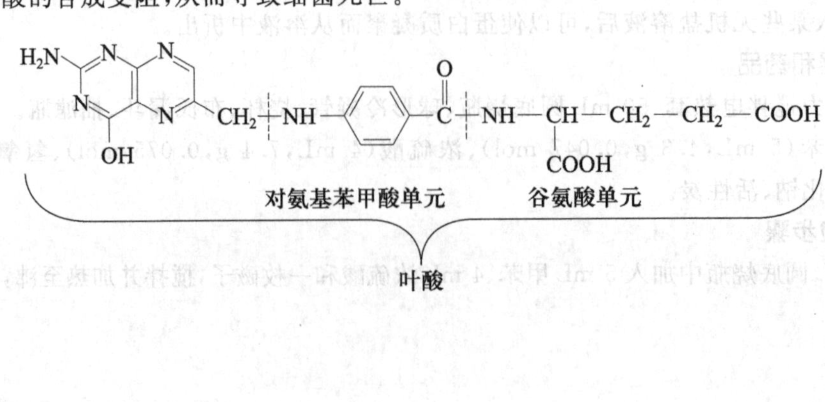

对氨基苯甲酸单元　　谷氨酸单元

叶酸

本实验由乙酰苯胺发生氯磺化反应制备对乙酰氨基苯磺酰氯，再与氨水反应得到对乙酰氨基苯磺酰胺，后者水解脱去乙酰基得到对氨基苯磺酰胺。反应式如下：

$$CH_3CONH-C_6H_5 + 2\,ClSO_3H \longrightarrow CH_3CONH-C_6H_4-SO_2Cl + HCl + H_2SO_4$$

$$CH_3CONH-C_6H_4-SO_2Cl + NH_3 \longrightarrow CH_3CONH-C_6H_4-SO_2NH_2 + HCl$$

$$CH_3CONH-C_6H_4-SO_2NH_2 + H_2O \xrightarrow{H^+} H_2N-C_6H_4-SO_2NH_2 + CH_3CO_2H$$

磺酰氯是合成一系列磺胺类药物的原料，常由相应的磺酸或其钠盐与五氯化磷、三氯氧磷或氯磺酸等反应制备。某些芳磺酰氯可直接由芳烃与过量的氯磺酸进行反应得到，这一反应称为氯磺化反应。一般认为，首先是芳烃与氯磺酸反应生成芳磺酸，然后芳磺酸再转化为芳磺酰氯：

$$CH_3CONH-C_6H_5 + ClSO_3H \longrightarrow CH_3CONH-C_6H_4-SO_2OH + HCl$$

$$CH_3CONH_2-C_6H_4-SO_2OH + ClSO_3H \longrightarrow CH_3CONH-C_6H_4-SO_2Cl + H_2SO_4$$

氯磺酰基引入的位置取决于芳环上原有取代基的定位效应。乙酰氨基为邻对位定位基，但由于其空间位阻，磺酸基进入邻位较困难，因此几乎全部得到对位产物。多数磺酰氯比相应的酰氯难进行水解反应，但在制备磺酰胺时，一般制备磺酰氯后应尽快使用，避免长期放置。

三、仪器和药品

仪器：磁力搅拌电热套、水浴锅、250 mL 三口圆底烧瓶、100 mL 圆底烧瓶、球形冷凝管、温度计、恒压滴液漏斗、锥形瓶、漏斗、烧杯、布氏漏斗、抽滤瓶。

药品：乙酰苯胺(5.4 g,0.03 mol)、氯磺酸(12.5 mL,21.9 g,0.188 mol)、二氯甲烷、浓氨水(12.5 mL,21.9 g,0.21 mol)、盐酸、碳酸氢钠、活性炭。

四、实验步骤

1. 对乙酰氨基苯磺酰氯的制备

在 250 mL 干燥的三口圆底烧瓶上安装球形冷凝管、温度计，在球形冷凝管上口通过一个橡胶塞连接氯化氢气体吸收装置[①]。从一个侧口加入 5.4 g 干燥的乙酰苯胺和一枚磁子，在电热套上搅拌加热熔融[②]，若瓶壁上出现水珠，用纸擦干。安装恒压滴液漏斗，搅拌下在水浴中冷却烧瓶，使乙酰苯胺在瓶底处凝固成薄片状固体。待乙酰苯胺冷却后，搅拌下自恒压滴液漏斗加入 12.5 mL 氯磺酸[③]，反应很快发生，若反应瓶中泡沫较多，或氯化氢气体放出过快，可用水浴冷却烧瓶。待反应变缓后，将反应瓶置于水浴中，使水温逐渐上升到 60 ℃，保温反应 10～20 min，直到不再有氯化氢气体放出为止。反应过程中务必防止吸收装置倒吸。

将烧瓶用水浴充分冷却后，在充分搅拌下将反应混合物慢慢倒入盛有 75 g 碎冰的烧杯中。用 10 mL 冷水洗涤烧瓶，倒入到烧杯中，用玻璃棒(或加入磁子)搅拌几分钟，直到白色粒状固体全部析出且碎冰全部融化。抽滤，用 30 mL 冷水分三次洗涤固体，将水充分抽干，得到粗的对乙酰氨基苯磺酰氯[④]。此粗品可不经提纯直接与胺(或氨水)反应合成磺酰胺。

为得到较纯的产物，可用二氯甲烷进行重结晶。将粗品转移到 250 mL 圆底烧瓶(或磨口锥形瓶)中，先加入 15 mL 二氯甲烷加热回流，然后从球形冷凝管顶部逐渐补加二氯甲烷使固体全部溶解。然后将溶液迅速移入 250 mL 分液漏斗中,将二氯甲烷层分到一个烧杯(或锥形瓶)中,先自然冷却,再用冰水浴冷却。抽滤,用 3 mL 二氯甲烷洗涤,充分抽干,得到较纯的对乙酰氨基苯磺酰氯。

纯对乙酰氨基苯磺酰氯为白色晶体,熔点 149 ℃。

2. 对氨基苯磺酰胺的制备

向 100 mL 圆底烧瓶中加入自制的 5.0 g 对乙酰氨基苯磺酰氯⑤,在搅拌下用滴管慢慢滴加浓氨水,迅速产生白色黏稠固体。当滴加氨水至固体稍有溶解时,停止滴加(约需 15 mL 浓氨水)。继续充分搅拌⑥,然后向其中加入 10 mL 水和磁子,在磁力搅拌电热套的搅拌下缓慢加热 10 min 除去多余的氨⑦。得到的混合物可直接用于制备对氨基苯磺酰胺的反应⑧。

向上述混合物中加入 5 mL 盐酸和 10 mL 水,搅拌加热回流 50 min⑨。待反应混合物稍冷后,加入少量活性炭并加热煮沸 3 min,趁热抽滤⑩。稍冷,在不断搅拌下向滤液中缓慢加入固体碳酸氢钠至 pH 为 4～5,再缓慢加入饱和碳酸氢钠溶液至 pH 为 7。此时有固体析出,冰水冷却后抽滤,用少量水洗涤,压紧抽干,得磺胺粗品。用水重结晶,得 3.0～4.0 g 晶体。

纯对氨基苯磺酰胺为白色晶体,熔点 162～164 ℃。

五、注释

① 本实验需在通风橱中进行。

② 氯磺化反应常因为反应剧烈而不易控制。将乙酰苯胺熔融再凝固后,可使反应平稳进行。

③ 氯磺酸遇水发生剧烈反应,放热并放出氯化氢气体,若大量与水接触可发生爆炸。氯磺酸有强烈腐蚀性,在空气中遇到水蒸气而放出氯化氢气体。因此,取用氯磺酸和进行反应都要在通风橱中进行,且佩戴护目镜。反应仪器需要干燥。

④ 对乙酰氨基苯磺酰氯的粗产品含水,不稳定,不宜放置过久。

⑤ 对乙酰氨基苯磺酰氯若不足 5.0 g,可将其称量后全部加入,后面的氨水和盐酸可按比例减少用量。

⑥ 若搅拌不充分,有一些原料会反应不充分从而包裹在产物中。

⑦ 如果还有较多的氨未赶净,可加入少量盐酸中和。

⑧ 为得到较纯的对乙酰氨基苯磺酰胺,可在加盐酸前将上述混合物抽滤,用水洗涤固体并压紧抽干,然后用 50%乙醇重结晶,产物熔点 214 ℃。

⑨ 加盐酸水解除去乙酰基前反应混合物中氨的含量不同,有时导致 5 mL 盐酸不足量。因此再回流至固体全部消失后,应测一下溶液的 pH,若不呈强酸性,则应补加 2～3 mL 盐酸,继续回流一段时间。

⑩ 若溶液无色,也可不加活性炭,直接加入碳酸氢钠中和。

六、思考题

① 为什么要在充分搅拌下将反应混合物慢慢倒入碎冰中?

② 为什么苯胺要在乙酰化后再进行氯磺化?

③ 在用滴管滴加浓氨水时,为什么要不断搅拌?

④ 在对乙酰氨基苯磺酰氯与氨水反应后,为什么要加热除去多余的氨?

⑤ 在中和时为什么要先加碳酸氢钠的固体再加饱和溶液?

7.10 杂环化合物

实验四十四 呋喃甲醇与呋喃甲酸

一、实验目的

熟悉 Cannizzaro 反应的机理及用其制备羧酸与醇的方法。

二、实验原理

不含 α-氢原子的醛(如 HCHO、R_3CCHO 和 ArCHO 等)在浓碱作用下,能发生自身的氧化和还原作用,即一分子醛被氧化成羧酸,在碱溶液中生成羧酸盐,另一分子醛被还原成醇,这类反应称为 Cannizzaro 反应。Cannizzaro 反应是一种歧化反应,具有 α-氢原子的醛不进行此反应,而进行羟醛缩合。呋喃甲醛又称糠醛,是有机合成的常用原料,为无色液体,沸点 162 ℃,可由农副产品如燕麦壳、玉米芯、棉籽壳等原料来制取。呋喃甲醛与约 40%氢氧化钠水溶液作用发生 Cannizzaro 反应生成呋喃甲醇(糠醇)与呋喃甲酸钠(糠酸钠)。反应式如下:

2 (2-呋喃基)CHO $\xrightarrow{NaOH}$ (2-呋喃基)CH_2OH + (2-呋喃基)COONa $\xrightarrow{H_2SO_4}$ (2-呋喃基)COOH

该反应的机理为(其中 Het 代表 2-呋喃基)

$$\text{Het—CHO} + {}^-\text{OH} \longrightarrow \text{Het—CH(O}^-\text{)(OH)}$$

$$\text{Het—CH(O}^-\text{)(OH)} + \text{Het—CHO} \longrightarrow \text{Het—COOH} + \text{Het—CH}_2\text{O}^- \longrightarrow \text{Het—COO}^- + \text{Het—CH}_2\text{OH}$$

三、仪器和药品

仪器:50 mL 三口圆底烧瓶、磁力搅拌电热套、分液漏斗、布氏漏斗、抽滤瓶、锥形瓶、温度计。

药品:呋喃甲醛(新蒸,8.2 mL,9.5 g,0.1 mol)、氢氧化钠(4 g,0.1 mol)、乙醚、盐酸、无水碳酸钾。

四、实验步骤

向 50 mL 三口圆底烧瓶中加入 8.2 mL 呋喃甲醛[①]和一枚磁子,在侧口中放置一支温度计,将烧瓶浸于冰水浴中冷却。在另一个烧杯中加入 6 mL 水,分批加入 4 g 氢氧化钠,搅拌使之溶解,冰水浴冷却。待氢氧化钠溶液冷却后,用滴管将其滴加到呋喃甲醛中,滴加过程中保持反应液温度在 8~12 ℃[②]。加完氢氧化钠溶液后,在此温度下搅拌反应 1 h[③],得到黄色浆状物。

在搅拌下向反应混合物中加入适量的水,使沉淀恰好完全溶解,此时溶液呈暗红色。将溶液转入到分液漏斗中，每次用 7 mL 乙醚萃取 4 次。合并乙醚萃取液，用无水碳酸钾干燥后，将乙醚溶液倾泻倒入到 50 mL 圆底烧瓶中，用电热套先缓慢加热蒸去乙醚，然后蒸出呋喃甲醇，收集 169～172 ℃的馏分，产量约 3 g。

纯呋喃甲醇为无色透明液体，沸点 171 ℃，$n_D^{20}=1.4868$。

上述乙醚萃取后的水溶液在搅拌下慢慢加入浓硫酸或浓盐酸至 pH 为 2～3，用冰水浴冷却，抽滤，固体用少量冷水洗涤，抽干后收集产品。粗产品用水重结晶，得白色针状呋喃甲酸，产量 3～4 g，熔点 133～134 ℃。

纯呋喃甲酸熔点为 133～134 ℃。

本实验需 6～7 h。

五、检验与测试

呋喃甲醇可用折射率或气相色谱检测，呋喃甲酸可以通过熔点和高效液相色谱检测。

六、注释

① 久置的呋喃甲醛呈棕褐色甚至黑色，且含水，使用前需蒸馏收集 155～162 ℃的馏分。减压蒸馏提纯更佳，收集 54～55 ℃/2.27 kPa (17 mmHg)的馏分。新蒸的呋喃甲醛为无色或淡黄色液体。

② 反应温度若高于 12 ℃，则反应温度极易升高而难以控制，从而生成深红色的副产物。若低于 8 ℃则反应过慢，使氢氧化钠部分析出并积累，一旦发生反应，则过于猛烈，也使反应温度迅速升高。歧化反应是在两相间进行的，因此必须充分搅拌。本反应也可将呋喃甲醛滴加到氢氧化钠溶液中，反应较易控制，产率相近。

③ 加完氢氧化钠后，若反应液已变成黏稠物而磁子无法搅拌，则可手动间歇搅拌使反应进行下去。

七、思考题

① 反应结束后要加入适量的水使固体溶解。为什么不能加入过多的水？

② 反应结束后，在反应混合物中有时会残余一些呋喃甲醛被萃取到乙醚中，如何将其除去？

③ 写出下列化合物在浓碱存在下的产物。

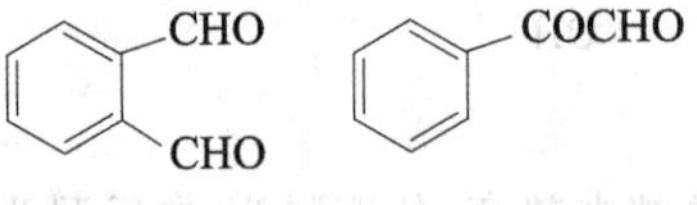

(邻苯二甲醛：苯环邻位两个 CHO) (苯环-COCHO) OHCCHO

实验四十五 8-羟基喹啉

一、实验目的

① 熟悉由 Skraup 反应制备喹啉类结构的制备方法；

② 熟悉搅拌回流、水蒸气蒸馏、重结晶和升华等基本操作。

二、实验原理

8-羟基喹啉是分析化学中常用的络合剂，能与多种金属离子络合，用作沉淀和分离金属离子的沉淀剂和萃取剂。它是卤化喹啉类抗阿米巴药物的中间体，也是农药、染料的中间体。可作为防霉剂、工业防腐剂及聚酯树脂、酚醛树脂和双氧水的稳定剂。8-羟基喹啉是两性的，能溶于强酸、强碱，在 pH=7 时溶解性最小。其可由 Skraup 反应进行合成，反应式如下：

$$\text{CH}_2\text{OH}-\text{CHOH}-\text{CH}_2\text{OH} + \text{邻氨基苯酚} \xrightarrow[\text{邻硝基苯酚}]{H_2SO_4} \text{8-羟基喹啉}$$

芳胺与无水甘油、浓硫酸及弱氧化剂硝基芳烃或碘等一起加热可制得喹啉及其衍生物，该方法由 Skraup 在 1880 年合成喹啉时首次发现，是合成喹啉类化合物的重要方法，被称为 Skraup 反应。反应机理可能是首先甘油在浓硫酸的作用下脱水变为丙烯醛，然后芳胺与丙烯醛发生氮杂 Michael 加成反应，生成的 β-芳氨基丙醛在酸催化下发生关环，最后关环产物被硝基芳烃脱氢氧化得到相应的喹啉化合物：

$$\text{CH}_2\text{OH}-\text{CHOH}-\text{CH}_2\text{OH} \xrightarrow{-2H_2O} \text{CHO}-\text{CH}=\text{CH}_2 \xrightarrow{\text{邻氨基苯酚}} \cdots \xrightarrow{H^+} \cdots \rightarrow \cdots \rightarrow \cdots \xrightarrow[-H^+]{-H_2O} \cdots \xrightarrow{-H_2} \text{8-羟基喹啉}$$

在 Skraup 反应中，硝基芳烃作为弱氧化剂起脱氢氧化的作用，在上述过程的最后一步中也可用碘单质或五氧化二砷代替邻硝基苯酚。用碘作氧化剂，可使反应时间缩短。邻硝基苯酚在反应中被还原为邻硝基苯胺，后者也能参与反应。因此在用硝基芳烃作氧化剂时，要求其还原产物与所用芳胺的结构保持一致，否则会得到混合产物。若 Skraup 反应过于剧烈而难以控制时，可加入少量硫酸亚铁，其作为氧的载体可以缓和反应。

三、仪器和药品

仪器：磁力搅拌电热套、水蒸气发生器、100 mL 三口圆底烧瓶、100 mL 圆底烧瓶、锥形瓶、球形冷凝管、常压升华装置、布氏漏斗、抽滤瓶。

药品：无水甘油(4.75 g，3.6 mL，0.05 mol)、邻氨基苯酚(1.36 g，0.012 5 mol)、邻硝基苯酚(0.90 g，0.006 5 mol)、浓硫酸(2.3 mL)、氢氧化钠、饱和碳酸钠溶液、乙醇。

四、实验步骤

在 100 mL 三口圆底烧瓶中加入 4.75 g 无水甘油[①]和磁子，打开搅拌，加入 0.90 g 邻硝基苯酚和 1.36 g 邻氨基苯酚，待搅拌均匀后缓慢加入 2.3 mL 浓硫酸[②]。安装球形冷凝管，搅拌加热至反应混合液微沸，迅速移走热源[③]，待反应缓和后，继续搅拌加热，保持微沸状态 1.5～2 h。

将反应物稍冷后，进行水蒸气蒸馏，除去未反应的邻硝基苯酚，直至蒸出的混合液澄清为止。待烧瓶中混合物冷却后，慢慢滴加 3 g 氢氧化钠溶于 3 mL 水的混合液，用冰水浴冷却，再小心滴加饱和碳酸钠溶液，使溶液呈中性[④]。水蒸气蒸馏，收集 100～120 mL 馏出液[⑤]。将馏出液用冰水浴冷却，逐渐有固体析出。待固体全部析出后，抽滤，水洗干燥后得 8-羟基喹啉粗产品。粗产品用体积比为 4∶1 的乙醇-水混合溶剂重结晶得纯品，称量，计算产率⑥。

为进一步提纯产品，取 0.5 g 产品进行升华，得到漂亮的针状晶体，可用于熔点测定。

纯 8-羟基喹啉熔点为 75～76 ℃。

五、检验与测试

进行红外光谱和核磁共振氢谱测试，分析谱图并与网上查到的谱图或数据进行比较。

六、注释

① 所用无水甘油的含水量应不超过 0.5%。若甘油中含水量较大，则 8-羟基喹啉的产率不高。也可将普通甘油在通风橱中置于蒸发皿中加热至 180 ℃，待冷至 100 ℃左右时，放入盛有浓硫酸的干燥器中备用。

② 试剂必须按照所列顺序加入，若先加浓硫酸，可能会剧烈放热。

③ 该反应放热，当溶液微沸后继续加热会使反应过于剧烈，甚至反应物会从冷凝管喷出，因此本实验要特别注意加热中的安全问题。

④ 8-羟基喹啉与酸或碱均可成盐，成盐后则不易被水蒸气蒸馏分离出来，因此必须小心将 pH 控制在 7～8。中和适当后，瓶内的沉淀会最多。

⑤ 为确保产物完全蒸出，在水蒸气蒸馏后，对烧瓶中残留液体的 pH 再进行一次检测，若偏酸或偏碱，则应进行中和，再进行水蒸气蒸馏。

⑥ 可以邻氨基苯酚计算产率，不考虑邻硝基苯酚部分还原后参与反应。

七、思考题

① 为什么要用无水甘油？

② 为什么第一次水蒸气蒸馏在酸性条件下进行，而第二次水蒸气蒸馏在中性条件下进行？

③ 第二次水蒸气蒸馏前将 pH 调节到 7～8 后 8-羟基喹啉会沉淀析出，可否不进行水蒸气蒸馏直接过滤得到产品？

④ 写出分别以对甲苯胺、邻甲苯胺、β-萘胺和邻苯二胺为原料，与甘油进行 Skraup 反应的反应式。

实验四十六　香豆素-3-甲酸

一、实验原理

香豆素又称香豆精，是顺邻羟基肉桂酸的内酯，它存在于香豆的种子中及薰衣草、桂皮的精油中。香豆素具有香茅草的香气，是重要的香料，常用做定香剂用于配置香水、花露水、香精等，也用于一些橡胶和塑料制品。一些香豆素的衍生物也可作为香料、药物、农药或杀鼠剂。由于天然植物中香豆素含量很少，因此大量的香豆素及其衍生物是通过有机合成得到的。1868 年，Perkin 将水杨醛与乙酸酐、乙酸钾一起加热制备了香豆素，该方法也称为 Perkin 合成法。

$$\text{(OH, CHO)} + (CH_3CO)_2O \xrightarrow[\Delta]{CH_3CO_2K} \text{(OH, COOK)} \xrightarrow[\Delta]{H_3O^+} \text{(香豆素)}$$

Perkin 法具有反应时间长、反应温度高、在合成香豆素衍生物时产率不高等缺点。本实验由水杨醛和丙二酸二乙酯在脯氨酸的催化下，可在较低温度下发生 Knoevenagel 反应，关环产物进行水解合成香豆素-3-甲酸（或称为香豆素-3-羧酸）。反应式为

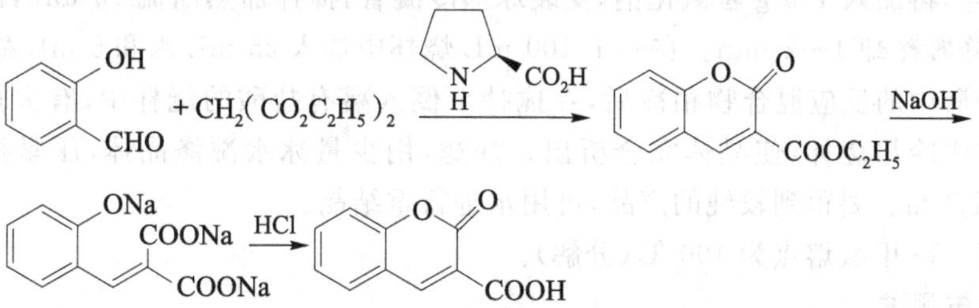

醛、酮在弱碱催化下，与具有活泼 α-氢化合物缩合的反应称为 Knoevenagel 反应，反应中的弱碱常用叔胺、吡啶，有时也可使用碳酸盐。脯氨酸也可作为催化剂，在反应中可起到酸碱双功能催化剂的作用，其中氨基可以夺取丙二酸二乙酯中亚甲基上的氢原子，使其生成碳负离子；羧基可以使甲酰基质子化从而使其活化，易于受到丙二酸二乙酯负离子的进攻。其可能的机理为

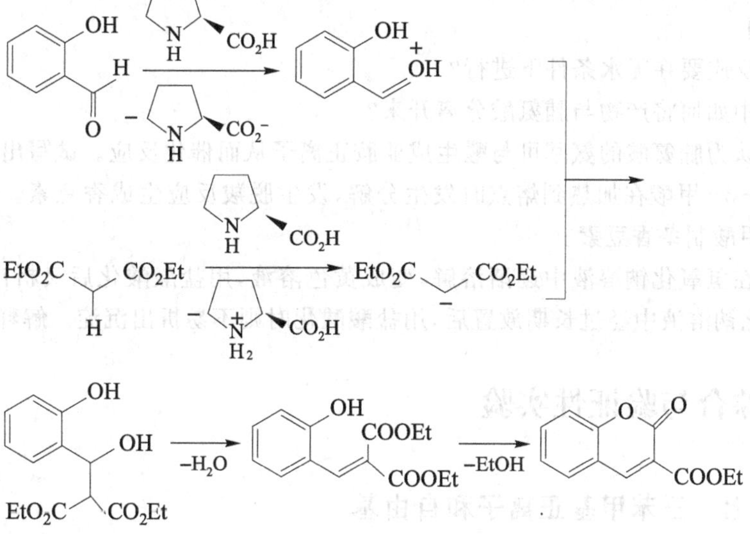

也有机理认为氨基可与醛生成亚胺正离子，后者更易发生反应。

二、仪器和药品

仪器：磁力搅拌电热套、100 mL 圆底烧瓶、球形冷凝管、锥形瓶、布氏漏斗、抽滤瓶。

药品：水杨醛（2.1 mL，2.44 g，0.020 mol）、丙二酸二乙酯（3.0 mL，3.20 g，0.020 mol）、L-脯氨酸（0.12 g，0.001 mol）、无水乙醇、氢氧化钠、浓盐酸。

三、实验步骤

在干燥的 100 mL 圆底烧瓶中加入 2.1 mL 水杨醛、30 mL 无水乙醇和磁子，开启搅拌，加入 3.0 mL 丙二酸二乙酯和 0.12 g L-脯氨酸[①]，安装球形冷凝管，搅拌加热回流 45 min。将反应物冷却，待结晶析出后[②]，抽滤，晶体每次用 1～2 mL 冰冷的 50% 乙醇洗涤 2～3 次，最后将晶体压

紧尽量抽干，得到香豆素-3-甲酸乙酯粗产品。为得到较纯的产物，可用25%乙醇进行重结晶，得到熔点为93 ℃的晶体。

取上述香豆素-3-甲酸乙酯粗产品2 g加入到50 mL圆底烧瓶中、10 mL乙醇、5 mL水和磁子，打开搅拌，再加入1.5 g氢氧化钠，安装球形冷凝管，搅拌加热回流15 min，然后撤去磁力搅拌电热套，静置冷却1～2 min。在一个100 mL烧杯中加入25 mL水和5 mL浓盐酸，振摇均匀。待圆底烧瓶中的反应混合物稍冷后，在搅拌下倒入盛有盐酸的烧杯中，有大量白色晶体析出。在冰水浴中冷却烧杯，使晶体完全析出。抽滤，用少量冰水洗涤晶体，压紧抽干得到香豆素-3-甲酸粗产品。要得到较纯的产品，可用水进行重结晶。

纯香豆素-3-甲酸熔点为190 ℃(分解)。

四、检验与测试

进行红外光谱和核磁共振氢谱测试，分析谱图并与文献谱图或数据进行比较。

五、注释

① 因为久置的脯氨酸会吸潮，所以最好使用新购的脯氨酸。吸潮后的脯氨酸也可在真空干燥箱中烘干后使用。

② 若无法析出结晶，则可用玻璃棒伸入烧瓶溶液中，摩擦烧瓶内壁；或可加入少量实验室保留的产品作晶种。若仍无结晶析出，则可加入20～30 mL水，加热沸腾后再冷却结晶。

六、思考题

① 为什么反应要在无水条件下进行？

② 本实验中如何将产物与脯氨酸分离开来？

③ 有机理认为脯氨酸的氨基可与醛生成亚胺正离子从而催化反应。试写出其机理。

④ 香豆素-3-甲酸在加热到熔点时发生分解，发生脱羧反应生成香豆素。设计实验方案，由香豆素-3-甲酸制备香豆素。

⑤ 香豆素在氢氧化钠溶液中逐渐溶解，变成黄色溶液，用盐酸酸化后又析出沉淀。但香豆素溶解在氢氧化钠溶液中经过长期放置后，用盐酸酸化时则不易析出沉淀。解释上述现象。

7.11 综合与验证性实验

实验四十七 三苯甲基正离子和自由基

一、实验目的

① 理解碳正离子的结构及其稳定性；

② 熟悉三苯基氯甲烷的制法及三苯甲基自由基的制备与现象。

二、实验原理

碳正离子是很多离子型反应中的活性中间体，由于能量高，大部分碳正离子不稳定，存在时间极短，不能进行分离纯化，也不易直接观察到，一般用特殊的试剂进行捕获或者用波谱手段来证明其存在。1962年，美国化学家欧拉(G.A.Olah)研究组把$(CH_3)_3CF$溶于过量的超强酸介质SbF_5中，反应得到了一种稳定的液体，然后用^1H NMR对其进行检测。

产物的^1H NMR只有一个单峰，叔丁基氟中甲基上的质子在1.5处的双重峰完全消失。随后，他进一步用^{13}C NMR的方法测得叔碳原子的化学位移为335.2，而叔丁基氟中叔碳原子化学位移仅为93.5，这充分证明了碳正离子的生成：

$$(CH_3)_3CF \xrightarrow{SbF_5} (CH_3)_3\overset{+}{C}SbF_6^-$$

三苯甲基正离子是一种罕见的可观察到的碳正离子，可由三苯甲醇在浓硫酸作用下生成，由于三个苯环的共轭作用，正电荷得到很好的分散；三个苯环的空间效应也有利于中心碳原子采取sp^2杂化。三苯甲基正离子与水作用重新生成三苯甲醇，与醇作用则生成相应的醚，都会使橙红色消失。反应式如下：

$$Ph_3COH + H_2SO_4 \rightleftharpoons Ph_3C^+ + HSO_4^- + H_2O$$

$$Ph_3C^+ + ROH \longrightarrow Ph_3COR$$

三苯甲醇与酰氯反应可生成三苯基氯甲烷，后者在锌粉作用下生成三苯甲基自由基。反应式为

$$Ph_3COH + CH_3COCl \longrightarrow Ph_3CCl + CH_3CO_2H$$

$$2\ Ph_3CCl + Zn \longrightarrow 2\ Ph_3C\cdot + ZnCl_2$$

三苯甲基自由基是一种少见的可观察到的自由基。它易溶于苯，在苯溶液中显黄色，三苯甲基自由基是俄国化学家Gomberg在1900年尝试合成六苯乙烷时得到的，在很长一段时间内被认为是六苯乙烷。事实上，即使真地合成了六苯乙烷，由于六个苯基的体积很大，中间的碳碳单键也被迫拉长变弱从而易于断裂，所以六苯乙烷至今未能合成出来。以前认为三苯甲基自由基上的单电子就像三苯甲基正离子上的正电荷那样可以离域到三个苯环上去，但现代技术已证明三个苯环不共面，而是像风扇的扇叶一样排列，苯环平面间互成一定的角度以减轻非键张力。在溶液中，三苯甲基自由基与其二聚体处于动态平衡中。在二聚体的结构中需要牺牲一个苯环的芳香性来减轻空间障碍。即便如此，碳碳单键的解离能还是降低到46 kJ/mol（普通碳碳单键的解离能一般为330～380 kJ/mol）。向溶液中通入空气，三苯甲基自由基被氧化，溶液的黄色消失。放置片刻，有一部分二聚体被解离成三苯甲基自由基，溶液恢复黄色。通入过量空气，全部自由基都被氧化为过氧化物，溶液的黄色就不再重现。

三、仪器和药品

仪器：25 mL圆底烧瓶、干燥管、气体吸收装置、球形冷凝管、布氏漏斗、抽滤瓶、锥形瓶。

药品：三苯甲醇（2.6 g，0.01 mol）、乙酰氯（2.3 mL，2.5 g，0.032 mol）、锌粉、石油醚（30～60 ℃）、石油醚（60～90 ℃）、浓硫酸、乙醇。

四、实验步骤

1. 三苯甲基正离子

在一个干燥的小试管中加入0.05 g三苯甲醇和1 mL浓硫酸，用一个干净的玻璃棒搅拌，很快生成橙红色的溶液。取此溶液数滴分别加到盛有3 mL水和3 mL乙醇的两支试管中，振摇，记录观察到的现象，并加以解释。

2. 三苯甲基自由基

在25 mL圆底烧瓶上安装连有氯化钙干燥管和气体吸收装置的回流冷凝管，加入2.6 g三苯甲醇、10 mL石油醚（30～60 ℃）及2.3 mL乙酰氯，水浴加热回流，直至反应物呈均相为止。然后用冰水浴冷却反应物，使产物结晶析出。抽滤出产物，用少量石油醚洗涤，抽干后立即将产

物存放于干燥的小瓶中，并塞紧塞子。产物为三苯基氯甲烷白色结晶，重约 2.1 g，熔点为 111～112 ℃。纯的三苯基氯甲烷的熔点为 112 ℃。

在 50 mL 锥形瓶中加入 0.4 g 三苯基氯甲烷和 25 mL 石油醚(60～90 ℃)，振摇使其溶解，然后加入少量锌粉，用塞子塞住锥形瓶，振摇片刻，溶液变为黄色。静置片刻后，将上层澄清的溶液倒到另外一个锥形瓶中，继续振摇锥形瓶，将会逐渐观察到白色的沉淀出现并增多。

五、思考题

① 写出三苯基氯甲烷制备反应的机理。

② 在三苯甲基自由基生成后，继续振摇锥形瓶后出现的白色沉淀是什么？写出生成这一化合物的反应机理。

③ 三苯基氯甲烷与钠汞齐反应变成血红色，当向其中通入空气后血红色逐渐褪去。试写出反应式。

④ 写出三苯甲基自由基二聚体的结构式。

实验四十八　固体超强酸与乙酸丁酯的制备

一、实验目的

① 了解固体酸催化剂的制备方法及其在有机合成中的应用；

② 学习气相色谱、X 射线粉末衍射仪等仪器的使用方法；

③ 了解非均相催化、绿色合成等概念；

④ 加强环保意识，认识绿色化学合成手段在化工生产中应用的重要性和必要性。

二、实验原理

ZrO_2 分别经过硫酸、钼酸铵溶液浸泡，可将酸性物质吸附在氧化锆表面。通过高温灼烧，使水分、氨等挥发，残留的氧化硫、氧化钼通过氧桥键合于氧化锆表面，得到具有较高活性的固体酸催化剂。在丁醇和乙酸的酯化反应中，用此固体酸代替硫酸作催化剂，反应结束后，固体酸可以通过过滤回收，产物乙酸丁酯可以通过蒸馏分离，低沸点馏分主要是丁醇和少量没反应的乙酸可以回收套用，而回收的固体酸可以反复使用，没有废弃物。

反应式：请读者自己完成。

三、仪器和药品

仪器：100 mL 圆底烧瓶、分水器、球形冷凝管、蒸馏头、接引管、温度计、烧杯、锥形瓶、布氏漏斗、抽滤瓶、量筒、磁力搅拌电热套、坩埚、天平。

药品：氧化锆(5 g)、冰乙酸(14.3 mL，15 g，0.25 mol)、丁醇(25 mL，20 g，0.26 mol)、1 mol/L 硫酸溶液、0.5 mol/L 钼酸铵溶液。氧化锆为工业品，其余为分析纯试剂或由分析纯试剂配制而成。

四、实验步骤

1. 固体酸催化剂的制备

称取 5 g $ZrO_2 \cdot nH_2O$，加入装有 75 mL 1 mol/L 硫酸溶液中浸泡 24 h。抽滤(滤液倒入酸液回收容器用于配制硫酸溶液)，滤饼再用 10 mL 0.5 mol/L 钼酸铵溶液浸泡 24 h。抽滤(滤液倒入专用回收容器用于配制钼酸铵溶液)，滤饼在烘箱中于 110 ℃烘干 2 h。再置于马弗炉中于 600 ℃灼烧 3 h。待马弗炉自然冷却后取出，研碎备用。用 X 射线粉末衍射仪测试其晶形。

2. 乙酸丁酯的制备

在 100 mL 圆底烧瓶中加入 1 g 上述催化剂、25 mL 丁醇、14.3 mL 冰乙酸和一枚磁子。放好磁力搅拌电热套，装好分水器[①]和球形冷凝管，调节电热套电压加热回流。观察回流液体情况及分水器中水面升高情况[②]。待基本没有水滴下时(需要 3～4 h)，停止加热。稍冷，拆除分水器，过滤回收固体酸催化剂。滤液进行蒸馏，收集 124～126 ℃馏分用做气相色谱分析，低沸点馏分、残液及回收的固体酸催化剂可循环使用。

纯乙酸正丁酯是无色液体，沸点 126.5 ℃，$d_4^{20}=0.882$，$n_D^{20}=1.3951$。

3. 产品的气相色谱分析条件

用 SP-1000 型气相色谱仪，氢火焰离子化检测器对样品进行气相色谱分析，具体操作条件：

进样器温度：180 ℃　　氢火焰离子化检测器温度：200 ℃

柱箱温度：60 ℃起始，保持 1 min，升温速度：20 ℃/min，升到 200 ℃

进样量：0.1 μL　　灵敏度：10

载气(N_2)压力：0.1 MPa　　空气和氢气压力：0.1 MPa

五、注释

① 分水器最好预先加一些水，在支管下面约 0.5 cm 处，然后放出相当于生成水体积的水。

② 本实验利用恒沸混合物(见表 7-3)除去酯化反应生成的水。

表 7-3 恒沸混合物及其沸点

恒沸混合物		沸点/℃	组成/%		
			乙酸正丁酯	正丁醇	水
二元	乙酸丁酯-水	90.7	72.9		27.1
	丁醇-水	93.0		55.5	44.5
	乙酸丁酯-丁醇	117.6	32.8	67.2	
三元	乙酸丁酯-丁醇-水	90.7	63.0	34.6	29.0

六、思考题

① 本实验为什么可以使用分水器？制备乙酸乙酯实验中能否使用分水器？

② 根据乙酸乙酯制备实验，设计用硫酸催化制备乙酸丁酯实验。

实验四十九　番茄酱中天然色素的提取及薄层色谱分析

一、实验目的

掌握薄层色谱分析原理和天然色素的提取方法。

二、实验原理

用合适的萃取剂提取天然物质，再利用薄层色谱进行分离。薄层色谱是色谱分析的一种方法，和柱色谱一样属于固液吸附色谱。其基本原理是利用混合物中各组分的溶解与吸附的差异，通过在两相之间的连续分配使混合物各组分得到分离。

番茄和胡萝卜中都含有红色的番茄红素和黄色的β-胡萝卜素，这些都属于天然色素中的类胡萝卜素。它们的结构如下：

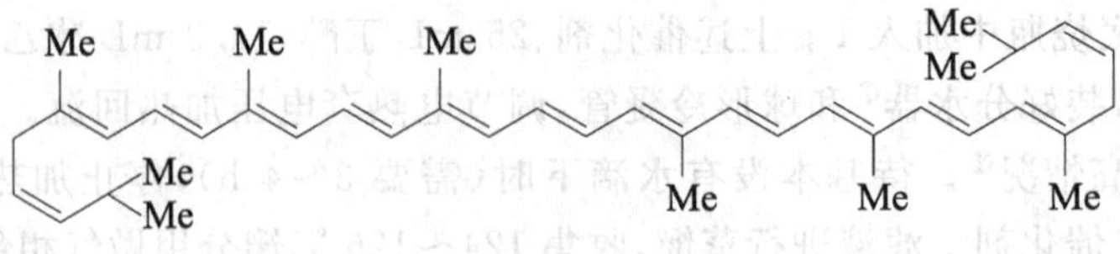

番茄红素

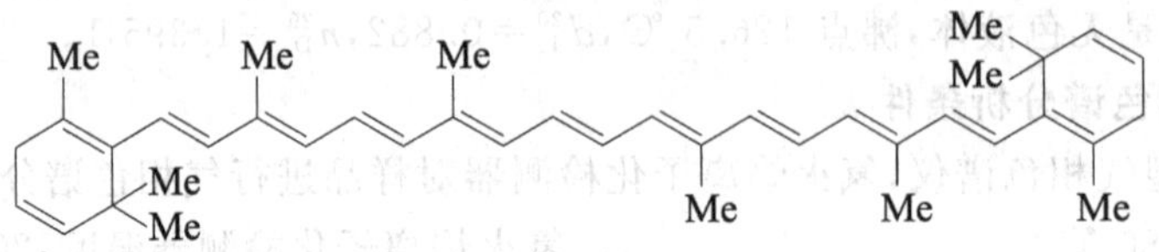

β-胡萝卜素

由于它们的结构相似，故可以用同一方法提取。

三、实验步骤

1. 天然色素的提取

称取 2 g 番茄酱放在 50 mL 的锥形瓶中，加 10 mL 丙酮。用玻璃棒搅动和压挤番茄酱以萃取有色物质。萃取液通过滤纸小心过滤到分液漏斗中，尽量不使番茄酱倒在滤纸上，再用 10 mL 丙酮萃取一次。然后用 20 mL 石油醚(60～90 ℃)分两次萃取。萃取液过滤到分液漏斗中。混合的萃取液用 50 mL 饱和氯化钠溶液洗涤，除去溶液中的水溶物及部分丙酮(饱和氯化钠可防止乳浊液生成)，再用 40 mL 水分两次洗涤有机层。将有机层放入干燥的锥形瓶中用无水硫酸钠干燥，分出的水层回收以便回收丙酮。

干燥好的液体放入 50 mL 圆底烧瓶中，进行蒸馏，待瓶中剩余液体 2～3 mL 时停止蒸馏，这样就制成了样品。留待点样使用。将蒸出的石油醚回收。

2. 薄层色谱分析

薄层色谱使用样品量少(0.01 μg 至几个微克)，操作简单快速。可用来分离、鉴别样品。特别适用于挥发性小及在高温下易发生变化的化合物分析。它所使用的展开剂配比也适用于同种混合物的柱色谱分离。

薄层色谱是通过制浆、涂片、点样、展开及显色来完成的(见 4.7.3)。

因为样品较稀，需要待样点溶剂挥发后在同一位置再重复点样 3～4 次。样点直径不要超过 2 mm，太大会出现拖尾现象。如果在一块薄层板上点两个以上的样点要分开距离。样点点好后就可以展开。本实验选择的展开剂是乙酸乙酯和石油醚(体积比 1∶50)的混合液。

将展开剂倒入展开缸或合适的广口瓶中，使液面在样点的下方，不要接触样点，否则样点会被溶入展开剂中无法进行展开。将薄层板小心斜放在展开缸中，盖好盖，观察展开剂通过毛细管作用沿板上行。此时溶剂上行很快，必须留心观察。当展开剂上行至距离涂层顶端约 5 mm 时，将板小心取出，用铅笔作好溶剂前沿的位置记号。样点各组分随展开剂上行的同时被展开在不同高度而形成各个有色斑点，取斑点的中心位置做好标记。取第二块薄层板重复作一次展开，选择较好的一块板测量并计算 R_f 值。

7.12 多步骤合成实验

实验五十　乙酰二茂铁的制备

一、实验目的

① 熟悉二茂铁及乙酰二茂铁的制备方法。

② 熟悉滴加反应、抽滤、洗涤、重结晶等基本操作。

二、实验原理

二茂铁是美国化学家 T. J. Kealy 和 P. L. Pauson 在 1951 年发现的，但其结构是德国化学家 E. O. Fischer 和 G. Wilkinson 阐明的。它是由两个环戊二烯负离子与亚铁离子形成的络合物，铁夹在两个环戊二烯环平面的中间，具有三明治结构。二茂铁为橙色晶体，有樟脑气味，熔点 173～174 ℃，可用做紫外线吸收剂、火箭燃料添加剂和汽油的抗震剂等。二茂铁不溶于水，溶于乙醇、乙醚、石油醚和苯等。对紫外线、酸、碱等稳定，具有特殊的稳定性，在加热到 470 ℃以上才开始分解。二茂铁及其衍生物是重要的有机合成中间体，它们因具有独特的物理和化学性质，在功能材料和生物医学等领域获得了广泛应用。另外，二茂铁及其衍生物的合成与应用也推动了金属有机化合物结构理论的发展。由于在二茂铁等金属有机化合物结构与性质方面的开创性研究工作，Fischer 和 Wilkinson 在 1973 年获得诺贝尔化学奖。

二茂铁可由环戊二烯钾（或钠）盐与亚铁盐反应得到，也可由环戊二烯与氯化铁反应制备。由于反应时间较短，本实验选择前一方法：

$$2\,C_5H_6 \xrightarrow[DMSO]{KOH} 2\,K^+\,C_5H_5^- \xrightarrow[DMSO]{FeCl_2} Fe(C_5H_5)_2$$

二茂铁具有芳香性，比苯更容易发生亲电取代反应。由于容易被氧化，有关二茂铁的反应一般在惰性气体保护下进行，但在与乙酸酐进行 Friedel－Crafts 反应时，可不必进行惰性气体保护。由于催化剂和反应条件的不同，可得到乙酰二茂铁和 1，1′－二乙酰二茂铁。

主反应：

$$Fe(C_5H_5)_2 + (CH_3CO)_2O \xrightarrow{H_3PO_4} (C_5H_5)Fe(C_5H_4COCH_3) + CH_3COOH$$

副反应：

$$(C_5H_5)Fe(C_5H_4COCH_3) + (CH_3CO)_2O \xrightarrow{H_3PO_4} (CH_3COC_5H_4)Fe(C_5H_4COCH_3) + CH_3COOH$$

三、仪器和药品

仪器：磁力搅拌电热套、100 mL 圆底烧瓶、水浴锅、研钵、锥形瓶、50 mL 恒压滴液漏斗、25 mL 圆底烧瓶、干燥管、球形冷凝管、烧杯、布氏漏斗、抽滤瓶、磨口锥形瓶。

药品：氢氧化钾（85%，12.5 g，0.189 mol）、四水合氯化亚铁（3.4 g，0.017 1 mol）、环戊二烯（2.8 mL，0.034 mol）、乙酸酐（5 mL，5.4 g，50 mmol）、乙二醇二甲醚、二甲亚砜、盐酸（6 mol/L）、磷酸（85%，1 mL）、10%氢氧化钠溶液、碳酸氢钠、石油醚（60～90 ℃）、甲苯、乙醇、活性炭。

四、实验步骤

1. 二茂铁的制备

在一个干燥的研钵中迅速研细 12.5 g 氢氧化钾，加入到 100 mL 圆底烧瓶中，再加入 30 mL 乙二醇二甲醚和磁子，在冰水浴中搅拌 1～2 min 使其混合均匀。使氮气导气管的末端浸没到液面以下，向混合物中通氮气 2 min①。迅速取出氮气导气管，塞好烧瓶，搅拌使氢氧化钾尽量溶解②。

在另一个干燥的研钵中将 3.4 g 四水合氯化亚铁③研细，加入到盛有 13 mL 二甲亚砜（DMSO）的 50 mL 锥形瓶中。使氮气导气管的末端浸没到液面以下，向混合物中通氮气 2 min。迅速取出氮气导气管，塞好锥形瓶，振摇使亚铁盐溶解。在温水浴中稍温热使亚铁盐全部溶解。迅速将亚铁盐溶液转移到一个 50 mL 恒压滴液漏斗中，向混合物中通氮气 2 min，上口塞上一个橡胶塞。

迅速向氢氧化钾的乙二醇二甲醚悬浊液中加入 2.8 mL 新蒸馏的环戊二烯④，塞好塞子，搅拌约 5 min。当反应混合物颜色不再发生变化后，迅速将锥形瓶的塞子换成上述 50 mL 恒压滴液漏斗，在 15 min 内边搅拌边滴加氯化亚铁的 DMSO 溶液⑤。滴加完毕后继续搅拌 10 min，然后将反应混合物倒入盛有 45 mL 6 mol/L 盐酸和 50 g 碎冰的烧杯中。搅拌约 5 min，待碎冰与氢氧化钾全部溶解后，抽滤，用 10 mL 水分两次洗涤，抽干。若要得到更纯的二茂铁，可在石油醚（60～90 ℃）或环己烷、甲醇中重结晶，也可进行升华提纯。

纯二茂铁为橙色晶体，熔点 173～174 ℃。

2. 乙酰基二茂铁的制备

向干燥的 25 mL 圆底烧瓶中加入 1.5 g 二茂铁和 5 mL 乙酸酐⑥，在搅拌下用滴管缓慢加入 1 mL 85%的磷酸。加完后装上球形冷凝管（上接氯化钙干燥管），开启搅拌，加热到 100 ℃反应 15 min。反应结束后，将反应混合物倾入到盛有 25 g 碎冰的 200 mL 烧杯中，并用 5 mL 冷水冲洗烧瓶后倾入到烧杯中。用玻璃棒搅拌直至碎冰完全融解。在搅拌下分批加入约 37 mL 10%氢氧化钠溶液，用 pH 试纸检测，直至溶液 pH 为 4～5。然后在搅拌下分批加入固体碳酸氢钠⑦，中和至溶液 pH 为 7～8。将中和后的反应液用水浴冷却至室温。在一个小布氏漏斗上抽滤，用 10 mL 水分两次洗涤。将水尽量抽干，然后将固体取出置于滤纸上，挤压固体吸去水分⑧。

将固体转移到一个 50 mL 圆底烧瓶或磨口锥形瓶中，加入 20 mL 石油醚（60～90 ℃），安装球形冷凝管，加热回流使固体溶解。将溶液趁热通过一个玻璃漏斗转入 50 mL 圆底烧瓶或磨口锥形瓶中⑨，注意：使烧瓶底部或瓶壁上黏附的黏稠物质仍留在原烧瓶中⑩。向溶液中加入少量活性炭，加热煮沸 2 min。趁热过滤，将滤液用水浴加热浓缩至体积约为 10 mL，自然冷却，然后用冰水浴冷却。抽滤,用少量冷的石油醚(60～90 ℃)洗涤,尽量将溶剂抽干,得到橙色针状晶体乙酰二茂铁。

纯乙酰二茂铁为橙色晶体,熔点 84～85 ℃。

五、检验与测试

进行红外光谱和核磁共振氢谱测试,分析谱图并与网上查到的谱图或数据进行比较。

六、注释

① 通氮气是为了逐出空气。也可使用氩气,效果更佳。

② 氢氧化钾不能全部溶解,只溶解一部分。

③ 放置一段时间的氯化亚铁部分氧化成褐色的氯化铁,因此最好用新的氯化亚铁。

④ 可参照实验 4 从二聚环戊二烯制备。

⑤ 若氯化亚铁的 DMSO 溶液不易滴下,则可用一个两端都是尖的不锈钢针头,一端稍稍扎穿橡胶塞进入分液漏斗中,同时将另一端稍稍扎穿橡胶塞进入锥形瓶中。

⑥ 乙酸酐使用前通常需要重新蒸馏。

⑦ 加碳酸氢钠时要小心分批地加入并不时搅拌,防止气泡产生太多冲出烧杯。

⑧ 可取少量固体与二茂铁及重结晶后产品进行薄层色谱分析。将固体溶解在甲苯中,用甲苯-乙醇(体积比 30∶1)作展开剂进行分析,橙色斑点代表乙酰二茂铁,橙红色为二乙酰二茂铁。

⑨ 玻璃漏斗可进行预热,滤纸折成瓦楞状。使用保温热滤漏斗效果较好。

⑩ 这些黏稠物质可能是聚合物,其中二茂铁含量不高,因此一般需舍弃。但如随溶液倾倒进圆底烧瓶或磨口锥形瓶中后,则需多加一些活性炭进行吸附。

七、思考题

① 若实验室准备的氯化亚铁中部分已变成褐色,如何用其来进行实验?

② 在二茂铁的制备实验中为什么用乙二醇二甲醚作反应介质,而不用乙醚?

③ 乙酰二茂铁再进行酰基化反应时,第二个乙酰基为什么不能进入第一个酰基所在的环上?

④ 为什么不能用混酸对二茂铁进行硝化反应?

实验五十一　手性 Salen 配体的制备

Ⅰ. 3,5-二叔丁基-2-羟基苯甲醛的制备

一、实验原理

在对位有取代基的苯酚羟基的邻位引入甲酰基,常见的方法有酚与甲醛(常用三聚或多聚甲醛)进行反应、Reimer-Tiemann 反应、Vilsmeier-Haack 反应和 Duff 反应等。要想在 2,4-二叔丁基苯酚的羟基邻位引入甲酰基,采用前三种方法,或试剂较贵或产率不高,因而本实验选用 Duff 反应。反应式为

OH　+　N N N N　① HOAc,△ / ② H_2SO_4,△　→　OHC OH

反应机理为

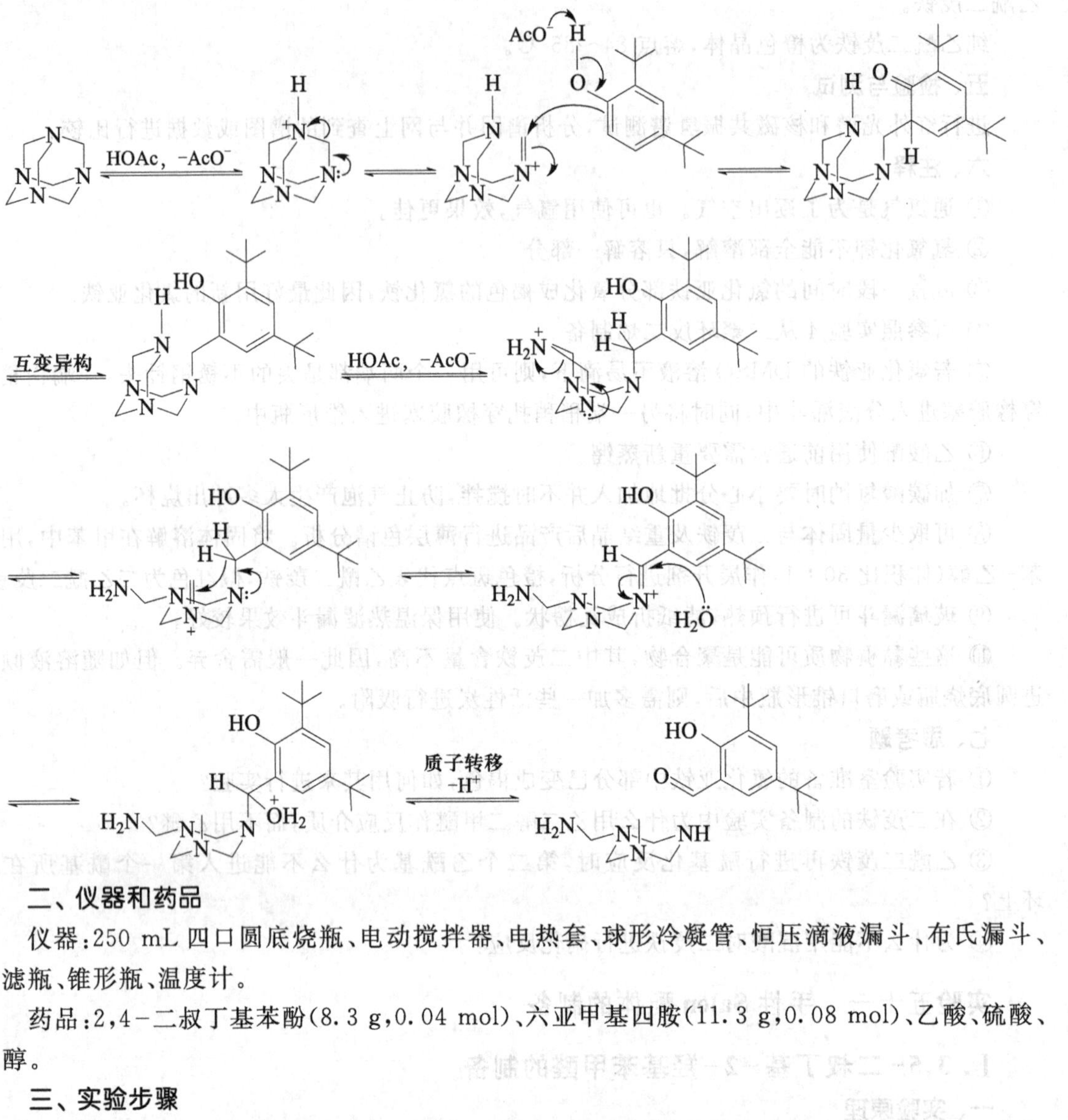

二、仪器和药品

仪器：250 mL 四口圆底烧瓶、电动搅拌器、电热套、球形冷凝管、恒压滴液漏斗、布氏漏斗、抽滤瓶、锥形瓶、温度计。

药品：2,4-二叔丁基苯酚(8.3 g，0.04 mol)、六亚甲基四胺(11.3 g，0.08 mol)、乙酸、硫酸、甲醇。

三、实验步骤

在一个 250 mL 四口圆底烧瓶上安装电动搅拌、球形冷凝管、温度计，加入 20 mL 乙酸①、8.3 g 2,4-二叔丁基苯酚和 11.3 g 六亚甲基四胺(乌洛托品)，开动搅拌、缓慢升温，期间固体溶解，约 1 h 升温至 130 ℃，保温反应 2 h。降温至 75 ℃，将预先配好的 20 mL 33%(质量分数)的稀硫酸通过恒压滴液漏斗滴加到烧瓶中，约 10 min 加完。搅拌加热至 105～110 ℃，在此温度下反应 1 h。然后用冰水浴冷却结晶。抽滤，将得到的固体用甲醇-水(体积比 1∶1)进行重结晶，得到 4～5 g 黄色晶体。

纯 3,5-二叔丁基-2-羟基苯甲醛熔点 58～60 ℃。

四、检验与测试

进行红外光谱或核磁共振氢谱测试，分析谱图并与文献谱图或数据进行比较。

五、注释

① 乙酸有刺激性气味，本实验的操作最好在通风橱中进行。

Ⅱ. 1,2–环己二胺的拆分

一、实验原理

用L–(＋)–酒石酸与混合环己二胺(顺式和反式的混合物)进行反应，可以得到L–酒石酸分别与顺式、(*R*,*R*)–环己二胺和(*S*,*S*)–环己二胺形成的盐的混合物，其中L–酒石酸与(*R*,*R*)–环己二胺形成的盐在水–乙酸的混合溶剂中先结晶出来，由此可拆分出(*R*,*R*)–环己二胺。反应式为

$$\text{环己二胺} + \text{L-酒石酸} \xrightarrow[90^\circ\text{C} \longrightarrow 5^\circ\text{C}]{H_2O/HOAc} (R,R)\text{-环己二胺}\cdot\text{L-酒石酸盐}$$

二、仪器和药品

仪器：100 mL 四口圆底烧瓶、电动搅拌器、球形冷凝管、恒压滴液漏斗、布氏漏斗、抽滤瓶、锥形瓶、温度计。

药品：L–(＋)–酒石酸(3.75 g,0.025 mol)，1,2–环己二胺(6 mL,0.48 mol)、乙酸、甲醇。

三、实验步骤

在一个安装有电动搅拌、球形冷凝管、温度计的100 mL四口圆底烧瓶中加入3.75 g L–(＋)–酒石酸和5 mL蒸馏水，开动搅拌，使混合物溶解。向烧瓶中滴加6 mL 1,2–环己二胺，反应放热，控制滴加速度，使温度保持在70 ℃。再向烧瓶中滴加2.5 mL乙酸，控制滴加速度，使温度刚好到达90 ℃。当加入乙酸时，立即出现白色沉淀，剧烈搅拌下在1.5～2 h内降温至室温，在冰水浴中降温至0～5 ℃，保持该温度2 h。然后将沉淀过滤，用3 mL冷水洗涤一次后，再用15 mL甲醇洗涤五次(每次3 mL)，产品在40 ℃真空干燥，得到白色固体，为(*R*,*R*)–1,2–环己二胺的L–酒石酸盐，产量为4～5 g。

四、思考题

为什么加入乙酸后才有沉淀生成？

Ⅲ. 手性 Salen 配体的制备

一、实验原理

反应式为

$$\text{3,5-二叔丁基水杨醛} + (R,R)\text{-环己二胺}\cdot\text{L-酒石酸盐} \xrightarrow[\substack{H_2O/C_2H_5OH \\ 75\sim80\ ^\circ\text{C}}]{K_2CO_3} \text{手性 Salen 配体}$$

二、仪器和药品

仪器：100 mL 三口圆底烧瓶、磁力搅拌电热套、球形冷凝管、恒压滴液漏斗、布氏漏斗、抽滤瓶、锥形瓶、温度计。

药品：3,5-二叔丁基-2-羟基苯甲醛(3.6 g,0.015 mol,自制)，(*R*,*R*)-环己二胺的 L-酒石酸盐(1.5 g,0.005 7 mol,自制)、碳酸钾、二氯甲烷、饱和食盐水、无水硫酸钠。

三、实验步骤

在一个安装有球形冷凝管、温度计和恒压滴液漏斗的三口圆底烧瓶中分别加入一枚磁子、1.5 g (*R*,*R*)-1,2-环己二胺的 L-酒石酸盐、1.6 g 碳酸钾和 7.5 mL 蒸馏水，搅拌混合物至完全溶解，然后加入 30 mL 乙醇，加热至回流(75～80 ℃)。将预先制备好的 3,5-二叔丁基-2-羟基苯甲醛的乙醇溶液(3.6 g 3,5-二叔丁基-2-羟基苯甲醛溶于 17 mL 乙醇中，需加热方可顺利溶解)滴加至烧瓶中，5～10 min 内滴加完毕，滴液漏斗用 2.5 mL 乙醇洗涤，搅拌回流 2 h。加入 7.5 mL 蒸馏水，在搅拌下自然降温至室温，用冰水浴降温至 2～5 ℃，保持此温度 1 h。抽滤出固体产物，用 5 mL 乙醇洗涤。将得到的黄色粗产物加入到 25 mL 二氯甲烷中溶解，用 30 mL 蒸馏水洗涤两次(每次 15 mL)，8 mL 饱和食盐水洗涤一次。用无水硫酸钠干燥有机层，蒸馏除去溶剂(稍微减压为宜，或采用旋转薄膜蒸发仪除去溶剂)，得到 2～3 g 黄色粉末状固体。

纯产物的熔点为 200～203 ℃，比旋光度$[\alpha]_D^{20} = -297° \cdot dm^2 \cdot kg^{-1}$(浓度 $0.01\ g \cdot mL^{-1}$, CH_2Cl_2)。

实验五十二 2,6-二甲基-4-苄基-3,5-二乙氧羰基吡啶的制备

Ⅰ. 2-苯基乙醇

一、实验原理

2-苯基乙醇可由环氧乙烷为原料，与苯发生 Friedel-Crafts 反应制备，或与苯基溴化镁反应制备：

$$C_6H_6 + \underset{O}{CH_2-CH_2} \xrightarrow{AlCl_3} \xrightarrow{H_3O^+} C_6H_5-CH_2CH_2OH$$

$$C_6H_5-Br \xrightarrow{Mg} C_6H_5-MgBr \xrightarrow{\underset{O}{CH_2-CH_2}} \xrightarrow{H_3O^+} C_6H_5-CH_2CH_2OH$$

但在这些实验操作中会用到钢瓶或安瓿瓶装的环氧乙烷，会有一定的不便和危险。因此本实验采用钠和乙醇还原苯乙酸酯的方法来进行制备，这是一种溶解金属还原方法，称为 Bouvealt-Blanc 反应。在发现氢化铝锂还原酯以前，该方法被广泛地使用，酯分子中的碳碳不饱和键通常不会被还原。反应式为

$$C_6H_5-CH_2\overset{O}{\overset{\|}{C}}OC_2H_5 \xrightarrow[C_2H_5OH]{Na} C_6H_5-CH_2CH_2OH + C_2H_5OH$$

一般认为在该反应中，金属钠通过单电子转移(SET, single electron transfer)提供电子，乙醇提供质子，使酯经过醛还原为伯醇，反应机理如下：

$BnC(=O)OEt \xrightarrow[-Na^+]{Na} BnC^{\cdot}(O^-)OEt \xrightarrow[-EtO^-]{HOEt} BnC^{\cdot}(OH)OEt \xrightarrow[-Na^+]{Na} BnC^{-}(OH)OEt \xrightarrow{质子转移} BnCH(O^-)OEt$

$\xrightarrow{-EtO^-} BnCHO \xrightarrow[-Na^+]{Na} BnC^{\cdot}H(O^-) \xrightarrow[-EtO^-]{HOEt} BnC^{\cdot}H(OH) \xrightarrow[-Na^+]{Na} BnC^{-}H(OH) \xrightarrow[-EtO^-]{HOEt} BnCH_2OH$

二、仪器和药品

仪器:250 mL 三口圆底烧瓶、电动搅拌器、电热套、球形冷凝管、恒压滴液漏斗、干燥管、克氏蒸馏头、二叉接引管、25 mL 圆底烧瓶、温度计、布氏漏斗、抽滤瓶、锥形瓶。

药品:钠(5.6 g,0.243 mol)、苯乙酸乙酯(6.57 g,0.040 mol)、甲苯、绝对乙醇、乙醚、无水硫酸镁、无水氯化钙、石油醚(60～90 ℃)。

三、实验步骤

先制备钠砂(sodium sand,granulated sodium,molecular sodium 或 powdered sodium)。在一个 250 mL 三口圆底烧瓶上安装电动搅拌、球形冷凝管和恒压滴液漏斗,冷凝管上口装上氯化钙干燥管。加入 16 mL 用钠干燥过的甲苯,将 5.6 g 除去氧化皮的钠块或切成片的钠加入,慢速搅拌,用电热套加热回流至钠融化。撤去电热套,高转速下将钠搅拌成很细的粉末①。

将搅拌速度适当降低,待温度降至大约 60 ℃后,从恒压滴液漏斗中滴加 6.57 g 苯乙酸乙酯溶于 25 mL 绝对乙醇②的溶液,在保持搅拌中心始终有气泡存在的情况下可尽快加入③。再加入 33 mL 绝对乙醇,当反应缓和后,用电热套加热回流,使钠全部反应完。稍微冷却后,取下球形冷凝管和干燥管,在这一磨口上安装减压蒸馏装置,搅拌下用水泵减压蒸出绝大部分乙醇和甲苯。在剩余物中加入 20 mL 水,搅拌使固体全溶,用 40 mL 乙醚分两次萃取。合并乙醚层,用无水硫酸镁干燥。在电热套上用低电压小心地蒸出乙醚后,再减压蒸馏,收集 116～118 ℃/25 mmHg 的馏分,得 3.0～3.4 g 2-苯基乙醇。

为得到更纯的产物,可在玻璃棒搅拌下将无水氯化钙加入,静置几小时。加入石油醚(60～90℃),将固体搅碎后抽滤,用石油醚洗涤。然后将固体加入到冰水混合物中,搅拌使固体全部消失后,静置分层。分液,将油层放到锥形瓶中,加入无水硫酸镁干燥,减压蒸馏得到较纯的 2-苯基乙醇。

纯 2-苯基乙醇为具有玫瑰香气的无色液体,沸点 219～221 ℃,$d_4^{20}=1.020$,$n_D^{20}=1.5317$。

四、检验与测试

进行红外光谱或核磁共振氢谱测试,分析谱图并与文献谱图或数据进行比较。

五、注释

① 若钠砂不够细,可再次升温使钠融化后冷却打碎。

② 参考附录 2 由市售无水乙醇制备绝对乙醇。

③ 加入速度不宜过慢,但也应控制速度,勿使沸腾过于剧烈。本实验应在通风橱中操作。

Ⅱ.苯乙醛

一、实验原理

苯乙醛天然存在于玫瑰油、柑橘油等精油里,具有强烈的风信子香气,低浓度时有杏仁、樱桃香味。苯乙醛用于香料工业,是调制花香香精的重要原料,主要用于风信子、水仙、黄水仙、甜豆花等配方中,少量用于其他花香型香精中,有提调香气的作用,可添加到化妆品、香皂中。苯乙醛还可用做食品添加剂,主要用于配制苦杏仁、草莓、樱桃、杏子和桃子等香型食用香精。苯乙醛还是一种应用广泛的有机合成中间体，在医药、农药、香料的生产中有重要的应用。

2-苯基乙醇被氧化物氧化或发生脱氢反应是制备苯乙醛的常见方法。在实验室中由醇为原料制备醛或酮时仍常采用六价铬化合物作氧化剂，虽然铬化合物有毒，但其与醇的反应条件温和，产物产率高。三氧化铬与两分子吡啶的络合物称为 Sarett 试剂，用过量的吡啶作溶剂可将仲醇氧化为酮，将伯醇选择性氧化为醛，此反应称为 Sarett 氧化反应。采用二氯甲烷作溶剂，可减少吡啶用量，反应条件更为温和，产物分离更为简便，这种改进后的反应称为 Collins 反应。本实验用 Collins 反应来制备苯乙醛，反应式为

$$C_6H_5\text{—}CH_2CH_2OH \xrightarrow{(C_5H_5N)_2\cdot CrO_3} C_6H_5\text{—}CH_2CHO$$

二、仪器和药品

仪器：250 mL 三口圆底烧瓶、电动搅拌器、电热套、球形冷凝管、干燥管、克氏蒸馏头、二叉接引管、25 mL 圆底烧瓶、温度计、布氏漏斗、抽滤瓶、锥形瓶。

药品：2-苯基乙醇(3.05 g，0.025 mol，自制)、三氧化铬(9.0 g，0.090 mol)、吡啶(18.5 mL，18.2 g，0.23 mol)、二氯甲烷、乙醚。

三、实验步骤

在 250 mL 三口圆底烧瓶上安装电动搅拌和球形冷凝管，从另一个侧口中加入 100 mL 二氯甲烷、18.5 mL 吡啶，冰水浴冷却，搅拌下分批加入 9.0 g 三氧化铬①，加完后撤去冰水浴，搅拌 10 min。将 3.05 g 2-苯基乙醇溶于 10 mL 二氯甲烷配成的溶液加入，加完后搅拌 15 min。静置几分钟，将二氯甲烷溶液倾倒出来，剩余黏稠物质用 40 mL 乙醚分两次洗涤，每次都将乙醚层倾倒出来。合并二氯甲烷与乙醚溶液，在电热套上小心将二氯甲烷与乙醚减压蒸出②，烧瓶中残余 1.8～2.5 g 液体，为较纯的苯乙醛，可不经提纯进行下一步反应。

纯苯乙醛为具有香气的无色液体，沸点 195 ℃，$d_4^{20}=1.079$，$n_D^{20}=1.535$。

四、检验与测试

进行红外光谱或核磁共振氢谱测试，分析谱图并与文献谱图或数据进行比较。

五、注释

① 注意不能加反，因为吡啶加到三氧化铬中会着火。三氧化铬有腐蚀性，在取用时避免粘到皮肤上。取用三氧化铬时为防止发生危险，避免用力研磨和敲击。

② 用水泵减压蒸馏，蒸馏时为防止混合液暴沸冲出，可使缓冲瓶上的旋塞半开，部分与大气相通。

Ⅲ. 2,6-二甲基-4-苄基-3,5-二乙氧羰基-1,4-二氢吡啶

一、实验原理

由醛、氨和两分子 β-二羰基化合物发生缩合反应，生成具有对称结构的二氢吡啶类化合物的反应称为 Hantzsch 反应，这是一种常用的合成 1,4-二氢吡啶类化合物的方法。反应式为

$$2\ CH_3COCH_2CO_2C_2H_5 + PhCH_2CHO + NH_3 \longrightarrow \text{(4-}CH_2Ph\text{, 3,5-}CO_2C_2H_5\text{, 2,6-}CH_3\text{-1,4-二氢吡啶)}$$

其可能机理为

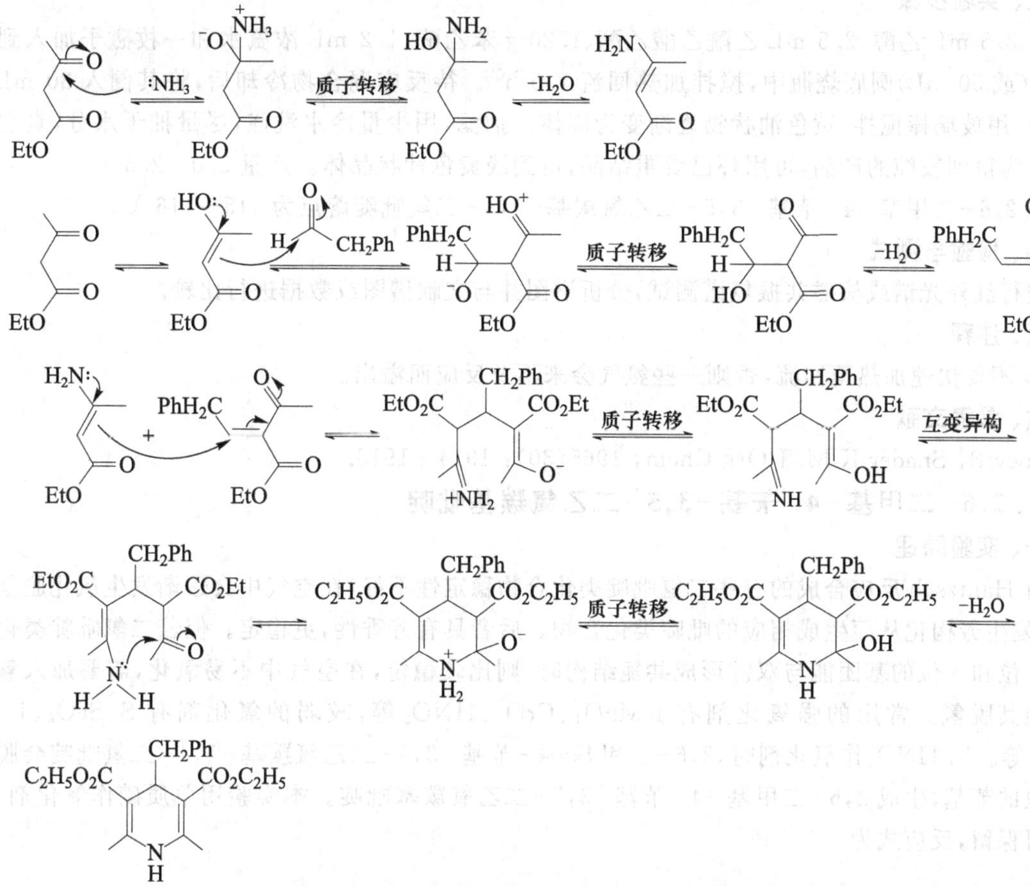

某些1,4-二氢吡啶类化合物可作为钙通道阻滞剂(或钙离子拮抗剂),在通道水平上选择性地阻滞 Ca^{2+} 经细胞膜上的钙离子通道进入细胞内,从而减少细胞内 Ca^{2+} 的浓度。硝苯地平、尼莫地平、氨氯地平是几种常见的二氢吡啶类药物,它们具有很强的扩张血管作用,一般对心脏的副作用不大,适用于高血压、冠脉痉挛和心肌梗死等症,是一类特异性高、作用强的心脑血管类药物,它们均可用 Hantzsch 反应或类似方法合成。

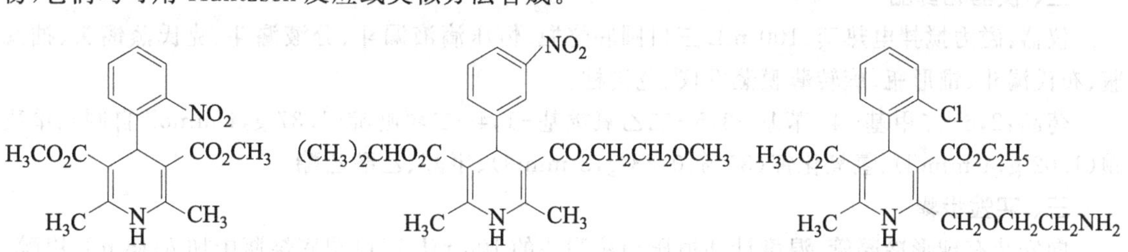

硝苯地平　　尼莫地平　　氨氯地平

二、仪器和药品

仪器:磁力搅拌电热套、25 mL(或 50 mL)圆底烧瓶、布氏漏斗、抽滤瓶、真空干燥器、锥形瓶。

药品:乙酰乙酸乙酯(2.5 mL,2.60 g,0.020 mol)、苯乙醛(1.20 g,0.010 mol)、浓氨水

(1.2 mL,0.017 mol)、环己烷。

三、实验步骤

将 2.5 mL 乙醇、2.5 mL 乙酰乙酸乙酯、1.20 g 苯乙醛、1.2 mL 浓氨水和一枚磁子加入到 25 mL(或 50 mL)圆底烧瓶中,搅拌加热回流 1.5 h①。待反应混合物冷却后,将其倒入 30 mL 冰水中,用玻璃棒搅拌,黄色油状物逐渐变为固体。抽滤,用少量冷水洗涤,尽量抽干水分,真空干燥。为得到较纯的产品,可用环己烷重结晶,得到淡黄色针状晶体。产量 2.0～2.5 g。

纯 2,6-二甲基-4-苄基-3,5-二乙氧羰基-1,4-二氢吡啶熔点为 115～116 ℃。

四、检验与测试

进行红外光谱或核磁共振氢谱测试,分析谱图并与文献谱图或数据进行比较。

五、注释

① 不要快速加热至回流,否则一些氨气会来不及反应而溢出。

六、参考文献

Loev B, Snader K M. J Org Chem, 1965(30): 1914—1916.

Ⅳ. 2,6-二甲基-4-苄基-3,5-二乙氧羰基吡啶

一、实验原理

由 Hantzsch 反应合成的有些二氢吡啶类化合物稳定性不好,在空气中会逐渐发生氧化脱氢反应,发生芳构化从而生成相应的吡啶类化合物。后者具有芳香性,更稳定。但若二氢吡啶类化合物 3 位和 5 位的基团能与双键形成共轭结构时,则比较稳定,在空气中不易氧化,需要加入氧化剂使其脱氢。常用的强氧化剂有 $KMnO_4$、CrO_3、HNO_3 等,较弱的氧化剂有 S、SeO_2、I_2、HNO_2 等。用 HNO_2 作氧化剂时,2,6-二甲基-4-苄基-3,5-二乙氧羰基-1,4-二氢吡啶会脱去 4 位的苄基,生成 2,6-二甲基-4-苄基-3,5-二乙氧羰基吡啶。本实验用单质碘作氧化剂,苄基可保留,反应式为

$$\text{(4-}CH_2Ph\text{, 3,5-}C_2H_5O_2C/CO_2C_2H_5\text{, 2,6-}H_3C/CH_3\text{, N-H 二氢吡啶)} \xrightarrow[CH_3OH]{I_2,\ KOH} \text{(4-}CH_2Ph\text{, 3,5-}C_2H_5O_2C/CO_2C_2H_5\text{, 2,6-}H_3C/CH_3\text{ 吡啶)}$$

二、仪器和药品

仪器:磁力搅拌电热套、100 mL 三口圆底烧瓶、恒压滴液漏斗、分液漏斗、克氏蒸馏头、抽滤瓶、布氏漏斗、锥形瓶、旋转薄膜蒸发仪、色谱柱。

药品:2,6-二甲基-4-苄基-3,5-二乙氧羰基-1,4-二氢吡啶(1.37 g,4 mmol,自制)、单质碘(1.02 g,4 mmol)、氢氧化钾(85%,0.53 g,8 mmol)、甲醇、乙酸乙酯

三、实验步骤

向安装有球形冷凝管、温度计和恒压滴液漏斗的 100 mL 三口圆底烧瓶中加入 15 mL 甲醇、1.37 g 上步制备的 2,6-二甲基-4-苄基-3,5-二乙氧羰基-1,4-二氢吡啶和一枚磁子,打开搅拌,用冰盐浴将混合液冷却至 0 ℃。然后从恒压滴液漏斗依次滴加 1.02 g 碘溶于 4 mL 甲醇的溶液和 0.53 g 氢氧化钾溶于 4 mL 甲醇的溶液,滴加完毕后,在 0 ℃搅拌反应 20 min。将反应混合物倒入 40 mL 水中,用 60 mL 乙酸乙酯分两次萃取。合并乙酸乙酯层,用 50 mL 饱和食盐

水洗涤,分液,将乙酸乙酯层倒入干燥的锥形瓶中,用无水硫酸钠干燥。在电热套上小心将乙酸乙酯减压蒸出①,烧瓶中残余黄色黏稠液体,为粗 2,6-二甲基-4-苄基-3,5-二乙氧羰基吡啶(或可在旋转薄膜蒸发仪上蒸去溶剂)。

为得到较纯的产品,可经重结晶纯化。向盛有黄色黏稠液体产物的烧瓶中加入乙酸乙酯,加热回流使其全部溶解,然后加入少量石油醚(60～90 ℃)至溶液微微混浊。冷却后若无晶体析出,可加入少量产品作为晶种,也可将溶液用冰水浴(或置于冰箱中)进行冷却。待晶体析出后,抽滤,用体积比 3∶7 的乙酸乙酯/石油醚(60～90 ℃)洗涤,晾干后得到产物。也可不用重结晶,而用硅胶(60～120 目)色谱柱提纯,洗脱剂为体积比 3∶7 的乙酸乙酯/石油醚(60～90 ℃)。

纯 2,6-二甲基-4-苄基-3,5-二乙氧羰基吡啶熔点为 47～49 ℃。

四、检验与测试

进行红外光谱或核磁共振氢谱测试,分析谱图并与文献谱图或数据进行比较。

五、注释

① 用水泵减压蒸馏,蒸馏时为防止液体暴沸冲出,可使缓冲瓶上的旋塞半开,部分与大气相通。

六、参考文献

Yadav J S, Reddy B V S, Sabitha G, et al. Synthesis, 2000(11): 1532—1535.

附　　录

附录 1　文献检索

十几年前，检索化学文献还仅仅意味着寻找印刷版材料。然而现在，很多文献都可以进行在线检索。在线检索是指利用计算机终端检索数据库。至今最重要的文献检索机构是 STN（the science & technical information network），它有数十个数据库，CAS 是其中之一，CAS 是目前国际上最大最权威的化学物质数据库。下面简单介绍用 CAS 在线检索文献。

一、SciFinder：CAS 数据库的搜索工具

SciFinder Scholar 是美国化学学会（ACS）旗下的化学文摘服务社 CAS（Chemical Abstract Service）所出版的《化学文摘》（Chemical Abstract）的在线版数据库学术版，它是全世界最大、最全面的化学和科学信息数据库。它有多种先进的检索方式，如化学结构式和化学反应式检索等。它还可以通过 Chemport 链接到全文资料库，以及进行引文链接（从 1997 年开始）。在线版《化学文摘》SciFinder Scholar，更整合了 Medline 医学数据库、欧洲和美国等近 50 家专利机构的全文专利资料，以及《化学文摘》1907 年至今的所有内容。它涵盖的学科包括应用化学、化学工程、普通化学、物理学、生物学、生命科学、医学、材料学、地质学、食品科学和农学等诸多领域。它可以透过网络直接查看《化学文摘》1907 年以来的所有期刊文献和专利摘要，以及六千多万种化学物质记录和 CAS 注册号。其强大的检索和服务功能，可以让化学工作者了解最新的科研动态，确认最佳的资源投入和研究方向。

1. 注册用户账号

(1) 注册用户账号。

利用网络浏览器访问 SciFinder，用户无须安装客户端软件，但每一位用户需建立个人账号。注册和访问时，基于 IP 进行访问。

(2) 当用户在网上提交注册信息之后，CAS 将向用户发送电子邮件，点击邮件中用于激活的 URL，完成注册过程。

2. 检索方法简介

(1) 物质检索

登录 SciFinder 后，各种检索种类就会出现在左边 Explore 选项卡下。在 SUBSTANCES 下选择物质检索方式。其中包括

① Chemical Structure（化学结构，可通过结构编辑器编辑）：化学结构检索，可使用精确结构、亚结构或类似结构。

② Markush 检索：针对专利中的通式结构检索相匹配的结构。

③ Molecular Formula：分子式检索。

④ Property：理化属性检索，根据实测或预测的物理性质数据检索。

⑤ Substance Identifier：物质标识符检索，检索 CAS 注册号或化合物全称。

经过物质检索可以得到该物质的参考文献、反应、商品来源、图谱和管制信息等。

(2) 反应检索

登录 SciFinder 后，在 REACTIONS 下可以选择 Reaction Structure 检索方式。

Reaction Structure 可以使用结构式编辑器或输入外部文件来完成反应结构。完成反应结构之后，通过 Reaction Roles 定义其在反应中所处的角色：product，reactant，reagent，reactant/reagent，any role。点击 Search 完成检索。检索结果可以通过分类、分析、细化等操作进行简化从而达到用户要求。

(3) 文献检索

登录 SciFinder 后，在 REFERENCES 下点击检索类型进行文献检索。

Research Topic：研究主题，检索与某专题相关的文献。

Author Name：检索指定作者、发明人或编辑发表的文献。

Company Name：检索指定公司或组织发表的文献。

Document Identifier：通过输入文献标识符（包括专利号或数码识别号）来检索文献。

Journal：通过刊物名，期卷号来检索文献。

Patent：通过专利号和其他信息检索专利文献。

Tags：检索用户以前用自己的描述性词语标记过的文献。

二、Beilstein

Beilstein 数据库和 Gmelin 数据库为当今世界上最庞大和享有盛誉的化合物性质与实验数据库，编辑工作分别由德国 Beilstein Institute 和 Gmelin Institute 进行。前者收集有机化合物的资料，后者收集有机金属与无机化合物的资料。自 2011 年 1 月 1 日起，客户端软件版本的 Beilstein 数据库已完全下线，被在线版 Reaxys 数据库取代。

Reaxys 数据库是爱思维尔（Elsevier）公司推出的一款新颖实用的检索和合成路线设计工具，是 CrossFire Beilstein/Gmelin 的升级产品，是 CAS 的 Scifinder 强有力的竞争对手。Reaxys 服务平台改变了原有 CrossFire 的客户端访问模式，成为基于网络访问的工作流模式。用户只需在网络浏览器输入 www.reaxys.com 就可以直接进入数据库。另外，相比于 Crossfire Commander，Reaxys 的界面也更直观，更人性化。

Reaxys 数据库将 Beilstein、专利化学数据库（Patent）和 Gmelin 的内容整合为统一的资源。内容包括① Beilstein Database，涵盖时间范围从 1771 年至今；包含化学结构相关的化学、物理等方面的性质；包含化学反应相关的各种数据；包含详细的药理学、环境病毒学、生态学等信息资源。② Patent Chemistry Database，选自 1869—1980 年的有机化学专利；选自 1976 年以来有机化学、药物（医药、牙医、化妆品制备）、生物杀灭剂（农用化学品、消毒剂等）、染料等的英文专利（WO、US、EP）。③ 400 种核心化学期刊。除上述内容外，Reaxys 精心挑选收录约 400 种核心化学期刊的内容，如 ACS 的所有期刊、Asia Chemistry Journal、Nature 和 Science 等，并进行加工处理，抽取标注其中重要的化学信息，包括结构式、物化性质数据、反应方程式、产率、附注等。截止至 2014 年年初，数据库已包含超过 3 500 万个反应、约 2 200 多万种物质、2 100 多万条文献。同时，Reaxys 还集成 eMolecules 和 PubChem 数据库内容，提供统一检索和访问。数据库检索界面简单易用，可以用化合物名称、分子式、CAS 登记号、结构式、化学反应等进行检索，并具有数据可视化、分析及合成设计等功能。Reaxys 基于 IP 进行访问，用户只要在有效 IP 范围内，均可以快速登录系统。

Reaxys 数据库支持关键词和结构式的快速检索，并能把检索结果按照产率、催化剂等条件进行二次过滤，可以帮助用户快速从海量的数据中找出所需要的信息，并能能够智能生成一条或多条合成路线。

注册 Reaxys 个人账号，即可使用 Reaxys 提供的个性化功能，如“邮件提示”和“设置个性化平台”。

(1) 反应查询

在反应查询界面中添加结构式或反应式，并通过设置附加检索条件来检索反应。

(2) 物质查询

在窗口中添加需要查询的结构式，或根据实际需要通过亚结构等选项的设定，扩大或者缩小检索范围；与反应查询相比，增加了“further option”的选项。

检索结果的浏览可以通过化合物(列表)、化合物(网格)及引文这三种方式浏览结果。化合物可用数据：各项红色的超链接条目分别表示了该化合物的可用信息。

(3) 关键词/作者/其他查询

快速检索：可以直接输入作者、期刊、专利号和发表年等查询项，不同查询项间默认的逻辑关系是 AND，可以通过输入逻辑运算符：AND、OR、PROXIMITY、NEAR 和 NEXT 对逻辑关系进行规定。

“Full Text”超链接可在 ScienceDirect 等全文库中查找全文；“View citing articles”超链接可在 Scopus 中查找引文信息；引用次数栏显示了该文献在 Scopus 中查到的被引次数。

附录 2　常见试剂的纯化与处理

一、乙醇 C_2H_5OH

沸点：78.5 ℃；$d_4^{20}=0.789\ 3$；$n_D^{20}=1.361\ 6$。

乙醇与水形成乙醇含量为 95.5%的恒沸混合物，所以不能用直接蒸馏法制取无水乙醇。含水乙醇的初步脱水常用生石灰作为脱水剂，使水与生石灰作用生成氢氧化钙，氧化钙和氢氧化钙均不溶于乙醇，再将乙醇蒸馏。这样处理后得到的即是无水乙醇，含量约为 99.5%。纯度更高的无水乙醇可用金属镁或金属钠/邻苯二甲酸二乙酯处理后得到。

(1) 无水乙醇(含量 99.5%)的制备

在 1 000 mL 圆底烧瓶中，加入 600 mL 95%的乙醇和 100 g 左右新煅烧的生石灰，用胶塞塞住瓶口，放置过夜。然后拔去胶塞，装上回流冷凝管，冷凝管上口接一个无水氯化钙干燥管，加热回流 2～2.5 h。再将其改为蒸馏装置，弃去少量前馏分后，收集得到纯度达 99.5%的乙醇。

(2) 绝对乙醇(含量 99.95%)的制备

① 用金属镁制取：在 1 000 mL 圆底烧瓶中放置 2～3 g 干燥纯净的镁条和 0.3 g 碘，加入 30 mL 99.5%的乙醇，装上上端带无水氯化钙干燥管的回流冷凝管。加热至微沸，至碘粒完全消失(如果不起反应，则可再加入数粒碘)。待镁完全消失后，再加入 500 mL 99.5%的乙醇，回流 1 h。改为蒸馏装置，弃去少量前馏分后，产物收集于玻璃瓶中，用胶塞塞住。反应式如下：

$$Mg+2\ C_2H_5OH \xrightarrow{I_2} (C_2H_5O)_2Mg+H_2$$

$$(C_2H_5O)_2Mg+2\ H_2O \longrightarrow 2\ C_2H_5OH+Mg(OH)_2$$

② 用金属钠/邻苯二甲酸二乙酯制取：在 1 000 mL 圆底烧瓶中，加入 500 mL 99.5%的乙醇和 3.5 g 金属钠，安装回流冷凝管和干燥管，加热回流 30 min 后，再加入 14 g 邻苯二甲酸二乙酯，再回流 2 h，然后蒸馏乙醇。反应式如下：

$$Na+C_2H_5OH \longrightarrow C_2H_5ONa+1/2\ H_2$$

$$C_2H_5ONa+H_2O \rightleftharpoons C_2H_5OH+NaOH$$

$$C_6H_4(COOC_2H_5)_2+2\ NaOH \longrightarrow C_6H_4(COONa)_2+2\ C_2H_5OH$$

由于第二个反应是可逆的，所以必须加入过量的高沸点酯，使酯与 NaOH 反应以抑制上述反应向左进行，从而达到进一步脱水的目的。由于乙醇具有非常强的吸湿性，所用仪器必须烘干，并尽量快速操作，以防止吸收空气中的水分。

二、乙醚 $C_2H_5OC_2H_5$

沸点：34.51 ℃；$d_4^{20}=0.713\ 8$；$n_D^{20}=1.352\ 6$。

普通乙醚中常含有一定的水、乙醇，此外，乙醚放置一段时间后，由于空气和光的作用，会产生爆炸性过氧化物。

过氧化物的检查和除去：取 1 mL 乙醚，加入 1 mL 2%碘化钾溶液和 1～2 滴淀粉溶液，再加入几滴稀盐酸酸化，如果溶液变蓝，则证明有过氧化物存在。过氧化物可用硫酸亚铁溶液(配制方法：在 100 mL 水中加入 6 mL 浓硫酸，然后加入 60 g $FeSO_4 \cdot 7H_2O$ 配成溶液)除去。在分液漏斗中加入 100 mL 乙醚和 10 mL 新配置的硫酸亚铁溶液，剧烈摇动后分去水溶液。

醇和水的检验和除去：水是否存在可用无水硫酸铜检验。醇的检验：在乙醚中加入少许高锰酸钾固体和一粒氢氧化钠，放置后，若氢氧化钠表面附有棕色，即可证明有醇存在。除去它们的方法是先用氯化钙处理，再用金属钠干燥。将 100 mL 除去过氧化物的乙醚放入干燥锥形瓶中，加入 25 g 无水氯化钙，用木塞塞紧瓶口，放置几小时，放置时进行间断摇动，然后将其蒸馏，收集 33～37 ℃的馏分。将蒸出的乙醚放入干燥的磨口试剂瓶中，加入金属钠丝干燥，至不产生气泡，钠丝表面保持光泽，即可盖好备用；若钠丝表面变粗变黄，需再蒸一次，然后再放入钠丝。

三、四氢呋喃(THF) C_4H_8O

沸点：67 ℃；$d_4^{20}=0.889\ 2$；$n_D^{20}=1.405\ 0$。

四氢呋喃常含有少量水和过氧化物。纯化方法如下：用金属钠或氢化铝锂在氮气或氩气保护下回流(通常 1 000 mL 需 2～4 g 氢化铝锂)，以除去水和过氧化物，然后蒸馏，收集 67 ℃的馏分(注意：不要蒸干)，精制后的成品应加入钠丝并在氮气或氩气气氛下保存。

四、甲苯 $C_6H_5CH_3$

沸点：110.6 ℃；$d_4^{20}=0.866\ 9$；$n_D^{20}=1.496\ 9$。

甲苯与水形成共沸物，在 84.1 ℃沸腾，含 81.4%的甲苯。甲苯和空气混合物爆炸极限为 1.27%～7%(体积分数)。

甲苯干燥方法与苯相同。可用无水氯化钙干燥，蒸馏，收集 110 ℃的馏分，最后用金属钠脱微量的水得无水甲苯。

五、乙酸乙酯 $CH_3COOC_2H_5$

沸点：77.06 ℃；$d_4^{20}=0.900\ 3$；$n_D^{20}=1.372\ 3$。

市售乙酸乙酯的含量为 95％～98％，含有少量水、乙醇和乙酸。

精制方法如下：在 1 000 mL 乙酸乙酯中加入 100 mL 乙酸酐（乙酸酐与水作用变成乙酸，与乙醇作用变成乙酸乙酯和乙酸），10 滴浓硫酸，加热回流 4 h，然后蒸馏。在蒸馏液中加入 20 g 无水碳酸钾（除去乙酸），振荡后，再次蒸馏，所得产物纯度可达 99.7％。对于干燥要求较高时，可以用五氧化二磷或 4A 分子筛处理后蒸馏。

六、*N*，*N*－二甲基甲酰胺（DMF）$HCON(CH_3)_2$

沸点：153.0 ℃；$d_4^{20}=0.948\ 7$；$n_D^{20}=1.426\ 9$。

无色液体，与多数有机溶剂和水可任意混溶，对多种盐类也有溶解作用。*N*，*N*－二甲基甲酰胺常含有胺、氨、甲醛和水等杂质。在进行常压蒸馏时，DMF 会部分分解，酸或碱的存在会加速分解。常用硫酸钙、硫酸镁、氧化钡、硅胶或 4Å 分子筛干燥，然后减压蒸馏，收集 76 ℃/48 kPa 的馏分。如含水量较多时，可加入十分之一体积的苯，在常压及 80 ℃以下蒸去水和苯，然后用硫酸镁或氧化钡干燥，再进行减压蒸馏。如果需要含水量更低的 DMF，需要加入氢化钙回流 2～4 h，再减压蒸馏。纯化后的 DMF 要避光储存。

DMF 属低毒类物质，对皮肤和黏膜有轻度刺激作用，并能经皮肤吸收。

七、乙酸酐 $(CH_3CO)_2O$

沸点：139.6 ℃；$d_4^{20}=1.082$；$n_D^{20}=1.390\ 4$。

乙酸酐可被热水水解。

杂质：醋酸。

精制：加无水醋酸钠煮沸，然后蒸馏。

皮肤触及乙酸酐，哪怕是短时间，也将受到严重腐蚀。

八、亚硫酸氢钠溶液

工业上的亚硫酸盐溶液是亚硫酸氢钠的饱和溶液，用于制备羰基化合物的许多亚硫酸氢盐加成物时，其纯度已经足够。

饱和亚硫酸氢钠溶液的制备：将 1 mol 苛性钠溶解在 150 mL 水中，在冷却下通入二氧化硫，直到酚酞褪色，或者所吸收的二氧化硫达到计算量为止。

九、盐酸 HCl

在 15 ℃时饱和的盐酸中含 42.7％氯化氢，相对密度为 1.184 的工业盐酸含 37％氯化氢（12 $mol\cdot L^{-1}$）。氯化氢和水的共沸物在 110 ℃沸腾，含 20.24％氯化氢，为 6.1 $mol\cdot L^{-1}$。

注意：浓盐酸具有腐蚀性，特别是对眼睛和黏膜。

急救：眼睛受伤时，用流水洗涤 15 min。

十、硝酸 HNO_3

工业浓硝酸的浓度是 65％～68％，所谓"发烟硝酸"的浓度接近 100％（相比密度 1.52）。

注意：溢出的硝酸不可以用易燃物质（碎布、滤纸）擦拭，必须用水稀释并进行中和。硝酸具有强腐蚀性。

附录 3　^{1}H NMR 中常见的溶剂残留

以 $CDCl_3$ 为溶剂的 ^{1}H NMR 谱图中常见溶剂残留的化学位移 δ

溶剂	裂分模式，化学位移		
氯仿	s,7.26	—	—
乙酸	s,2.10	—	—
丙酮	s,2.17	—	—
甲基叔丁基醚	s,1.19	s,3.22	—
二氯甲烷	s,5.30	—	—
乙醚	t,1.21	q,3.48	—
N,*N*-二甲基甲酰胺	s,8.02	s,2.96	s,2.88
二甲亚砜	s,2.62	—	—
乙酸乙酯	q,4.12	s,2.05	t,1.26
凡士林	s, 1.26	m,0.86	—
正己烷	m,1.26	t,0.88	—
甲醇	s,3.49	s,1.09	—
吡啶	m,8.62	m,7.68	m,7.29
硅脂	s,0.07	—	—
四氢呋喃	m,3,76	m,1.85	—
甲苯	s,7.19	s,2.34	—
三乙胺	t,2.53	t,1.03	—
水	s,1.56	—	—

以 D_6-DMSO 为溶剂的 ^{1}H NMR 谱图中常见溶剂残留的化学位移 δ

溶剂	裂分模式，化学位移		
氯仿	s,8.32	—	—
乙酸	s,1.91	—	—
丙酮	s,2.09	—	—
甲基叔丁基醚	s,1.11	s,3.08	—
二氯甲烷	s,5.76	—	—
乙醚	t,1.09	q,3.38	—
N,*N*-二甲基甲酰胺	s,7.95	s,2.89	s,2.73
二甲亚砜	s,2.54	—	—

续表

溶剂	裂分模式,化学位移		
乙酸乙酯	q,4.03	s,1.99	t,1.17
正己烷	m,1.25	t,0.86	—
甲醇	s,4.01	s,3.16	—
吡啶	m,8.58	m,7.79	m,7.39
四氢呋喃	m,3.60	m,1.76	—
甲苯	s,7.18	s,2.30	—
三乙胺	t,2.43	t,0.93	—
水	s,3.33	—	—

[注] Gottlieb H E, Kotlyar V, Nudelman A. J Org Chem,1997 (62):7512—7515.

附录 4 溶剂互溶性

	丙酮	丁醇	氯仿	环己烷	二氯甲烷	乙醇	乙酸乙酯	乙醚	己烷	甲醇	戊烷	异丙醇	甲苯	水
丙酮														
丁醇														X
氯仿														X
环己烷										X				X
二氯甲烷														X
乙醇														
乙酸乙酯														X
乙醚														X
己烷										X				X
甲醇				X					X		X			
戊烷										X				X
异丙醇														
甲苯														X
水		X	X	X	X		X	X	X		X		X	

[注] X 为不互溶。

附录 5　压力-温度算图

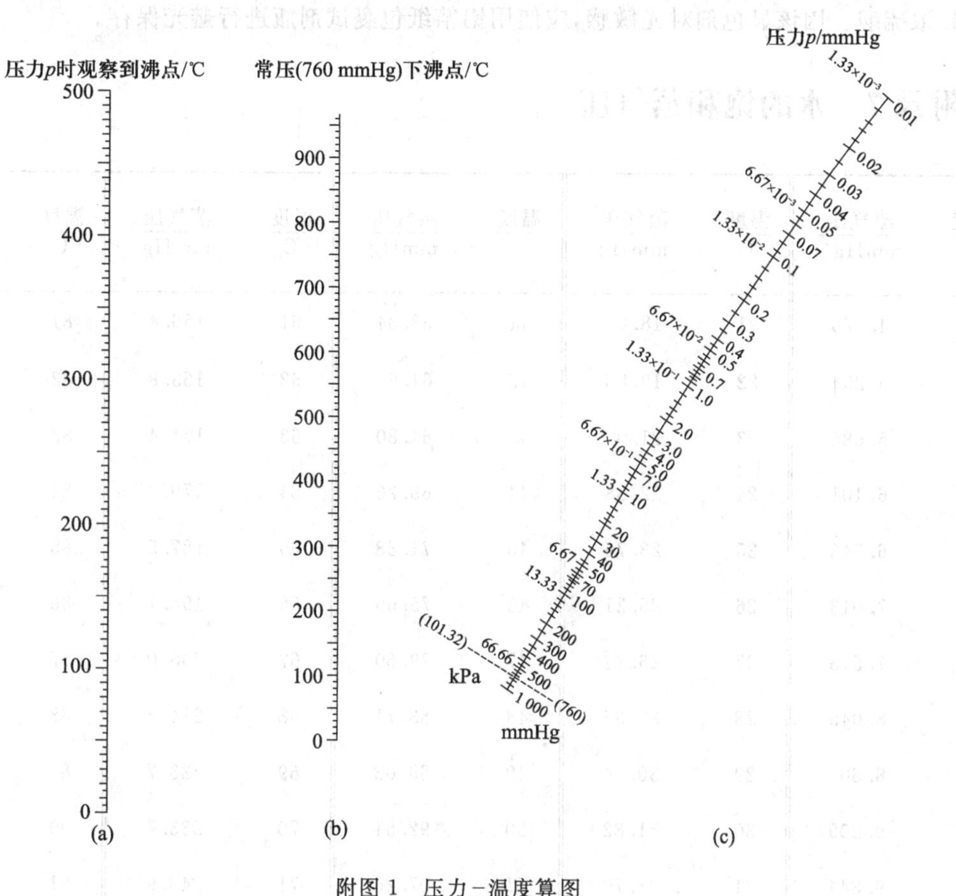

附图 1　压力-温度算图

附录 6　TLC 显色剂配方

显色剂溶液最好储存于 100 mL 广口瓶中，并用铝箔纸、玻璃等盖住，以最大限度地减少溶液的挥发。

常用显色剂：

① 磷钼酸(phosphomolybdic acid，PMA)：将 10 g 磷钼酸溶解于 100 mL 绝对乙醇中。

② 高锰酸钾：将 1.5 g 高锰酸钾、10 g 碳酸钾及 1.25 mL 10% NaOH 溶液溶解于 200 mL 水中。

③ 香兰素：将 15 g 香兰素溶解于 250 mL 乙醇中，再加 2.5 mL 浓硫酸。

④ 对甲氧基苯甲醛 A：向 135 mL 无水乙醇中加入 5 mL 浓硫酸和 1.5 mL 乙酸。溶液冷却至室温。加入 3.7 mL 对甲氧基苯甲醛。剧烈搅拌混合物，混匀后储存于冰箱中。

⑤ 对甲氧基苯甲醛 B：按对甲氧基苯甲醛∶$HClO_4$∶丙酮∶水＝1∶10∶20∶80 配制溶液。

⑥ 对甲氧基苯甲醛 C：将 2.5 mL 浓硫酸及 15 mL 对甲氧基苯甲醛溶解于 250 mL 95%乙醇中。

⑦ 钼酸铯（Hanessian 显色剂）：向 235 mL 蒸馏水中加入 12 g 钼酸铵、0.4 g 钼酸铈铵及 15 mL 浓硫酸。因该显色剂对光敏感，应使用铝箔纸包裹试剂瓶进行避光保存。

附录 7 水的饱和蒸气压

温度 ℃	蒸气压 mmHg*	温度 ℃	蒸气压 mmHg	温度 ℃	蒸气压 mmHg	温度 ℃	蒸气压 mmHg	温度 ℃	蒸气压 mmHg
1	4.926	21	18.65	41	58.34	61	156.4	81	369.7
2	5.294	22	19.83	42	61.50	62	163.8	82	384.9
3	5.685	23	21.07	43	64.80	63	171.4	83	400.6
4	6.101	24	22.38	44	68.26	64	179.3	84	416.8
5	6.543	25	23.76	45	71.88	65	187.5	85	433.6
6	7.013	26	25.21	46	75.65	66	196.1	86	450.9
7	7.513	27	26.74	47	79.60	67	205.0	87	468.7
8	8.045	28	28.35	48	83.71	68	214.2	88	487.1
9	8.609	29	30.04	49	88.02	69	223.7	89	506.1
10	9.209	30	31.82	50	92.51	70	233.7	90	525.76
11	9.844	31	33.70	51	97.20	71	243.9	91	546.05
12	10.52	32	35.66	52	102.1	72	254.6	92	566.99
13	11.23	33	37.73	53	107.2	73	265.7	93	588.60
14	11.99	34	39.90	54	112.5	74	277.2	94	610.90
15	12.79	35	42.18	55	118.0	75	289.1	95	633.90
16	13.63	36	44.56	56	123.8	76	301.4	96	657.62
17	14.53	37	47.07	57	129.8	77	314.1	97	682.07
18	15.48	38	49.69	58	136.1	78	327.3	98	707.27
19	16.48	39	52.44	59	142.6	79	341.0	99	733.24
20	17.54	40	55.32	60	149.4	80	355.1	100	760.00

* 1 mmHg=133 Pa.

附录 8　常用干燥剂的饱和蒸气压

附表 1　常用干燥剂在 20 ℃时水蒸气压

干燥剂	水蒸气压/mmHg*
P_4O_{10}	0.000 02
$Mg(ClO_4)_2$(anhydrone)	0.000 5
$Mg(ClO_4)_2 \cdot 3H_2O$(高氯酸镁)	0.002
KOH(经过熔融)	0.002
Al_2O_3(未经熔融)	0.003
$CaSO_4$(drierito,硬石膏)	0.004
H_2SO_4(浓)	0.005
硅胶	0.005
NaOH(经过熔融)	0.15
CaO	0.2
$CaCl_2$	0.2
$CuSO_4$	1.3

* 1 mmHg=133 Pa.

附录 9　常用无机物在有机溶剂中的溶解度

附表 2　无机物在有机溶剂中的溶解度

无机物	溶解度/[g·(100 g 溶剂)$^{-1}$]			
	乙醇(18～20 ℃)	甲醇(18～20 ℃)	丙酮(18～20 ℃)	甘油(18～20 ℃)
$AgNO_3$	2.0	3.6	0.6	
$B(OH)_3$	9.9		0.50	24
$BaCl_2$		$2.13^{15.5}$		$10^{15.5}$
$CaCl_2$	19.7	22.6	0.01	
$CoCl_2$	36	29	2.8	
$CuCl_2$	33.3	37	2.80	
$FeCl_3$	59	60	38.6	
$HgCl_2$	32.2	34.3	55^{25}	79.2

续表

无机物	溶解度/[g·(100 g 溶剂)$^{-1}$]			
	乙醇 (18～20 ℃)	甲醇 (18～20 ℃)	丙酮 (18～20 ℃)	甘油 (18～20 ℃)
HgI_2	2.05	3.06	3.1^{21}	
I_2	19			～1
KBr	0.45	1.4	0.02	18
KCN	0.87	4.7		$32^{15.5}$
KCl	0.034	0.5		6.9
KI	1.83～3.84	22	1.1	29
$KMnO_4$			67.6	
KOH	28	35.5		
KSCN			17.2	
LiCl		30.5	0.94	
$MgBr_2$	13.1	21.8		
MgI_2	16.7	31.1		
$MgSO_4$		0.28		
NH_4Br	3.2	11.1		
NH_4Cl	0.67	3.24		10.7
NH_4NO_3	3.7	14		
NaBr	0.44	14.5		
NaCl	0.009	1.4		8.2
Na_2CrO_4		0.15^{25}		
NaI	22^{25}	43.7	20.6	
$NaNO_2$	0.31	4.23		
$NaNO_3$	0.036	0.41		
NaOH	14.7	23.7		
P	0.31		0.14	
$Pb(NO_3)_2$		1.35		
S	0.05	0.03	0.083^{25}	$0.10^{15.5}$
$SnCl_2$			35.2	
$ZnCl_2$			30.3	$33.3^{15.5}$
$ZnSO_4$		0.18		$35^{15.5}$

附录 10　一些无机物水溶液的相对密度

附表 3　氯化钠水溶液的相对密度

NaCl 的质量分数/%	相对密度 d_4^{20}	100 mL 水溶液含 NaCl 质量/g	NaCl 的质量分数/%	相对密度 d_4^{20}	100 mL 水溶液含 NaCl 质量/g
1	1.005 3	1.005	14	1.100 9	15.41
2	1.012 5	2.025	16	1.116 2	17.86
4	1.026 8	4.107	18	1.131 9	20.37
6	1.041 3	6.248	20	1.147 8	22.96
8	1.055 9	8.447	22	1.164 0	25.61
10	1.070 7	10.71	24	1.180 4	28.33
12	1.085 7	13.03	26	1.197 2	31.13

附表 4　氢氧化钠水溶液的相对密度

NaOH 的质量分数/%	相对密度 d_4^{20}	100 mL 水溶液含 NaOH 质量/g	NaOH 的质量分数/%	相对密度 d_4^{20}	100 mL 水溶液含 NaOH 质量/g
1	1.009 5	1.010	26	1.284 8	33.40
2	1.020 7	2.041	28	1.304 6	36.58
4	1.042 8	4.171	30	1.327 9	39.84
6	1.064 8	5.389	32	1.349 0	43.17
8	1.086 9	8.695	34	1.369 6	46.57
10	1.108 9	11.09	36	1.390 0	50.04
12	1.130 9	13.57	38	1.410 1	53.58
14	1.153 0	16.14	40	1.430 0	57.20
16	1.175 1	18.80	42	1.449 4	60.87
18	1.197 2	21.55	44	1.468 5	64.61
20	1.219 1	24.38	46	1.487 3	68.42
22	1.241 1	27.30	48	1.506 5	72.31
24	1.262 9	30.31	50	1.525 3	76.27

附录 11　无机盐在水中的溶解度

[单位:g・$(100\ mL\ H_2O)^{-1}$]

无水物分子式	固相含结晶水	0 ℃	10 ℃	20 ℃	30 ℃	40 ℃	50 ℃	60 ℃	70 ℃	80 ℃	90 ℃	100 ℃
$BaCl_2$	$2H_2O$	31.6	33.3	35.7	38.2	40.7	43.6	46.4	49.4	52.4		58.8
$Ca(OAc)_2$	$2H_2O$	37.4	36.0	34.7	33.8	33.2		32.7		33.5		
	$1H_2O$										31.1	29.7
$CaCl_2$	$6H_2O$	59.5	65.0	74.5	102							
	$2H_2O$							136.8	141.7	147.0	152.7	159
$Ca(HCO_3)_2$	—	16.15		16.60		17.05		17.50		19.75		18.40
$CuCl_2$	$2H_2O$	70.7	73.76	77.0	80.34	83.8	87.44	91.2		99.2		107.9
$CuSO_4$	$5H_2O$	14.3	17.4	20.7	25	28.5	33.3	40		55		75.4
$FeCl_3$	—	74.4	81.9	91.8			315.1			525.8		535.7
$FeSO_4$	$7H_2O$	15.65	20.51	26.5	32.9	40.2	48.6					
	$1H_2O$								50.9	43.6	37.3	
KOAc	$1.5H_2O$	216.7	233.9	255.6	283.8	323.3						
	$0.5H_2O$						337.3	350	364.8	380.1	396.3	
K_2CO_3	$2H_2O$	105.5	108	110.5	113.7	116.9	121.2	126.8	133.1	139.8	147.5	155.7
KCl	—	27.6	31.0	34.0	37.0	40.0	42.6	45.5	48.3	51.5	54.0	56.7
$K_2Cr_2O_7$	—	5	7	12	20	26	34	43	52	61	70	80
$KMnO_4$	—	2.83	4.4	6.4	9.0	12.36	16.89	22.2				
K_2SO_4	—	7.35	9.22	11.11	12.97	14.76	16.50	18.17	19.75	21.4	22.8	24.1
$MgCl_2$	$6H_2O$	52.8	53.5		57.5		61.0		66.0		73.0	
$MgSO_4$	$6H_2O$	40.8	42.2	44.5	45.3		50.4	53.4	59.5	64.2	69.0	74.0
$MnSO_4$	$7H_2O$	53.23	60.01									
	$4H_2O$			64.5	66.44	68.8	72.5					
	$1H_2O$						58.17	55.0	52.0	48.0	42.6	34.0
NH_4Cl	—	29.4	33.3	37.2	41.4	45.8	50.4	55.2	60.2	65.6	71.3	77.3
$(NH_4)_2SO_4$	—	70.6	73.0	75.4	78.0	81.0		88.0		95.3		103.3
NaB_4O_7	$10H_2O$	1.3	1.6	2.7	3.9		10.5	20.3				
	$5H_2O$								24.4	31.5	41	52.5

续表

无水物分子式	固相含结晶水	0 ℃	10 ℃	20 ℃	30 ℃	40 ℃	50 ℃	60 ℃	70 ℃	80 ℃	90 ℃	100 ℃
NaBr	$2H_2O$	79.5		90.5	97.6	105.8	116					
	—									118.3		121.2
NaOAc	$3H_2O$	36.3	40.8	46.5	54.5	65.5	83	139				
	—	119	121	123.5	126	129.5	134	139.5	146	153	161	170
Na_2CO_3	$10H_2O$	7	12.5	21.5	36.8							
	$1H_2O$				50.5	48.5		46.4		45.8		45.5
$Na_2C_2O_4$	—			3.7								6.33
NaCl	—	35.7	35.8	36.0	36.3	36.6	37.0	37.3	37.8	38.4	39.0	39.8
$Na_2Cr_2O_7$	$2H_2O$	163.0		177.8			224.8		316.7	376.2		
	—											426.3
$NaHCO_3$	—	6.9	8.15	9.6	11.1	12.7	14.45	16.4				
$NaNO_2$	—	72.1	78.0	84.5	91.6	98.4	104.1			132.6		163.2
$NaNO_3$	—	73	80	88	96	104	114	124		148		180
Na_2SO_3	$7H_2O$	13.9	20	26.9	36							
	—					287	28.2	28.8		28.3		
Na_2SO_4	$10H_2O$	5.0	9.0	19.4	40.8							
	—					48.8	46.7	45.3		43.7		42.5

读者意见反馈

为收集对教材的意见建议，进一步完善教材编写并做好服务工作，读者可将对本教材的意见建议通过如下渠道反馈至我社。

咨询电话　400-810-0598

反馈邮箱　hepsci@pub.hep.cn

通信地址　北京市朝阳区惠新东街4号富盛大厦1座

高等教育出版社理科事业部

邮政编码　100029